普通高等教育"十一五"国家级规划教材
2008 年度普通高等教育国家级精品教材
第二届江西省普通高等学校优秀教材一等奖
新世纪高职高专实用规划教材　机电系列

Protel DXP 电路设计基础教程
(第 2 版)

鲁　捷　焦振宇　孟凡文　编著

清华大学出版社

北　京

内 容 简 介

本书由多年从事 Protel 教学工作并具有丰富实践经验的教师编写,为参编教师们多年的教学经验与工程设计经验的结晶。本书内容的编排从好教、易学和实用的原则出发,以图文结合的方式讲解了 Protel DXP 的全部设计过程,收集了学生在学习过程中遇到的典型问题,并在书中给出了有针对性的解决方案。

本书可作为高等职业技术学院、高等专科学校、成人高校和中等职业技术学校的电类及机电类专业的教材,同时也可以作为岗前培训及有关工程技术人员的自学参考书。

图书在版编目(CIP)数据

Protel DXP 电路设计基础教程/鲁捷,焦振宇,孟凡文编著;—2 版.—北京:清华大学出版社,2010.10(2024.8重印)

(新世纪高职高专实用规划教材　机电系列)

ISBN 978-7-302-23739-6

Ⅰ.①P…　Ⅱ.①鲁…　②焦…　③孟…　Ⅲ.①印刷电路—计算机辅助设计—应用软件,Protel DXP—高等学校:技术学校—教材　Ⅳ.①TN410.2

中国版本图书馆 CIP 数据核字(2010)第 167886 号

责任编辑:章忆文　黄　飞
装帧设计:杨玉兰
责任校对:李玉萍
责任印制:沈　露

出版发行:清华大学出版社
　　　　　网　　　址:https://www.tup.com.cn, https://www.wqxuetang.com
　　　　　地　　　址:北京清华大学学研大厦 A 座　　　邮　　编:100084
　　　　　社　总　机:010-83470000　　　　　　　　　邮　　购:010-62786544
　　　　　投稿与读者服务:010-62776969, c-service@tup.tsinghua.edu.cn
　　　　　质量反馈:010-62772015, zhiliang@tup.tsinghua.edu.cn
印　装　者:三河市人民印务有限公司
经　　　销:全国新华书店
开　　　本:185mm×260mm　　印　　张:24　　字　　数:576 千字
版　　　次:2010 年 8 月第 2 版　　　　　　　　　印　　次:2024 年 8 月第 12 次印刷
定　　　价:58.00 元

产品编号:031978-03

《新世纪高职高专实用规划教材》序

编写目的

目前，随着教育改革的不断深入，高等职业教育发展迅速，进入到一个新的历史阶段。学校规模之大，数量之众，专业设置之广，办学条件之好和招生人数之多，都大大超过了历史上任何一个时期。然而，作为高职院校核心建设项目之一的教材建设，却远远滞后于高等职业教育发展的步伐，以至于许多高职院校的学生缺乏适用的教材，这势必影响高职院校的教育质量，也不利于高职教育的进一步发展。

目前，高职教材建设面临着新的契机和挑战：

(1) 高等职业教育发展迅猛，相应教材在编写、出版等环节需要在保证质量的前提下加快步伐，跟上节奏。

(2) 新型人才的需求，对教材提出了更高的要求，即教材要充分体现科学性、先进性和实用性。

(3) 高职高专教育自身的特点是强调学生的实践能力和动手能力，教材的取材和内容设置必须满足不断发展的教学需求，突出理论和实践的紧密结合。

有鉴于此，清华大学出版社在相关主管部门的大力支持下，组织部分高等职业技术学院的优秀教师以及相关行业的工程师，推出了一系列切合当前教育改革需要的高质量的面向就业的职业技术实用型教材。

系列教材

本系列教材主要涵盖以下领域：

- 计算机基础及其应用
- 计算机网络
- 计算机图形图像处理与多媒体
- 网络与通信
- 电子商务
- 计算机编程
- 电子电工
- 机械
- 数控技术及模具设计
- 土木建筑
- 经济与管理
- 金融与保险

另外，系列教材还包括大学英语、大学语文、高等数学、大学物理、大学生心理健康等基础教材。所有教材都有相关的配套用书，如实训教材、辅导教材、习题集等。

教材特点

为了完善高等职业技术教育的教材体系，全面提高学生的动手能力、实践能力和职业技术素质，特意聘请有实践经验的高级工程师参与系列教材的编写，采用了一线工程技术人员与在校教师联合编写的模式，使课堂教学与实际操作紧密结合。本系列丛书的特点如下。

(1) 打破以往教科书的编写套路，在兼顾基础知识的同时，强调实用性和可操作性。

(2) 突出概念和应用，相关课程配有上机指导及习题，帮助读者对所学内容进行总结和提高。

(3) 设计了"注意"、"提示"、"技巧"等带有醒目标记的特色段落，使读者更容易得到有益的提示与应用技巧。

(4) 增加了全新的、实用的内容和知识点，并采取由浅入深、循序渐进、层次清楚、步骤详尽的写作方式，突出实践技能和动手能力。

读者定位

本系列教材针对职业教育，主要面向高职高专院校，同时也适用于同等学力的职业教育和继续教育。本丛书以三年制高职为主，同时也适用于两年制高职。

本系列教材的编写和出版是高职教育办学体制和运作机制改革的产物，在后期的推广使用过程中将紧紧跟随职业技术教育发展的步伐，不断吸取新型办学模式、课程改革的思路和方法，为促进职业培训和继续教育的社会需求奉献我们的力量。

我们希望，通过本系列教材的编写和推广应用，不仅有利于提高职业技术教育的整体水平，而且有助于加快改进职业技术教育的办学模式、课程体系和教学培训方法，形成具有特色的职业技术教育的新体系。

教材编委会

第 2 版前言

本教材是《Protel DXP 电路设计基础教程》的第 2 版。第 1 版自 2005 年出版以来，以学生易学、教师好教、通俗易懂、入门容易、实用性强等诸多特点，广受初学者欢迎。2006 年获得"江西省第二届普通高校优秀教材"一等奖；2008 年初通过教育部专家组的评审，被纳入普通高等教育"十一五"国家级教材；同年秋季，在已经出版的"十一五"国家级教材中再次通过教育部评审，被评为 2008 年度国家级精品教材。

尽管初学者的专业水平不足以顺利使用英文版 Protel DXP，但从实际设计工作中来看，使用英文版软件的机会远多于使用中文版，而且绝大多数反馈者认为，还是使用英文版软件为好，因为这对今后的工作帮助更大。因此，本次教材改版依然采用英文版软件。如果在学习过程中的确因专业英语水平的原因有困难，我们还有一本使用中文版软件的教材《Protel 2004 电路设计》(清华大学出版社 ISBN：978-7-302-13375-9)供学习选用。

职业教育说到底是就业教育，在专业课程的学习中，学生以掌握专业技能为主要学习目标。本教材按照这一思路进行编写，内容包含了作者多年的设计经验和教学经验。在第 1 版教材正式出版使用的几年中，不少读者和我们联系，征求解决实际问题的方法，对教材也提出了不少改进建议，同时我们征求了不少使用 Protel 软件的现场技术人员、有经验的教师以及在岗位实习的学生的意见，根据他们在工作中碰到的实际问题及在软件使用过程中需要解决的问题进行内容补充和更新。主要体现在以下几个方面。

- 根据学生的要求，在第 2 章增加了软件安装的详细操作步骤，以利于学生自主制定 Protel DXP 电路设计系统。
- 第 3 章增加了快速修订 PCB 的内容，对教学中设计出来的 PCB 进行实用性的修订，使之能成为真正的产品，实现了从课堂设计到实际应用的跨越，使没有实际设计经验的初学者可以得到面向实际的锻炼，提高专业设计技能。
- 第 7 章增加了层次原理图的内容，介绍自上而下设计层次原理图的详细步骤，以及自下而上的设计及相关方法。这一部分内容将使初学者受益匪浅。
- 增加第 13 章内容，主要讲解利用 Protel DXP 软件进行逆向操作的过程。介绍根据实物 PCB 从用手工绘制 PCB 入手到绘制原理图的全部过程，并结合操作题，实现了从实物 PCB→PCB 文档→原理图文档→PCB 文档→实物 PCB 这样一个还原简单电子产品的全部过程。学生从中可以得到解决类似问题的方法，并启发设计思路和找到可借鉴的实物范例。这种逆向操作的范例极具职业教育特色，有很强的实用价值和实际设计参考价值。
- 删除了高职层次学生在校学习过程中因学时限制或者开发设备限制不能实现的 VHDL 和 FPGA 设计章节。
- 快速修订及逆向设计，是根据作者群体多年工程设计经验和专业知识编写出的原创内容，在现有的类似教材中并不多见，是本教材第2版修订的特色之一。

本书由江西工业贸易职业技术学院鲁捷、江苏信息职业技术学院焦振宇、山东济宁职业技术学院孟凡文编著，并由鲁捷统稿。本书第1、2、3、4、5、9、13章由鲁捷编写修订；第6、11、12、14章由江苏信息职业技术学院焦振宇编写修订；第7由徐绵起编写，孟凡文修订；第8章和全书附录及习题参考答案由山东济宁职业技术学院孟凡文编写修订；第10章由黄河水利职业技术学院胡健编写；无锡市职业教育中心的徐益清老师对全书的内容也付出了辛勤的劳动。

本教材的改版离不开各方面的支持与帮助，在此感谢江西工业贸易职业技术学院院长邓晓红教授、副院长雷晓芬教授的大力支持；感谢南昌大学万国金教授、李迅生教授和江西现代职业技术学院的王连英教授多年来对本教材的关心与指导；感谢南昌大学、江苏信息职业技术学院、山东济宁职业技术学院、黄河水利职业技术学院相关领导的支持；感谢使用过《Protel DXP 电路设计基础教程》的教师和同学们，他们为第2版的修改提出了不少有益的建议！

由于教材篇幅的限制，软件中的许多内容不能进一步深度涉及，无法面面俱到地对Protel DXP 软件进行介绍。这方面还有待于改进，也诚恳地希望使用教材的读者提出批评与建议。

编　者

第 1 版前言

Protel 是进入中国最早的 EDA 软件之一，在国内电子设计行业得到了广泛的应用。以前在教学中使用的版本为 Protel 99SE。随着计算机操作系统的升级换代，计算机性能的提高，各高职高专院校开始陆续采用适合在 Windows 2000 或 Windows XP 环境下的 Protel DXP 作为升级版本进行教学。

本书作为高职高专教材，从讲授 Protel DXP 软件的操作入手，以提高学生动手能力为主线，注重基本操作和实际应用的训练，充分体现了高等职业教育的特点，着眼于高职高专为生产一线培养技术应用型高级人才的目标。在介绍原理图、仿真和 PCB 等基础知识的同时，从学生学习的方面和使用软件的系统性考虑，对于 VHDL 和 FPGA 部分，也作了简单的介绍并给出实例，为学生深层次地继续学习提供知识储备。另外，我们还给出了实用性很强的附录，以帮助教学和学习。

本书的电路符号并没有完全按照通常电子专业书籍标注(如 V_{CC} 和 R_1 等)，而是从教学方面考虑，利用 Protel DXP 系统本身默认的电路符号(VCC、R1)进行标注，同时在该软件中，电容的单位μ可用 U 代替。在实际工作中，可以直接利用欧美标准进行设计，也可以进行自定义设置采用国家标准进行设计以适应不同性质的企业要求。

全书共分 13 个章节。第 1、2 章主要介绍快速入门的基础知识，帮助学生快速掌握整个软件的使用；第 3 章至第 6 章为原理图部分，介绍了从原理图设计到输出的全部设计过程，并介绍了自定义元件和模板设计的实例；第 7 章为电路仿真，不仅介绍了仿真的设置和运行方法，还从电专业的角度对仿真结果进行了分析；第 8 章至第 11 章是 PCB 部分，介绍了 PCB 基础知识、PCB 设计、PCB 封装的制作和 PCB 打印输出的全部过程；第 12 章为 VHDL 语言部分，介绍了两种生成 VHDL 文件的方法，这部分内容多、学时少且相对较难，可以选学；第 13 章为综合实例，是利用 Protel DXP 设计的一个产品，实用性很强，可供学生在今后的工作中作为设计的范例参考。

本书特点:

- 由多年从事 Protel 教学并具有丰富实践经验的教师编写，半数参编教师正在电子厂兼职从事专业设计，书中的内容是参编教师们多年的教学经验与工程设计经验的结晶。与国内外已出版的同类教材相比，教师好教、学生易学、入门迅速、实用性强是本书的最大特点。因此，只要学习了前两章，就能绘制简单的原理图，对其进行初步仿真并能设计出相应的 PCB(印制电路板)，基本了解 Protel DXP 的全部设计过程，这在现有的同类教材中是很突出的。

- 在编写过程中，收集了学生在学习过程中遇到的典型问题，并在书中提出了有针对性的解决方案。例如，学生在设计时，如何熟练地在众多的元件库中找到所需的元件；对库中没有的新元件，如何自定义电路符号及其封装；如何设计一个属于自己的模板；在工程设计过程中，如何自定义一个属于自己的元件库；在 PCB 的设计中，板层的应用及封装的修改。

● 本书的编排也从好教、易学和实用的原则出发，先介绍简单的原理，再进行实例讲解，最后是上机指导。在内容上按照 One-By-One 的编排方式，对操作过程逐步介绍。在实例和上机指导中，既可以按教材的步骤进行，也可以根据具体情况发挥，并在操作中设置学习中的常见问题，在后续的教学中进行排除，从而掌握操作技巧。

我们希望，学生在学习过程中，只要有一台安装了 Protel DXP 软件的计算机，同时使用本教材，在不提问或很少提问的情况下，就能掌握 Protel DXP 软件的基本操作并能进行简单的实用性设计。

本书由江西工业贸易职业技术学院鲁捷主编和统稿。本书的前言和第 1、2、3、4 章由鲁捷编写；第 5、10、11、13 章由江苏信息职业技术学院焦振宇编写；第 6 由王斌编写；第 7、8 章和全书附录及习题参考答案由山东济宁职业技术学院孟凡文编写；第 9 章由黄河水利职业技术学院胡健编写；第 12 章由徐绵起编写。作为无锡市 Protel 大赛的冠军得主，徐益清老师在书稿完成交付出版社之前，对全书进行了审阅。在此，特别感谢南昌大学在校研究生周远和钱峰，他们对本书初稿的第 5 章至第 10 章的编写付出了辛勤的劳动，也对江西工业贸易职业技术学院林海菁、钟园园老师表示衷心感谢，她们画龙点睛般的高超技艺为全书的插图增色不少。

本书可作为高等职业技术学院、高等专科学校、成人高校的电类、机电类专业的教材，还可供中等职业技术学校电专业及各类培训班使用，同时也适用于岗前培训及有关工程技术人员自学和参考。

读书不易，写书更难，要想在短时间内写一本令教学各方都满意的好教材可谓是难上加难。Protel DXP 不仅远比 Protel 99SE 功能强大，而且二次开发能力也很强。由于篇幅和作者水平的限制，书中难免有一些 Protel DXP 功能没有涉及的内容，请使用本教材的教师和读者给予批评指正，电子信箱：lujie9814@126.com。

编　者

目 录

第 1 章　Protel DXP 基础知识

教学提示：本章介绍 Protel DXP 的基础知识，其中包括 Protel 的发展简史、组成和特点；演示启动 Protel DXP 的各种方法；介绍主窗口的菜单栏、工具栏、面板控制栏和状态栏，最后在上机指导中介绍 Protel DXP 使用中的一些个性化设置。

教学目标：了解 Protel DXP 的组成、特点；熟练掌握 Protel DXP 的启动操作，Protel DXP 主窗口中的菜单栏、工具栏、面板控制栏和状态栏的设置方法，并结合本书的附录了解菜单栏的使用方法。

1.1　Protel DXP 简介

Protel DXP 是一款 EDA(Electronic Design Automation，电子系统设计自动化)设计软件，主要用于电路设计、电路仿真和印制电路板(PCB)的设计，同时还提供了超高速集成电器硬件描述语言(VHDL)的设计工具进行现场可编程门阵列(FPGA)设计。

1.1.1　Protel 的发展简史

Protel 公司于 1985 年在澳大利亚的悉尼成立，同年推出第一代 DOS 版设计软件——1988 年 Protel 软件的雏形 TANGO 软件包问世，它支持原理图及 PCB 的设计和打印输出。同年，Protel 公司在美国的硅谷设立研发中心，开发的升级版 Protel for DOS 引入中国内地后，因其方便、易学、实用的特点得到了广泛的应用。进入 20 世纪 90 年代以后，随着个人计算机硬件性能的提高和 Windows 操作系统的推出，Protel 公司于 1991 年发布了世界上第一个基于 Windows 环境的 EDA 工具，奠定了其在桌面 EDA 系统的领先地位。

1998 年，Protel 公司推出 Protel 98，将原理图设计、PCB 设计、无网格布线器、可编程逻辑器件设计和混合电路模拟仿真集成于一体化设计环境中。随后又推出了 Protel 99 及 Protel 99SE 等产品。2002 年，该公司更名为 Altium 公司，又推出 Protel DXP(Design Explorer)。Protel DXP 与以前的 Protel 99SE 相比，在操作界面和操作步骤上有了很大的改进，用户界面更加友好、直观，使用户操作更加便利。

1.1.2　Protel DXP 的组成

Protel DXP 主要由原理图(Schematics)设计模块、电路仿真(Simulate)模块、PCB 设计模块和 CPLD/FPGA 设计模块组成。

- 原理图设计模块主要用于电路原理图的设计，生成.schdoc 文件，为 PCB 的设计做前期准备工作，也可以用来单独设计电路原理图或生产线使用的电路装配图。
- 电路仿真模块主要用于电路原理图的仿真运行，以检验/测试电路的功能/性能，可生成.sdf 和.cfg 文件。通过对设计电路引入虚拟的信号输入、电源等电路运行的必备条件，让电路进行仿真运行，观察运行结果是否满足设计要求。

- PCB 设计模块主要用于 PCB 的设计，生成的.PcbDoc 文件将直接应用到 PCB 的生产中。
- CPLD/FPGA 设计模块可以借助 VHDL 描述或绘制原理图方式进行设计，设计完成之后，提交给产品定制部门来制作具有特定功能的元件。

1.1.3 Protel DXP 的特点

Protel DXP 中引入了集成库的概念，Protel DXP 附带了 68 000 多个元件的设计库，大多数元器件都有默认的封装，用户既可以对原封装进行修改，也可以在 PCB 库编辑器设计所需要的新封装。

Protel DXP 有 74 个板层设计可供设计使用，包括 32 层 Signal(信号层)、16 层 Mechanical(机械层)、16 层 Internal Plane(内电层)、2 层 Solder Mask(阻焊层)、2 层 Paste Mask(锡膏层)、2 层 Silkscreen(丝印层)、2 层 Drill-Layer(钻孔层，钻孔引导和钻孔冲压)、1 层 Keep out(禁止布线层)和 1 层 Multi-Layer(多维层)。

与以前的 Protel 99SE 相比，Protel DXP 还具有以下特点。

- Protel DXP 中焊盘的外形：Round (圆形)、Rectangle (方形)和 Octagonal (八角形)。
- 焊盘堆叠结构分为：Simple(所有层上焊盘都相同)、Top-Mid-Bottom(顶层、中间层和底层分别定义焊盘形状)和 Full Stack(所有层的每个层都能各自定义焊盘外形)。
- Protel DXP 中过孔的种类：Through-hole(过孔)；Board-storey(板层对)；Blind & Buried(盲孔和埋孔)。

Protel DXP 采用了改进型 Situs Topological Auto routing 布线规则。这种改进型的布线规则以及内部算法的优化都大大地提高了布线的成功率和准确率。这也在某种程度上减轻了设计负担。

Protel DXP 中的高速电路规则也很实用，它能限制平行走线的长度，并可以实现高速电路中所要求的网络匹配长度的问题，这些都能让设计高速电路也变得相对容易。

在需要进行多层板设计的情况下，只需在层管理器中进行相关的设置即可。可以在设计规则中制定每个板层的走线规则，包括最短走线、水平、垂直等，一般来讲，只要布局适当，进行完全自动布线一次性成功率很高。

Protel DXP 不仅提供了部分电路的混合模拟仿真，而且提供了 PCB 和原理图上的信号完整性分析。混合模拟仿真包括真正的混合，混合电路模拟器电路图编辑的无缝集成，使得在设计时就可以直接从电路图进行模拟和全面的分析，包括 AC(交流电)小信号分析、瞬态分析、噪声和 DC(直流电)扫描分析，还包括用来测试元件参数变化和公差影响的元件扫描分析和 Monte Carlo(蒙特卡罗)分析等。

信号完整性分析能够在软件上模拟出整个电路板各个网络的工作情况，并且可以提供多种优化方案供设计时选择。这里的信号完整性分析是属于模拟级别的，分析的是设计需要的 EMC(电磁兼容)、EMI(电磁干扰)及串扰的参数，而且这些分析是完全建立在 Protel

DXP 所提供的强大的集成库之上的。大到 IC(Integrated Circuit，集成电路)元件，小到电阻、电容都有独自的仿真模型参数。混合模拟分析和完整性分析的结果以波形的形式显示出来，且波形的计算算法均较以前版本有较大的优化。同时也可以建立设计的库元件设置模拟参数。

总之，信号完整性分析给设计带来了很大的方便，提高了一次性 PCB 制作的成功率。

为了实现真正的、完整的板级设计，Altium 公司提出了 Live-Design-Enabled 的平台概念，这个平台实现了 Altium 软件的无缝集成。它集成了当今很流行的可设计 ASIC(专门应用集成电路)的功能，并提供了原理图和 VHDL 混合设计的功能，而且所有设计 I/O 的改变均可返回到 PCB，使 PCB 上相应的 FPGA 芯片 I/O 发生改变。

Protel DXP 支持更完美的 3D 预览功能，在 PCB 加工之前就可以从各个角度观看 PCB 及焊装元件后的"实物"概况。

1.2　Protel DXP 的安装方法

Protel DXP 的安装和大多数 Windows 应用软件的安装方法类似，但在安装前必须进行语言设置，否则软件安装将出错以至于无法继续安装。

首先，在 Windows 桌面上选择"开始"|"设置"|"控制面板"|"区域和语言选项"命令，如图 1.1 所示。

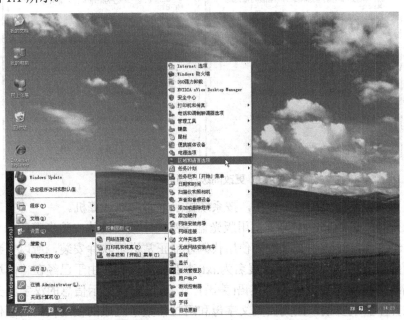

图 1.1　进入区域和语言选项

在"区域和语言选项"对话框中，切换到"区域选项"选项卡，将"标准和格式"选项组中的"中文(中国)"改为"英语(美国)"；将"位置"选项组中的"中国"改为"美国"。更改前后的对比如图 1.2 所示。

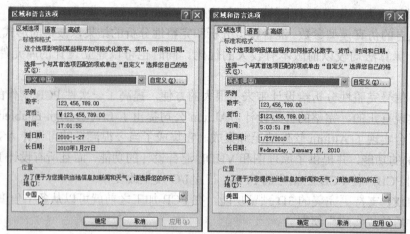

图 1.2　更改区域选项的前后对比

然后，切换到"高级"选项卡，将"非 Unicode 程序的语言"选项组中的"中文(中国)"改为"英语(美国)"。更改前后的对比如图 1.3 所示。

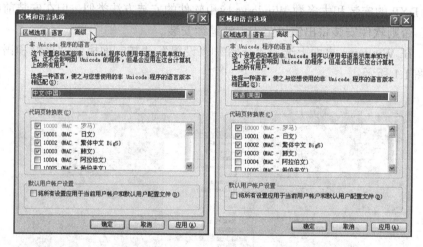

图 1.3　更改高级选项的前后对比

更改结束后，单击"确定"按钮，按系统提示重新启动计算机。

下面以一种常见的 Protel DXP 试用版光盘为例，介绍其具体安装步骤：

(1) 由于在安装过程中必须输入使用代码才能正常进行软件安装，所以安装前应先打开光盘里面的安装指南文本文件(扩展名为.txt)查看使用代码。由于已经在"区域和语言选项"的"高级"选项卡中设置为"英语(美国)"，所以安装提示信息的汉字部分不能正常显示，但这并不影响安装，因为由英文字母和阿拉伯数字组成的使用代码信息依然显示正确。打开这个文本文件后，将其最小化放在任务栏内备用(在需要输入使用代码时可以从任务栏中调出来)，安装指南文本文件的内容和使用代码信息如图 1.4 所示。

(2) 运行 Protel DXP 安装光盘中的 Setup.exe 文件，然后根据安装软件的提示信息进行操作，如图 1.5 所示。

(3) 单击 Next 按钮，在出现 Protel DXP 的版本授权协议窗口时，必须选中 I accept the

license agreement 单选按钮，方能正式进入 Protel DXP 的软件安装，如图 1.6 所示。

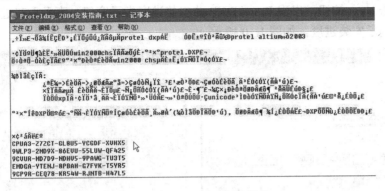

图 1.4　Protel DXP 安装指南

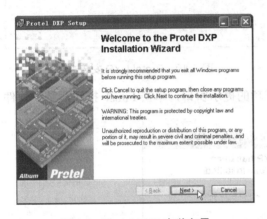

图 1.5　Protel DXP 安装向导

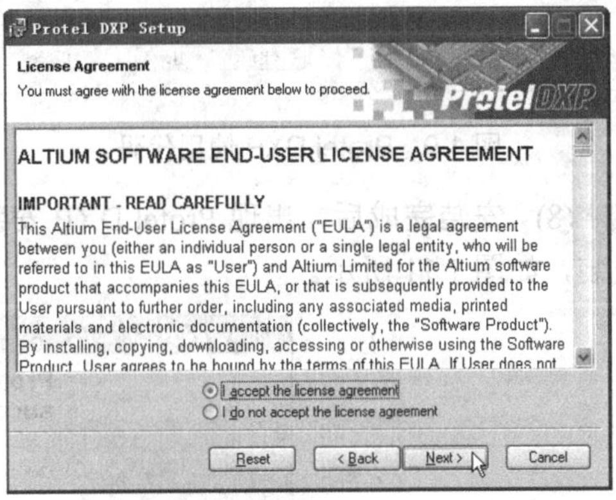

图 1.6　Protel DXP 授权协议

（4）单击 Next 按钮，在出现 Protel DXP 的用户信息窗口时，自行填写用户全名和组织名称及选择用户类型，也可以使用默认的设置，如图 1.7 所示。

（5）单击 Next 按钮，在出现 Protel DXP 的安装路径信息窗口时，可以单击 Browse 更改 Protel DXP 的安装路径，也可以使用默认的安装路径，如图 1.8 所示。

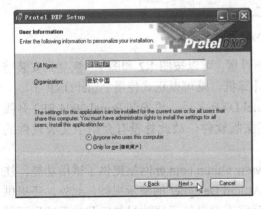

图 1.7　Protel DXP 使用者信息

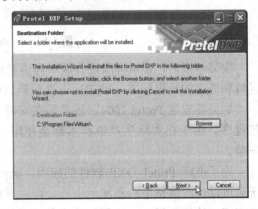

图 1.8　Protel DXP 安装路径

（6）单击 Next 按钮，在出现 Protel DXP 的使用代码窗口时，可以在安装光盘上的文本文件中找到使用代码并输入，如图1.9所示。

(7) 单击Next按钮，出现Protel DXP的安装进度指示窗口，表示正在进行软件安装，进度条动态提示安装进度，如图1.10所示。

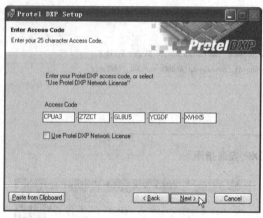

图1.9　Protel DXP使用代码

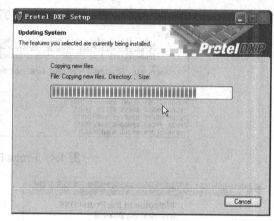

图1.10　Protel DXP安装进度

(8) 安装完成后，出现Protel DXP安装成功的提示窗口，单击Finish按钮，结束软件安装，如图1.11所示。

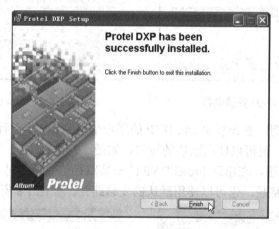

图1.11　Protel DXP安装成功

安装结束后，必须再次进行区域和语言选项设置，可以按图1.2和图1.3恢复到安装前区域和语言的设置状态，确定后再次重新启动计算机，就可以正式使用Protel DXP了。

如果要安装Protel 2004，还必须在安装Protel DXP之后，再安装Protel 2004 SP2升级包程序。由于在实际生产中基本都是使用全英文版软件，故此处没有介绍中文版软件的安装。

为了推广Protel DXP软件的应用，http://www.altium.com.cn网站提供了试用功能，注册后可以访问信息中心和演示中心，可以下载Altium Designer的演示视频。此外，还提供了相应的软件升级包，注册用户安装该升级包后将有更多的元器件封装以及仿真模型可供选用。同时，用户注册申请一个试用许可后，网站将提供部分教学视频文件供用户学习。

提示： 登录 http://www.altium.com.cn 或者 http://www.protel.com 可以购买正版的
Protel DXP软件，以供实际工作中使用。

1.3 Protel DXP 的启动方法

Protel DXP 的启动方法有多种，下面分别简单进行介绍。

- 利用桌面上的快捷方式启动。如果在桌面上建立了 Protel DXP 的快捷方式图标，可以直接双击该图标启动 Protel DXP；也可以右击该图标，在弹出的快捷菜单中选择"打开"命令直接启动 Protel DXP，如图1.12所示。
- 利用"开始"菜单启动。在 Windows 桌面上选择"开始"|"程序"|Altium|Protel DXP命令，即可启动 Protel DXP，如图1.13所示。

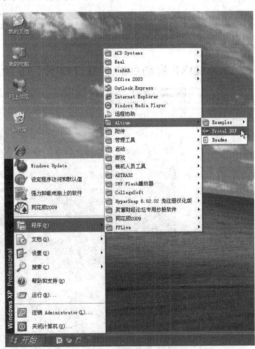

图1.12 利用桌面上的快捷方式启动 Protel DXP　　图1.13 利用开始菜单启动 Protel DXP

- 选择"开始"|"运行"命令，在"运行"对话框的"打开"下拉列表框中，输入 DXP.exe 的路径和文件名，单击"确定"按钮启动 Protel DXP 软件，如图1.14所示。
- 双击在 Protel DXP 软件中生成的原理图和 PCB 文件及其他文件，即可启动 Protel DXP，如图1.15所示。

另外，还可以在"我的电脑"窗口中，找到 Protel DXP 的主文件 DXP.exe，双击就可以启动了；在资源管理器中，也可以采用类似双击 DXP.exe 的方法启动 Protel DXP；利用 Windows 的搜索功能查找到 DXP.exe，然后双击其图标，也是一种启动 Protel DXP 的方法。

总之，在 Windows 操作系统中运行可执行文件的各种方法，几乎都能在 Protel DXP 环境下使用。

图 1.14 直接通过运行命令启动 Protel DXP

图 1.15 打开原理图文件启动 Protel DXP

1.4 Protel DXP 的主窗口

Protel DXP 启动后的主窗口如图 1.16 所示。

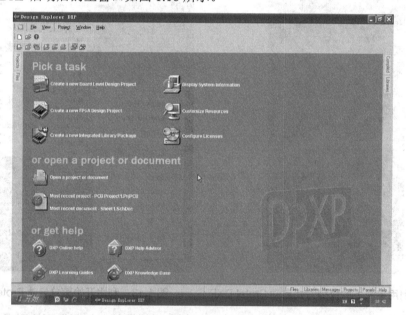

图 1.16 Protel DXP 主窗口

从图 1.16 可以看出，和所有的 Windows 软件一样，Protel DXP 的主窗口里也有菜单栏、工具栏、状态栏和工作面板。此外，Protel DXP 还多了几个标签栏，分布于主窗口周围。

1.4.1 菜单栏

Protel DXP 主窗口中的菜单栏具有系统设置、参数设置、命令操作和提供帮助等各项功能，同时也是用户启动和优化设计的主要入口之一，菜单栏如图 1.17 所示。

图 1.17　Protel DXP 主窗口的菜单栏

Protel DXP 主窗口中各菜单的功能，详见附录 A。

1.4.2　工具栏

利用 Protel DXP 主窗口中的工具栏可以打开已经存在的文档和项目，也可以将已经打开的文档在项目中进行删除、添加等操作，工具栏如图 1.18 所示。

图 1.18　Protel DXP 主窗口的工具栏

1.4.3　命令栏和状态栏

和所有的 Windows 软件一样，Protel DXP 主窗口的命令栏和状态栏位于工作桌面的下方，主要用于显示当前的工作状态和正在执行的命令。利用 View 菜单可以打开和关闭命令栏和状态栏，如图 1.19 所示。

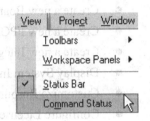

图 1.19　View 菜单

1.4.4　标签栏

Protel DXP 主窗口中的标签栏和命令栏、状态栏一起放在工作桌面的下方，如图 1.20 所示。

图 1.20　Protel DXP 主窗口的标签栏

为了设计的方便，Protel DXP 的窗口左右两边放置了常用的标签。单击后，屏幕上会弹出对应的工作面板。例如，单击 Files 标签，会出现 Files 工作面板，如图 1.21 所示。

可以在 View | Workspace Panels 子菜单中设置左右标签；工作桌面下方的标签可以通过右击标签栏进行设置，如图 1.22 所示。

图 1.21　Files 面板

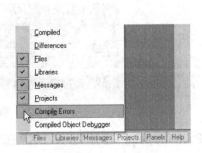

图 1.22　设置标签栏

1.4.5 工作窗口

工作窗口位于 Protel DXP 主窗口的中间，将常用的链接分为 3 个区域。

(1) Pick a task：选取一个任务，如图 1.23 所示。

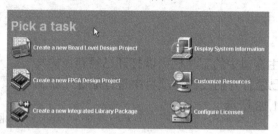

图 1.23 选取一个任务

- Create a new Board Level Design Project：新建一个板级设计项目。
- Create a new FPGA Design Project：新建一个 FPGA 设计项目。
- Create a new Integrated Library Package：新建一个集成库。
- Display System Information：显示系统信息。
- Customize Resources：系统资源个性化设置。
- Configure Licenses：配置许可认证。

(2) or open a project or document：打开一个项目或文档，如图 1.24 所示。

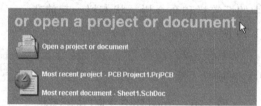

图 1.24 打开一个项目或文档

- Open a project or document：打开一个项目或文档。
- Most recent project：打开最近的项目。
- Most recent document：打开最近的文档。

(3) or get help：获取帮助，如图 1.25 所示。

图 1.25 获取帮助

- DXP Online help：打开 Protel DXP 在线帮助。
- DXP Help Advisor：打开 Protel DXP 帮助向导。

- DXP Learning Guides：打开 Protel DXP 学习指导。
- DXP Knowledge Base：打开 Protel DXP 知识库。

1.4.6　工作面板

Protel DXP 具有大量的工作面板，设计者可以通过工作面板进行打开文件、访问库文件、浏览各个设计文件和编辑对象等操作。工作面板可分为两大类：一类是在各种编辑环境下都适用的通用面板，如 Library(库文件)面板和 Project(项目)面板；另一类是在特定的编辑环境下适用的专用面板，如 PCB 编辑环境中的导航器(Navigator)面板。

1. 面板的 3 种显示方式

1) 自动隐藏方式

刚进入各种编辑环境时，工作面板都处于自动隐藏方式。若需显示某一工作面板，可以将鼠标指针指向相应的标签或者单击该标签，工作面板就会自动弹出；当鼠标指针离开该面板一定时间或者在工作区双击后，该面板又自动隐藏。

2) 锁定显示方式

处于这种方式下的工作面板，无法用鼠标拖动。

3) 浮动显示方式

工作面板在工作区主窗口中间任意位置，就处于浮动显示方式。

工作面板三种显示方式的对比如图 1.26 所示。

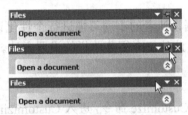

图 1.26　自动隐藏、锁定显示和浮动显示方式的对比

2. 面板的 3 种显示方式之间的转换方法

1) 自动隐藏方式与浮动显示方式的相互转换

用鼠标将自动隐藏方式的工作面板拖动到工作区主窗口的任意位置，即可实现由自动隐藏方式到浮动显示方式的转换；用鼠标将浮动显示方式的工作面板拖动到工作区主窗口的边缘，工作面板再次弹出时将以自动隐藏方式的图标出现，这样就实现了由浮动显示方式到自动隐藏方式的转换。

2) 自动隐藏方式与锁定显示方式的相互转换

单击自动隐藏方式图标，图标转换成锁定显示方式，即可实现由锁定显示方式到自动隐藏方式的转换；单击锁定显示方式图标，图标转换成自动隐藏方式，即可实现由锁定显示方式到自动隐藏方式的转换。

3) 面板图标的功能

- 锁定图标：表示面板处于锁定状态，单击该图标会变成自动隐藏图标。
- 自动隐藏图标：表示面板处于自动隐藏状态，单击该图标会变成锁定状态。
- 关闭图标：关闭该面板。
- 显示其他的面板图标：单击该图标后，会出现一个下拉菜单，如图 1.27 所示。

从下拉菜单中选取需要显示的面板，如选择 Projects 后，则会显示 Projects 面板，如图 1.28 所示。

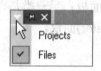

图 1.27　选择其他面板

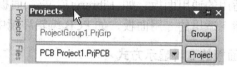

图 1.28　Projects 面板

1.5　上 机 指 导

本节主要介绍 Protel DXP 主窗口的菜单栏的个性化设置、工具栏和工作窗口的使用以及状态栏、标签栏的设置。

1.5.1　个性化设置

在 Protel DXP 中可以根据设计者的不同习惯进行个性化设置，设置的项目包括修改系统菜单、工具栏和快捷键等，此处仅介绍菜单栏的设置方法。

1. 修改菜单中的命令

(1) 选择 View|Tool Bars|Customize 命令，进入 Customizing DefaultEditor Editor(个性化编辑)对话框，切换到 Commands 选项卡，在左边的 Categories 列表框中选择 No Document Tools 选项；在右边的 Commands 选区内选择 New 选项，如图 1.29 所示。

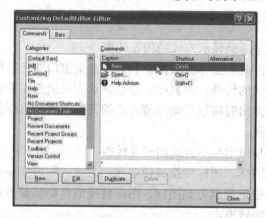

图 1.29　个性化设置

12

💡 **注意：** 在菜单栏或工具栏上右击，弹出快捷菜单后，选择 Commands 命令，也可以进入 Customizing DefaultEditor Editor 对话框。

(2) 用鼠标将选中的选项直接拖动到 Protel DXP 主窗口的 Project 菜单上，再关闭 Customizing DefaultEditor Editor 对话框。此时，可以明显地看到在 Project 的菜单中增加了一个带有新建文件图标的 New 命令项，这样就可以实现个性化菜单的设置。采用类似的操作方法，也可以设置其他的个性化菜单。个性化菜单添加子菜单项前后的对比效果如图 1.30 所示。

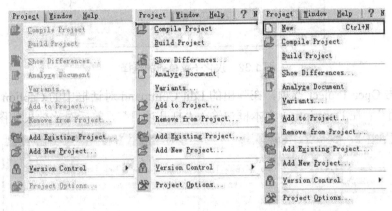

图 1.30 添加子菜单命令前、中、后的效果对比

在修改后的个性化菜单中也可以将添加的菜单项删除，方法是：右击要删除的子菜单，从弹出的快捷菜单中选择 Delete 命令。删除子菜单项前后的对比效果如图 1.31 所示。

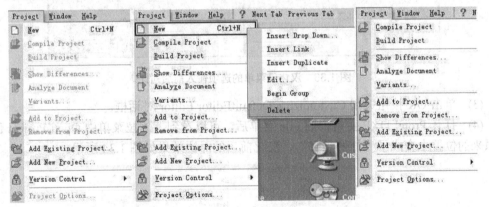

图 1.31 删除子菜单命令前、中、后的效果对比

2. 对菜单中的某一命令进行汉化

(1) 选择 View|Tool Bars|Customize 命令，打开 Customizing DefaultEditor Editor 对话框，切换到 Commands 选项卡，在左边的 Categories 列表框中选择 File 选项；在右边的 Commands 选区内选择 Open Project 选项，如图 1.32 所示。

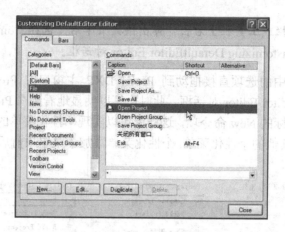

图 1.32　汉化子菜单前的选择

(2)　双击 Open Project 选项，在弹出的 Edit Command 对话框中的 Caption 文本框中输入"打开项目"；在 Description 文本框中输入"打开项目"，前后对比效果如图 1.33 所示。

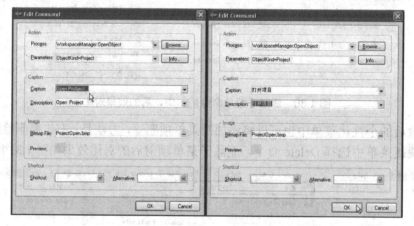

图 1.33　汉化子菜单的选项输入前后对比

(3)　单击 OK 按钮关闭 Customizing DefaultEditor Editor 对话框。

(4)　打开 Protel DXP 主窗口的 File 菜单后，可以看到，下拉菜单中 Open Project 已经在原来的位置上变成了"打开项目"，汉化前后的对比效果如图 1.34 所示。

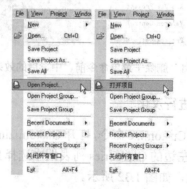

图 1.34　命令汉化前后的对比

1.5.2　工具栏的设置

(1)　选择 View|Toolbars 命令，在其子菜单中分别选中 No Document Tools(无文件管理工具)和 Project(项目管理工具)，如图 1.35 所示。

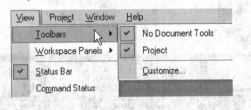

图 1.35　设置显示工具栏

(2)　依照上述设置可以显示工具栏，若要进入自定义工具栏设置选择 Customize 命令。

(3)　显示工具栏如图 1.36 所示。也可以将工具栏拖动摆放在同一行，如图 1.37 所示。

图 1.36　显示工具栏　　　　　图 1.37　将工具栏摆放在同一行

1.5.3　工作窗口的使用

使用工作窗口进行的操作如下。

(1)　单击 Create a new Board Level Design Project 链接，可以新建一个电路板设计项目，如图 1.38 所示。

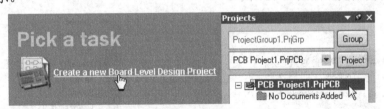

图 1.38　新建一个电路板设计项目

(2)　单击 Open a project or document 链接，可打开一个项目或文档，如图 1.39 所示。

图 1.39　打开一个电路板原理图或者一个电路板设计项目

(3)　单击 DXP Learning Guides 链接，将在浏览器中打开 www.protel.com 网站，选择 Chinese(中文)则打开该网站的中文网页，如图 1.40 所示。

图 1.40　与互联网链接

通过与 Protel 网站的链接，可以获取 Protel 软件最新的信息，下载最新的学习软件和最新的元件库以及购买正版软件等，这里不展开讨论。

1.5.4　状态栏和标签栏的设置

(1)　在 View 菜单中分别选择 Status Bar 和 Command Status 命令，可以在编辑工作区的下方显示面板控制栏、状态栏和命令栏，如图 1.41 所示。

(2)　右击窗口下方的面板控制栏，可以在弹出的快捷菜单中设置标签的显示(选中)和取消显示(取消选中状态)，设定后单击这些标签，可以弹出相应的工作面板(与 View 菜单中的 Workspace Panels 命令功能相同)，这些面板可以通过拖动、锁定和隐藏等三种显示方式来满足设计的需要，如图 1.42 所示。

图 1.41　显示或关闭状态栏和命令栏

图 1.42　标签栏的显示或关闭设置

1.6　习　　题

填空题

(1)　Protel DXP 是一款_____设计软件。

(2) 常见的 Protel DXP 启动方法有_____、_____、_____。

(3) Protel DXP 主窗口四周有_____、_____、_____、_____。

(4) 原理图设计系统生成_____文件，PCB 设计系统生成_____文件。

选择题

(1) Protel DXP 的组成有_____。

    A．CPLD/FPGA   B．Simulate   C．Schematic   D．PCB

(2) Protel DXP 的面板显示方式有_____。

    A．自动隐藏   B．锁定显示   C．任意显示   D．浮动显示

(3) 主窗口的标签分布在_____。

    A．上面   B．下面   C．左边   D．右边

(4) 个性化设置可以用来修改_____。

    A．系统菜单   B．窗口   C．工具栏   D．快捷键盘

判断题

(1) 通过 Protel DXP 的主窗口可以新建一张原理图，但不能新建一个项目。（   ）

(2) 启动 Protel DXP 的方法可以有多种。（   ）

(3) Protel DXP 的各种显示方式不可以任意切换。（   ）

(4) Protel DXP 工作区四周的标签不能交换位置。（   ）

简答题

(1) Protel DXP 主要由几大部分组成？

(2) Protel DXP 有多少板层可供设计？

(3) 根据上机指导介绍的方法能汉化 Protel DXP 所有的对话框吗？

(4) 安装 Protel DXP 软件要更改哪些设置？

操作题

按照 1.5.1 小节中汉化菜单中命令部分的操作方法，对 Protel DXP 主窗口菜单栏进行如下操作：对 Window 菜单的 3 个命令进行汉化，要求汉化前后的对比效果，如图 1.43 所示。

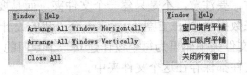

图 1.43　汉化子菜单

第 2 章 Protel DXP 设计快速入门

教学提示：本章介绍 Protel DXP 设计快速入门的有关知识。课前可由学生预习：原理图中元件库的添加及元件的查找、放置方法及 PCB 设计过程中的要求，注意事项可略讲。重点演示设计实例的原理图绘制、电路仿真和 PCB 设计等操作步骤。为把握教学进度，可预先在备课时完成原理图绘制，简单介绍元件放置后，直接给出原理图。

教学目标：通过一个简单的综合实例，使学生对 Protel DXP 一般设计的内容和要求及设计全过程有一个比较明晰的概念，能设计出一个简单的原理图和 PCB 图，并能进行简单的仿真。

2.1 原理图设计快速入门

使用 Protel DXP 进行 PCB 的设计过程一般要分三个阶段：绘制原理图，设计校验，设计 PCB。绘制原理图的操作并不复杂，关键是元件。所以本节重点围绕元件来介绍，包括元件库操作、元件查找操作、元件的选择和布局等知识。元件的放置、属性编辑等操作内容将在上机指导部分介绍，自定义元件的内容将在后续章节中介绍。

对初学者而言，绘制原理图操作过程中最棘手的工作就是查找元件及其资料。在许多情况下，当有现成的设计需要用 Protel DXP 绘制成原理图时，往往不知道元件在原理图编辑系统中叫什么名字，也不知道在哪个元件库里可以找到，这就使得绘制原理图的操作无从下手，本节将针对以上问题进行简单介绍。

2.1.1 新建 PCB 工程设计文件和原理图文件

每一台计算机里面都有许多文件夹，这些文件夹的作用是对文件实行分类管理。为了养成良好的设计习惯，以适应多个设计工程的需要，Protel DXP 设计者应该建立专门的文件夹来保存各个设计文件，要注意，不是只建一个文件夹，而是要建立有层次的文件夹。

具体的做法是：先在数据盘(如在 E 盘上)建立一个"我的设计"文件夹。

然后在"我的设计"文件夹下面再为每个设计建立一个专门的文件夹(例如"设计一")，目的是将该设计的所有文件都保存在这个文件夹中。

建立好文件夹后，启动 Protel DXP，建立一个 PCB 工程设计文件，在 PCB 工程设计文件中再建立一个从属于它的原理图文件，最后将建立的 PCB 工程设计文件和原理图文件保存在"设计一"这个文件夹中。

新建 PCB 工程设计和原理图文件的步骤如下。

(1) 启动 Protel DXP，单击 Create a new Board Level Design Project 链接(执行菜单命令 File | New | PCB Project 也能达到同样的效果)，新建一个 PCB 工程设计文件，执行菜单命令 File | Save Project，在弹出的对话框中将 PCB 工程设计文件的保存位置指定到"E:\我的

设计\设计一"文件夹中，保存的 PCB 设计工程文件名可以自定义，这里为系统默认的：PCB Project1.PrjPCB，如图 2.1 所示。

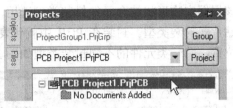

图 2.1　新建工程文件

(2)　执行菜单命令 File | New | Schematic，系统会自动将新建立的原理图文件以默认的文件名：Sheet1.schDoc 加入到 PCB Project1 设计工程中。执行菜单命令 File | Save As 可以将原理图文件(文件名可以在保存的过程中自定义)保存到"E:\我的设计\设计一"文件夹中，这样做的目的是为了便于归类、方便管理，如图 2.2 所示。

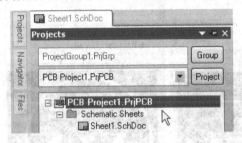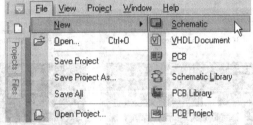

图 2.2　新建原理图文件

至此，新建 PCB 工程设计文件和原理图文件的操作告一段落。

提示：　初学者也可以在不建立工程文件的情况下，建立一个自由的原理图文件或 PCB 文件，如果以后需要，还可以将自由的原理图文件或 PCB 文件添加到指定的工程文件中(方法是将原理图或 PCB 文件点中拖到工程文件中)。

2.1.2　自带库内元件的查找

Protel DXP 提供了常用的电气元器件杂项库(Miscellaneous Devices.IntLib)和接插件杂项库(Miscellaneous Connectors.IntLib)，常用的元件都能在这两个杂项库内找到。

单击工作窗口右边的 Libraries 标签，系统默认的操作是在系统提供的元件库中查找常用的元件(默认的指向是 Components 按钮)。

常用的元件分类名字有：Res(电阻类)、Rpot(可调电阻)、Cap(电容类)、Diode(二极管类)、LED(发光二极管类)、NPN 和 PNP(三极管类)、Photo(光电类晶体管)、PUT(可控硅)、UJT(场效应管类)、Trans(变压器类)、Inductor(电感类)、Fuse(保险丝类)、SW(开关类)、Battery(电池)、Bridge(整流桥)和 XTAL(晶振)。

逐个浏览库内元件的有关资料，找到合适的元件再放置到原理图编辑窗口中；也可以在关键字栏目中输入元件的分类名字(如 CAP)，在库中按指定的关键字快速查找。有时在元件库中找到一种元件，会有几类不同的封装，如电解电容就有 Cap Pol1、Cap Pol2、Cap

Pol3 等三类。从原理图电路符号来看没有什么区别，但它们的封装是不一样的，Cap Pol3 是贴片式元件的封装、Cap Pol2 是卧式元件的封装、Cap Pol1 是立式元件的封装。这时就应该根据实物形状结合元件封装类型选用，比如使用分立式的元件就不能在 PCB 设计中选用贴片式封装类型。封装在 PCB 中就代表元件，它决定了元件在 PCB 中所占的平面与空间位置，同一类元件的不同封装类型如图 2.3 所示。

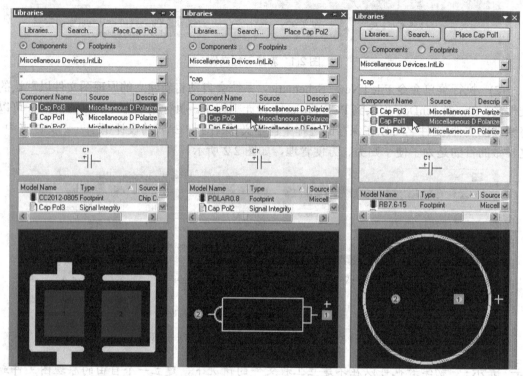

图 2.3 同一类元件的不同封装

要查看 Protel DXP 的封装库，可以在元件库中查找元件时单击 Footprints 单选按钮，将显示元件的界面切换到封装库界面，就可以看到该元件库中所对应的封装类型。

在元件库中的元件符号或封装库中的类型不能满足设计需要的情况下，可以进行自定义操作，通常的做法是在进行原理图设计时生成自定义元件库，而在进行 PCB 设计时生成自定义封装库。然后分别在自定义库中进行元件符号和封装的修订与制作。相关内容可参见第 6 章原理图元件的制作与修订和第 11 章 PCB 元件制作。

如果在电气元器件和接插件杂项库中找不到所需要的元件，有两种解决方案：一是利用搜索功能，直接输入元件名称，在所有元件库里进行查找，找到后选用该元件，在原理图中放置该元件时将其所在的元件库也添加进来；二是在不知道元件名称的情况下，可以输入元件型号的关键字，采用模糊查找的方法将同类元件全部查找出来，或者根据该元件的生产厂家品牌名称将其生产的元件库全部添加进来。比如，在 Search Libraries 对话框中的 Name(名字)栏目中输入 "PIC16C72*" 或者 "*PIC16C72*" 进行搜索，可以在搜索结果中显示所有名称中含有 PIC16C72 的元件。

2.1.3　自带库外元件的查找

在已有的元件库中找不到元件或者不知道元件在哪个元件库中时，可以采用库外查找方式对元件进行搜索。例如查找集成电路 PIC16C72-20/SP 元件的操作步骤如下。

(1) 在图 2.3 中，单击中间的 Search 按钮，进入 Search Libraries 对话框。在 Name 栏中输入元件的名称"PIC16C72-20/SP"(也可以采用模糊查找的方式输入"PIC16C72*")，按默认的指定路径 C:\Program Files\Altium\Library，单击 Search 按钮开始查找，如图 2.4 所示。

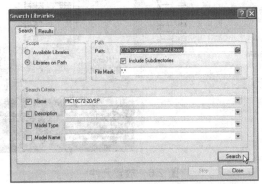

图 2.4　查找元件

(2) 此时系统将自动切换到 Results 选项卡，无论找到与否，在查找结束后，系统都会显示相关的查找信息，找到的集成电路 PIC16C72-20/SP 元件的提示信息如图 2.5 所示。

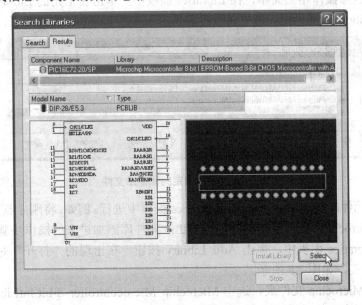

图 2.5　显示查找信息

(3) 单击 Select 按钮，将找到的元件及元件库添加进来，最后单击 Place PIC16C72-20/SP 按钮放置元件，放置集成电路 PIC16C72-20/SP 元件的操作及放置后如

图 2.6 所示。

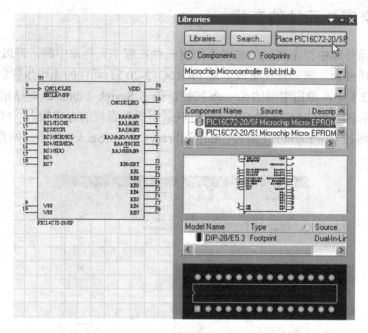

图 2.6　放置元件

2.1.4　元件库的删除与添加

元件库的删除操作相当简单，在 Libraries 面板中，单击左上角的 Libraries 按钮，进入 Add Remove Libraries 对话框，选中删除对象单击下方的 Remove 按钮即可，如图 2.7 所示。

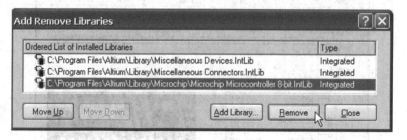

图 2.7　删除指定的元件库文件

对指定的元件库进行添加，同样在 Libraries 面板中进行。例如：将刚才删除的 Microchip 文件夹下的 Microchip Microcontroller 8-bit.IntLib 元件库添加进来的操作步骤如下。

(1) 在 Libraries 面板中，单击 Add Library 按钮，在出现的"打开"对话框中，找到 Microchip 文件夹，如图 2.8 所示。

(2) 展开 Microchip 文件夹，选中 Microchip Microcontroller 8-bit.IntLib 元件库，单击 "打开"按钮将该元件库添加进来，添加后的结果如图 2.9 所示。

(3) 最后单击 Close 按钮，结束添加元件库的操作。

提示：　也可以将某个文件夹下的所有元件库一次性都添加进来，方法是：先选中该文件夹下的第一个元件库文件，再按住 Shift 键选中元件库里的最后一个文件，这样就能选中该文件夹下的所有文件，最后单击"打开"按钮，即可完成添加元件库操作。

图 2.8 指定 Microchip 文件夹

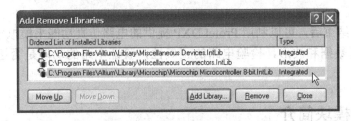

图 2.9 添加指定的元件库文件

2.1.5 选择元件的依据和布局原则

电阻、电容、三极管、二极管等常用元件，在库文件中都有多种模式供选择，选择的依据大致有以下几点。

- 阅读习惯。例如电阻，国内可选用常用模式 Res2，国外可选用欧洲模式 ResSemi。
- 在同一张原理图中，各种元件要尽量选用同一类型模式，以保证风格的统一。
- 要结合产品的生产、PCB 的设计要求，考虑其电气参数和封装形式。

元件的布局也是绘制原理图的基本功之一，目的是使图纸美观，符合专业要求。元件布局大致要考虑以下几个原则。

- 按输入信号从左向右分布元件，输出端在最右边。
- 单电源在上，地线在下；双电源正极在上，负极在下，地线居中。
- 元件编号按电路功能模块编号，在简单的电路中也可以按上下左右顺序编号。
- 元件在图纸中的摆放要分布均匀，排列整齐。
- 元件的编号标注，参数及单位要符合行业规则。

2.1.6 原理图设计工具栏

在原理图编辑器中有许多工具栏，通过菜单 View | Toolbars 下的子菜单命令可以选择显示各类工具栏。值得指出的是，利用 Protel DXP 提供的图形工具栏(Drawing)的画线工具除了可以自定义元件符号以外，还可以画出各种图形，如图 2.10 所示。

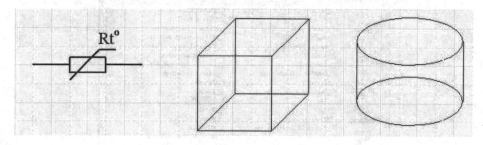

图 2.10　利用图形工具栏画图

2.2　电路仿真设计快速入门

原理图绘制结束后，可以利用 Protel DXP 提供的电路仿真功能来模拟电路的实际工作过程，获取仿真数据和波形，检验电路的正确性，验证电路的功能是否达到设计的预期目的。

2.2.1 仿真模块简介

Protel DXP 的仿真器兼容 SPICE 仿真模型，具有编辑环境简单，能提供各种仿真元器件，仿真方式多样化，仿真结果直观等特点，对模拟电路的级数、数字电路的门数均无限制，能够进行仿真分析单张图纸或多张图纸甚至是局部电路。

仿真分析方式主要有：静态工作点分析方式，瞬态特性分析方式/傅里叶分析方式，直流扫描分析方式，交流小信号分析方式，噪声分析方式，参数扫描分析方式，传递函数分析方式，温度扫描分析方式和蒙特卡罗分析方式。

Protel DXP 仿真器可以对仿真电路的静态工作点、瞬态波形、直流传输特性曲线、交流小信号、信号噪声、温度特性、元件参数、元件允许公差范围等进行仿真，基本覆盖电路的物理参数，得出的仿真结果直观。

2.2.2 仿真元件库

除了实际的元件之外，仿真原理图中还会用到不少"虚拟"元件，单就激励源而言，就有许多不同的类型：直流、正弦、脉冲、指数、分段、调频等线性和非线性源等，这些"虚拟"元件存放在 Protel DXP 安装路径下的 Program Files\Altium\Library\Simulation 文件夹里，主要有以下几个元件库。

- Simulation Math Function.IntLib：数学函数模块符号。
- Simulation Sources. IntLib：所有激励源符号。
- Simulation Special Function.IntLib：特殊功能模块符号。
- Simulation Transmission Line.IntLib：各种传输线符号。
- Simulation Voltage Sources. IntLib：电压激励源符号。

添加仿真元件库的方法与前面在原理图中添加元件库的方法相同，这里不再复述。

2.2.3 仿真操作步骤

具体的仿真操作将在上机指导和后续的章节中讲解，这里只简单介绍操作步骤的内容，对仿真过程有一个总体的把握和了解。

(1) 编辑仿真原理图。在原理图中增加必要的仿真元件，如激励源、虚拟元件、节点网络标号和负载等，就构成了仿真原理图。仿真原理图与原理图的本质区别在于：构成仿真电路的所有元件都必须具备仿真 Simulation 属性。部分仿真元件如图 2.11 所示。

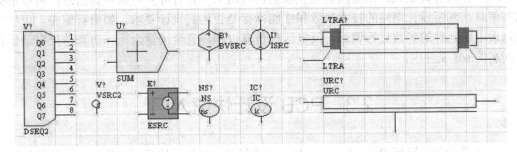

图 2.11　部分仿真元件

(2) 修改仿真元件的属性。在原理图的编辑过程中，如果对放置的元件属性已进行修改(重新设置电阻的阻值或电容的容量等)，则在仿真原理图中再不必修改。但对某些元件，如变压器的变比、晶振的频率、可调电阻的中心位置等参数，就必须在仿真属性中进行设定。变压器仿真属性的修改如图 2.12 所示。

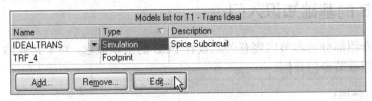

图 2.12　变压器仿真属性

(3) 放置激励源。仿真电路中至少必须要有一个激励源，激励源也称信号源，作用类似于电子实验室里的信号发生器。在仿真电路的设计中，这些激励源都作为理想激励源：电压源内阻为 0，电流源内阻无穷大。激励源仿真属性的设置在仿真章节中具体介绍。仿真激励源可以在激励源工具栏内直接放置，如图 2.13 所示。

图 2.13　激励源工具栏

(4) 放置节点网络标号。为了在指定的位置获取仿真信息，必须在指定位置放置节点网络标号。有时为了方便调试电路，也会在某些节点临时放置网络标号。其放置方法和原理图中放置网络标号完全相同，具体的操作参见本章上机指导。

(5) 设置仿真分析类型。必须根据具体电路和仿真目的来设置仿真分析类型，选择不同的仿真类型会出现不同的仿真参数设置窗口，正确设置窗口中的参数是保证仿真能正常运行的基本条件。在设置参数的同时，也要设置观测点的网络标号，以利于获取仿真信息。

(6) 运行电路仿真。仿真分析参数设置完成后，可立即运行电路仿真。如果电路有错误，系统将自动中断仿真过程，并将错误信息罗列在 Messages 面板中，不同的错误提示有不同的等级。在经过查找错误原因、重新调试或更新设置参数、排除故障后，重新运行电路仿真(有时须反复进行)。

(7) 分析仿真结果。在观测点上获取的仿真结果中含有许多电路仿真信息，可以根据这些信息，判断设计电路的技术参数和性能指标是否达到设计要求。如果有偏差，可以通过修改电路元件的参数进行调试，反复运行仿真过程，直至满意为止。仿真结果自动保存在同名的.sdf 文件中。

2.3　PCB 设计快速入门

PCB 是印制电路板(Printed Circuit Board)的简称。根据其绝缘材料来分，大致有绝缘纸板、胶木板、环氧树脂板等；根据覆铜层面来分，有单面板、双面板和多层板。

涉及 PCB 设计的知识很多，在后面有专门的章节介绍。本小节仅从快速入门的角度介绍一些简单的基本概念、设计方法和步骤，并结合生产实际介绍一些有关 PCB 设计必须考虑的工艺知识。具体的操作将在本章下一节的上机指导中介绍。

2.3.1　PCB 的基础知识入门

以下简单介绍部分与本节内容有关的设计 PCB 的基本概念，对于其他的设计元素和设计规则将在后续章节专门介绍。

1. Layer (板层)

一般来讲，PCB 的板层有如下几类。
- SignalLayer (信号层)：信号层主要用于放置元件和布线。
- MechanicalLayer(机械层)：用于制造与安装的标注和说明。
- Internal/Planes(电源层/接地层)：用于布置电源线和地线。
- SilkscreenLayer(丝印层)：用于绘制元件的外形轮廓和元件的封装文字。
- Mask Layers(防护层)：分为阻焊层和阻粘层两种，其中阻焊层用于阻焊，保护不希望镀锡的区域，防止焊接时焊锡扩张引起的短路。阻粘层用于防护，在有安装表面贴片元件 SMD 时使用。阻焊层和阻粘层均可分为 Top (顶层)和 Bottom (底层)两部分。

- Drill Guide (钻孔导向图层)：用于放置所有钻孔位置图。
- Keep-Out Layer (禁止布线层)：用于电路板规划中设定布放元件和导线区域边界。
- Drill Drawing (钻孔统计图层)：用于产生加工孔图。
- 多层：用于通孔焊盘和过孔，放置在多层上的图件将在所有铜层上出现，钻孔导向图层、禁止布线层、多层、钻孔统计图层等均属于 Other Layers (其他层)。

2. Track (连线)与 Line (线段)

连线放置在信号层，用作布线连接；放在机械层，用于定义板的轮廓；放在丝印层，用于绘制元件的轮廓；放在禁止布线层，用于定义禁布区。线段的属性除了没有网络特性以外，其他都与连线相同，因此被用来布放没有电气性能的连线。

3. Pad (焊盘)

焊盘连线用以实现元件与 PCB 的焊接。焊盘能被放在多层或单独一层，也可以作为没有被编进元件库的自由焊盘放置在设计中的任何地方，贯穿焊盘是多层实体，不管当前层设置如何，都能穿过 PCB 的每一层。

4. Via (过孔)

过孔的作用是连接不同层的连线，有通孔(从顶层连到底层)、盲孔(从表层连到内层)和埋孔(从一个内层连到另一个内层)三种类型。当改变了布线所在的电气层，过孔将被自动放置。

5. Footprints (封装)

在 PCB 的设计中，封装就是表示元件。由于元件的外形和性质不同，一种元件可以对应多种封装，反过来，一种封装也可以对应多种元件。在新型元件问世后，如果没有找到对应的封装，可以自定义封装，也可以利用封装库中相似的封装进行修改，以适应设计 PCB 的需要。

对某些厂家为产品量身订制的专门元件或者非标准件，如焊在 PCB 上起开关作用的簧片、接口等，显然是没有现成的封装可用。这时，就必须根据其外形尺寸自制封装。

2.3.2　PCB 的设计知识入门

在设计 PCB 之前，先大致介绍一下其设计流程：准备原理图和网络表、建立 PCB 文件、规划电路板、设置环境参数、装入网络表和元件封装、设定工作参数、元件布局、自动布线和手工调整、覆铜、DRC 检查、文件保存、打印输出、导出文件并送交制板商。

PCB 的设计大致有三种方式：利用设计模板向导方式、纯手工方式和半自动方式。在半自动设计的方式下，一般的操作步骤如下。

(1)　定原点画边框。

(2)　导入原理图信息。

(3) 手工调整布局。

(4) 设计规则设置。

(5) 自动布线。

2.3.3 PCB 的工艺知识入门

除了按设计规则设置外，还要从生产实际出发，在设计中必须要考虑以下工艺问题。

- 同一功能的电路元件尽量在同一区域放置，元件的布局要尽量分布均匀。
- 较重的元器件，应该放置在靠近 PCB 支撑点或靠边地方，以减少 PCB 的变形。
- 金属壳体的元器件，要留有足够空间位置，以免与别的元器件或印制导线相碰。
- 大电容、大功率管和变压器不仅要考虑平面封装还要考虑元件高度空间。
- 大功率管要考虑散热片的安装位置和通风散热。
- 发热元件尽可能不要放在一起，且要远离机箱外壳的散热孔。
- 大功率的元器件周围、散热器周围，不应该放置热敏元件，要留有足够的距离。
- 对需要用胶加固的元件，如较大的电容器、较重的瓷环等，要留有注胶的空间。
- 大型元件避免集中放置，对较长、较高的元件，应该考虑卧式安装并留有空间。
- 变压器封装的摆放要考虑可能出现的电磁干扰及电源线的进入位置。
- PCB 上的信号走线尽量不换层，从抗干扰能力上考虑，要对地线网络进行覆铜。
- PCB 上除了元件以外，还要考虑生产线上的测试要求，留有测试点的位置。
- 与板外元件有连接的电路，尽可能放置在对应的 PCB 一侧，使连线尽可能短。
- 对采用滑道插入的 PCB，元件和焊点不能太靠边，边缘必须留有适当空间。
- 安装孔要配合标准件来设置孔径的大小。
- 开关、保险丝、电源线、指示灯、发光二极管、数码管、电工仪表、接插件等元件的布局要考虑元件所在的机械位置和方便拆装维修。

PCB 设计主要达到的要求：功能实现、性能稳定、加工简易、拆装容易、维修方便、单板美观。

2.4 上 机 指 导

在使用 Protel DXP 进行电子电路的设计过程中，一般要先建立一个工程，在工程中再建立一个原理图文件。接下来的工作就是元件的放置、属性修改、电路的连接、编译、生成网络表、电子仿真验证、设计 PCB 图等。在设计过程中还需要经常对设计内容进行编辑修改，以保证设计的顺利进行。

本节仅介绍原理图的快速建立、电路的简单仿真和 PCB 的快速设计等内容，以对 Protel DXP 的一般使用有大致的了解。

2.4.1 原理图的快速设计

在前面建立的工程文件和原理图文件的基础上，现在以一个简单的实例来介绍利用

Protel DXP 进行原理图快速建立的全部操作过程，实例电路如图 2.14 所示。

(1) 启动 Protel DXP，进入原理图设计窗口后，可以放置元件，进行原理图绘制。首先应进行页面设置。执行菜单命令 Design | Options，进入 Document Options 对话框，对 Snap 值进行设置(为了绘图和放置元件方便，只对移动步长参数进行修改，其余选项均采用系统默认的参数)，修改前后的对比如图 2.15 所示。

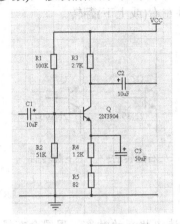

图 2.14　实例电路图

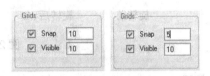

图 2.15　修改移动步长参数

(2) 放置元件。Protel DXP 提供了两个常用的元件库：Miscellaneous Devices.IntLib (电气元器件杂项库)和 Miscellaneous Connectors.IntLib(接插件杂项库)，本例一共要用到 5 个 Res2(电阻)、3 个 Cap pol1(电解电容)和 1 个 2N3904 (NPN 三极管)，可以从 Miscellaneous Devices.IntLib 里面直接放置。

三极管放置方法是：在元件下拉框中输入 npn，然后在下面的元件列表中找到 2N3904，再单击 Place 2N3904 按钮，即可放置三极管。

放置其他的元件可采用类似的方法，元件放置后的操作结果如图 2.16 所示。

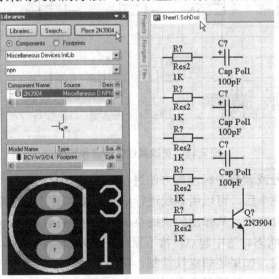

图 2.16　查找和放置元件

(3) 元件放置结束后要按图 2.14 所示位置对各元件进行布局，调整的方法有以下几种。

● 选中：单击元件符号，四周出现绿色小方框及指向编号和标注的虚线。

● 移动：单击元件符号的同时将元件拖到指定位置后松开鼠标。

● 删除：选中元件后，按 Delete 键可将该元件删除。

● 旋转：选中元件，按空格键可将元件逆时针旋转 90 度。

● 翻转：选中元件，按 X 键(或 Y 键)可将元件左右(或上下)翻转。

旋转和翻转前后的对比效果如图 2.17 所示。

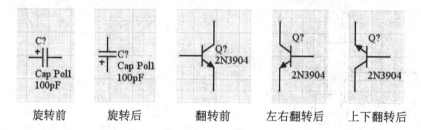

图 2.17　元件布局

提示：　编辑某个对象，要先选中再操作，处于选中状态的对象，周围会有绿色小方格和虚线包围。也可以用类似于 Windows 框选的操作方法，选中一批对象，再对其进行整体编辑操作。

(4) 元件调整到位后，可以对元件进行编号，标注电气参数，也就是所谓的属性设置。更改电阻的编号和标注可接在元件符号上进行，先单击"R？"，再进行相应修改(如删除 Res2 的显示，可按 Backspace 键)。更改电容和三极管的属性也可以采用类似的方法。电阻和电容属性更改的步骤和结果如图 2.18 所示。

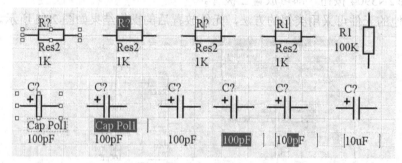

图 2.18　更改属性的步骤和结果

(5) 采用双击编号或者双击标注的方法进行修改，双击元件符号则可同时修改元件的多种属性参数。修改完毕后，可以用导线进行电路连接。画导线连接操作如下。

在设计窗口空白处右击，从弹出的快捷菜单中选择 Wire 命令(也可在工具栏中使用画导线工具)，进入连线状态。选中起点，按下鼠标左键开始绘制导线，将鼠标指针移到终点后单击，即可画出线段，如果还想继续绘制，可将鼠标指针移到下一个终点，再单击，要结束画线可按下鼠标右键。如果要退出画线状态，可连续右击两次。

在画导线时，由于系统默认的设置，两线呈 T 型交叉时会自动在交叉点上加上一个

Junction (节点)，表示这两点接通。如果两线呈十字型交叉，系统不会放置节点，这时要根据实际情况来决定：两线相交，没有电气连接，不必放置节点；两线相连，有电气连接，需要在交叉点上放置一个节点接通电路，选择 Place | Junction 命令，手工放置一个节点即可，如图 2.19 所示。

💡 **注意：** 初学者画导线时，往往容易把 Line (线段)和 Wire (导线)的概念混淆。从表面上看，二者都可以将元件连成电路，但实质上却有本质的不同：Line (线段)是用来画边框图形的，不具备导电特性；Wire (导线)相当于电线，用来连接电路，具有提供电流通道的导电特性。

(6) 电路连接完毕后，还要加上电源及地线端口。单击电源工具栏中的接地符号，放置两个电源端口，如图 2.20 所示。

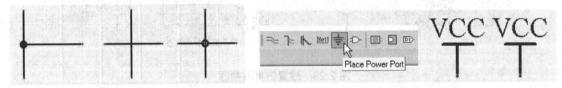

图 2.19　画导线相交效果　　　　　图 2.20　利用电源工具栏放置两个电源端口

(7) 在原理图中除了要有电源符号外，还需要一个接地符号。在放置两个电源符号后选中其中的一个进行属性设置，将其更改为接地符号。更改的操作如下：选中电源符号，同时按 Tab 键，出现 Power Port(电源端口)对话框，在这里可以进行属性设置，将 NET (网络标号)对话框中的字符修改为 GND，单击 Style(形状)中的 Bar(条状)选项，在弹出的下拉列表中选择 Power Ground(电源地线)。其余的可选栏目如 Orientation (方向)、Color (颜色)、Location (位置)均采用默认设置，最后单击 OK 按钮结束，如图 2.21 所示。

(8) 更改属性后的接地符号(旋转后)如图 2.22 所示。

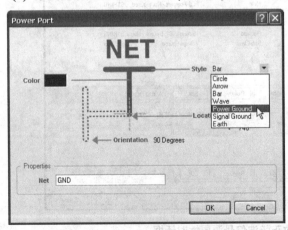

图 2.21　更改电源符号属性　　　　　图 2.22　更改电源符号属性

(9) 将电源和接地符号放在原理图中相应的位置。保存原理图文件，原理图的绘制过程结束。

2.4.2 原理图电路仿真

1. 添加仿真激励源和负载

进行电路仿真必须要有仿真原理图，在原理图中添加仿真激励源、负载、观测点网络节点就可以成为仿真原理图。选择 View | Toolbars | Simulation Sources 命令，弹出仿真激励源工具栏。从仿真激励源工具栏中分别调出一个 1kHz 的正弦波信号源和一个+12V 的直流电压源进行放置，如图 2.23 所示。

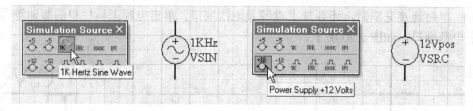

图 2.23　放置仿真激励源

2. 修改正弦波信号源属性

(1)　按 Tab 键的同时单击正弦波信号源符号(也可以双击正弦波信号源符号)，进入 Component Properties 对话框，在这个对话框中，保持其他参数不变，仅对位于右下角的仿真属性 Simulation 选项进行修改，如图 2.24 所示。

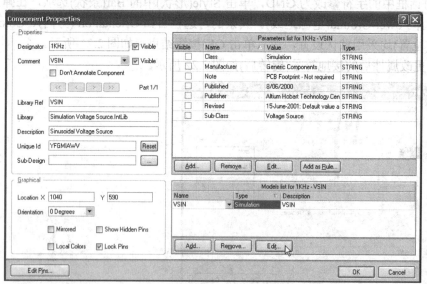

图 2.24　修改正弦波信号源属性对话框

(2)　单击 Edit 按钮，进入 Sim Model-General/Generic Editor(仿真模型普通编辑器)对话框，在 Parameters (参数)选项卡中，对各参数进行如下设置。

● DC Magnitude：直流参数(忽略，默认为 0)。

- AC Magnitude：交流小信号分析电压值(取典型值，默认为 1V)。
- AC Phase：交流小信号分析初始相位(默认为 0)。
- Offset：正弦波信号上叠加的直流分量(默认为 0)。
- Amplitude：正弦波信号的振幅(设置为 0.1V)。
- Frequency：正弦波信号频率(1kHz)。

(3) 设置完毕后单击 OK 按钮返回到 Component Properties 对话框，再单击 OK 按钮返回到仿真电路图编辑窗口，设置结果如图 2.25 所示。

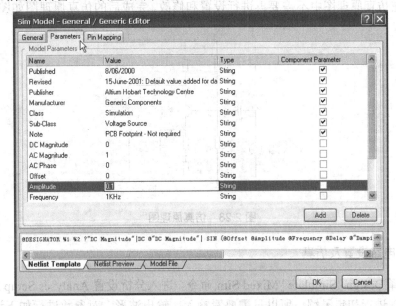

图 2.25　Parameters 选项卡设置

3. 添加电源符号

在本例中，由于是直接从仿真激励源工具栏中调用直流电压源，所以不必更改其属性，但必须添加两个电源符号与直流电压源相连，其中一个电源符号要改为接地符号。

4. 添加负载

添加负载的操作比较简单，只需把一个 Res2 (电阻)从元件库中放置进来，再将其阻值改为 2K，编号为 R6，连接在电路的输出端即可。

5. 添加网络标号

在观测点上添加网络标号，其目的是为了在仿真时查看输入端与输出端节点上的波形。本例中，选定输入端放置网络标号 in 和输出端放置网络标号 out 作为观测点。从工具栏中调用网络标号的方法如图 2.26 所示。

放置时按 Tab 键进入 Net Label 对话框更改属性，在 Properties 区域的 Net 下拉列表框中输入 in，单击 OK 按钮结束，如图 2.27 所示。

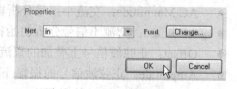

图 2.26　放置网络标识　　　　　　　图 2.27　更改网络标识

由于 Protel DXP 的 Miscellaneous Devices.IntLib 元件库中的电阻、电容和三极管都具有仿真属性，在仿真原理图中不需要再进行设置和修改，完成后的仿真原理图如图 2.28 所示。

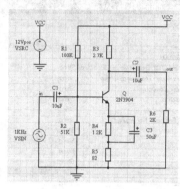

图 2.28　仿真原理图

6. 仿真电路设置及仿真

(1)　选择 Design | Simulate | Mixed Sim 命令，进入分析设置 Analyses Setup 对话框，由于只是对仿真进行初步了解，所以只需要看输入、输出波形，对参数进行如下设置。

- General Setup：常规设置。
- Operating Point Analysis：工作点分析方式(选取)。
- Transient/Fourier Analysis：瞬态特性/傅里叶分析方式(选取)。
- DC Sweep Analysis：直流扫描分析方式(不选)。
- AC Small Signal Analysis：交流小信号分析方式(不选)。
- Noise Analysis：噪声分析方式(不选)。
- Transfer Function Analysis：传递函数分析方式(不选)。
- Temperature Sweep：温度扫描分析方式(不选)。
- Parameter Sweep：参数扫描分析方式(不选)。
- Monte Carlo Analysis：蒙特卡罗分析方式(不选)。

提示：　初学者在进行仿真分析时，除了看输入、输出波形外，还可以看三极管各脚的工作电压。在仿真波形不正常的情况下显示的工作电压数值，可供排除故障时参考。为了简化操作，这里在三极管的各管脚处没有设置观测点的网络标号。

在 Sheets to Netlist 下拉表框中有两个选项。

- Active sheet：当前原理图(选取此选项，使用当前仿真原理图)。

- Active project：当前工程。

在 SimView Setup 下拉表框中有两个选项。

- Keep last setup：保持上次的设置。

- Show active signals：显示当前激活信号(选取此选项，显示当前激活信号)。

(2) 在 Available Signals 列表框中分别双击 IN 和 OUT，将 IN 和 OUT 移入右边的 Active Signals 列表框中，全部设置结果如图 2.29 所示。

图 2.29　仿真电路参数设置

(3) 单击 OK 按钮结束参数设置，系统自动进行仿真运行。

7. 仿真结果分析

仿真运行后，观测点输入 in、输出 out 的波形如图 2.30 所示。

对照显示出的波形图，可以对仿真结果进行简单分析。

① 从波形相位上看。输入、输出波形相位相反，该电路是一个反相器。

② 从电压刻度上看。该电路对输入信号进行了放大，电压放大倍数约为 12 倍。

③ 从时间刻度上看。输入、输出信号频率均为 1kHz，无频率失真现象。

④ 从波形的形状看。输入、输出波形无失真现象，电路工作正常。

仿真结束后，保存仿真文件。至此，电路仿真过程结束。

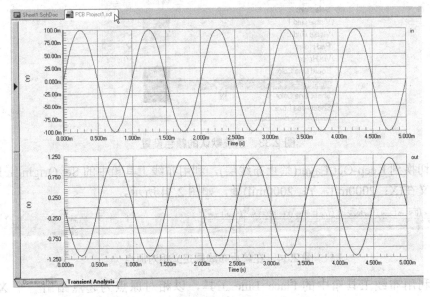

图 2.30　仿真电路波形图

2.4.3　PCB 的快速设计

原理图绘制完成之后，还要进行编译，Protel DXP 系统将根据设计者制定的设置对工程进行检查，并提供有关网络构成、设计错误类型及分布等报告信息。由于本例的电路比较简单，故在此处不对编译的有关知识和操作过程进行介绍，这方面的知识将留在后续章节专门介绍。这里只讲述在原理图正确的情况下，不经编译过程而直接设计 PCB 的简单步骤。

将仿真原理图中的仿真元件删除，恢复到实例电路图后进行如下操作。

(1)　选择 File | New | PCB 命令，新建一个 PCB 文件，系统会自动以默认的文件名 PCB1. PcbDoc 加入到 PCB Project1 工程中。选择 File | Save As 命令，保存 PCB 文件，如图 2.31 所示。

(2)　单击 Design | Board Layers 命令，弹出 Board Layers(板层)对话框，在该对话框中的左上角区域设置单面板，设置后的结果如图 2.32 所示。

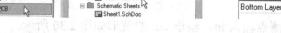

图 2.31　新建 PCB 文件　　　　　　　　　　　　　　图 2.32　设置单面板

(3)　如果要想改变系统原有的颜色设置，如改变板的颜色，在对话框的右下角，双击 Board Area Color 选项右边的颜色栏，在弹出的调色板中进行颜色的设置(本例中建议不要修改)，最后单击 OK 按钮结束。系统默认的设置如图 2.33 所示。

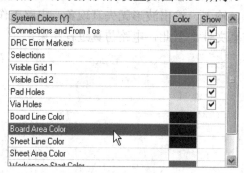

图 2.33　系统默认的颜色设置

(4)　切换到 Keep-Out Layer(禁止布线层)，利用布线工具箱中的 Set Origin 工具，将相对原点定义在(X：2000mil，Y：2000mil)处，如图 2.34 所示。

图 2.34　在禁止布线层定义相对原点

(5)　利用布线工具箱中的 Place Line 工具，以相对原点为起点画出一个 X 方向为 2000mil、Y 方向为 2000mil 的长方形作为 PCB 的边框，如图 2.35 所示。

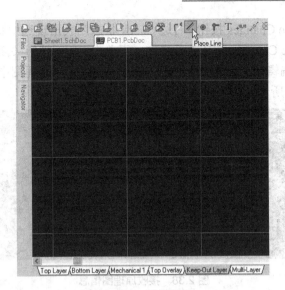

图 2.35 画出边框

(6) 将 PCB 编辑区切换到原理图编辑区,选择 Design | Netlist | Protel 命令或按快捷键 D/N/P(操作方法:先按 D 键,再按 N 键,最后按 P 键),即可生成当前工程的网络表;再选择 Design | Update PCB PCB1.PcbDoc 命令,将原理图的内容传输到 PCB 上,如图 2.36 所示。

图 2.36 传输原理图信息

(7) 在弹出的 Engineering Change Order 对话框中,列出了所有即将执行的项目改变,如图 2.37 所示。

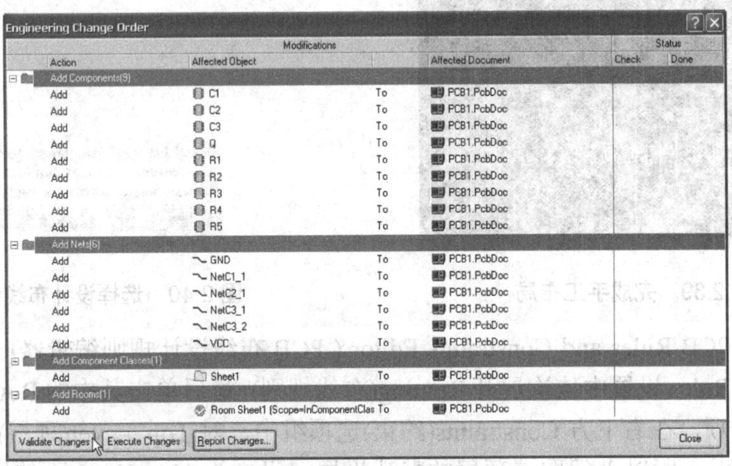

图 2.37 项目交换顺序

(8) 单击 Validate Changes 按钮，右边 Check 状态列表出现选中状态，说明网络表中没有错误，单击 Execute Changes 按钮执行操作，再单击 Close 按钮关闭对话框，此时编辑区已自动切换到 PCB 编辑区。在 PCB 的边框右边，出现了从原理图中传输过来的元件及其连线关系，如图 2.38 所示。

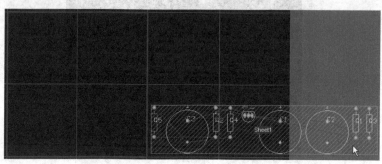

图 2.38　接收原理图信息

(9) 将元件依次拖动放置在适当的位置，并运用旋转、翻转等编辑操作方法完成手工布局。在编辑过程中，当因元件翻转引起标注反向时，应单独对标注进行再次翻转，以尽量保持标注的字母和数字方向相同。同时尽量使元件分布均匀，PCB 整体布局美观。完成后的手工参考布局(布局结果不唯一)如图 2.39 所示。

(10) 手工布局完成后，通常情况下要进行布线规则设计后才能进行布线操作，本例采用的是单面 PCB，布线规则设计的操作更是不能省略。由于电路比较简单，大多数参数都可以采用系统默认设置，只需要对某些设置进行必要的调整。选择 Design | Rules 命令进行设计布线，如图 2.40 所示。

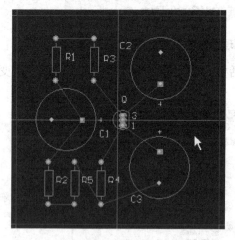

图 2.39　完成手工布局

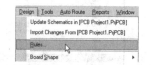

图 2.40　选择设计布线命令

(11) 进入 PCB Rules and Constraints Editor (PCB 布线设计规则编辑器) 对话框，在左上角的 Design Rules 设置中依次展开 Routing(布线规则)，最后单击其中的 RoutingLayers (布线板层规则)选项，在右下方 Constraints(约束)选项组中，对 Top Layer(顶层)进行设置。由于是使用单面板，所以必须取消顶层的默认设置，设定为 Not Used(不使用)，如图 2.41 所示。

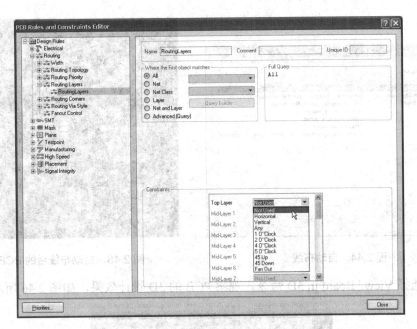

图 2.41　设定顶层布线方式

(12) 拉动旁边的滚动条，继续在 Constraints (约束)选项组中，对最下面的 Bottom Layer (底层)进行设置，设置底层布线方式为 Any(任意)，如图 2.42 所示。

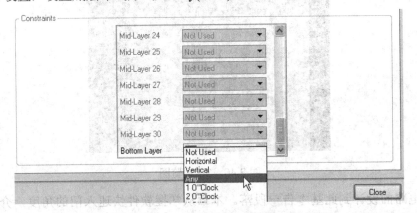

图 2.42　设置底层布线方式为 Any

(13) 其他设置均采用系统默认参数，单击 Close 按钮关闭对话框。

(14) 选择 Auto Route | All 命令，如图 2.43 所示。

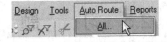

图 2.43　运行自动布线命令

(15) 在弹出的 Situs Routing Strategies 对话框中单击 Route All 按钮执行自动布线(若对布线结果不满意可反复执行 Auto Route | All 命令)，如图 2.44 所示。

(16) 自动布线完成后，一块 PCB 基本设计成功，如图 2.45 所示。

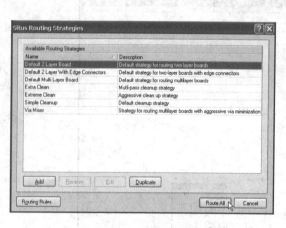

图 2.44　自动布线

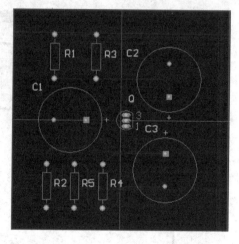

图 2.45　自动布线后的 PCB

(17) 选择 View | Board in 3D 命令，观察 PCB 的 3D 设计效果，如图 2.46 所示。

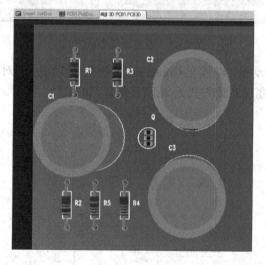

图 2.46　3D 预览图

　　本例电路的设计到此基本告一段落。本章从掌握软件快速入门的角度，介绍了利用 Protel DXP 进行设计的全部过程。对实际设计来讲，还必须进一步完善方能取得实用效果，对 PCB 的调整将在后面进行介绍。此外，要制成 PCB 实物还要打印输出后再制板，关于这部分内容，请参见本教材后面的章节。

2.5　习　　　题

填空题

(1) 默认状态下导线十字相连需要放置一个_____，而 T 形相连则会自动放置。

(2) 仿真元件要具备_____属性。

(3) 可以采用_____、_____、_____的方法来设计 PCB 图。

(4) 在 PCB 中过孔有_____、_____、_____三种形式。

选择题

(1) 绘制仿真原理图，可以在原理图上添加_____。

    A. 仿真设置　　　B. 网络节点　　　　C. 仿真属性　　　　D. 激励源

(2) 在 Sim View Setup 选项中，显示当前激活信号的选项是_____。

    A. Active Sheets　　　　　　　　B. Keep last setup

    C. Show active signals　　　　　　D. Active Project

(3) 在 PCB 中，封装就是代表_____。

    A. 元件符号　　　B. 电路符号　　　　C. 元件属性　　　　D. 元件

(4) 在 PCB 中元件的封装是放在_____。

    A. 机械层　　　　B. 丝印层　　　　　C. 信号层　　　　　D. 禁止布线层

判断题

(1) 从元件库中调出的元件放在原理图中都要设置属性。　　　　　　　　(　　)

(2) 双击元件可以修改属性，放置元件时按 Tab 键也能修改属性。　　　(　　)

(3) PCB 的边框画在丝印层。　　　　　　　　　　　　　　　　　　　　(　　)

(4) 所有的原理图都要经过仿真验证。　　　　　　　　　　　　　　　　(　　)

简答题

(1) 线段(Line)和导线(Wire)有什么区别？

(2) 仿真的目的是什么？

(3) Protel DXP 有几个仿真元件库？

(4) 根据原理图半自动设计 PCB 的步骤？

操作题

(1) 画出如图 2.47 所示的斜导线。

(2) 画出多谐振荡器电路，如图 2.48 所示；进行仿真(波形如图 2.49 所示)；设计出 PCB(PCB 及 3D 效果如图 2.50 所示)。

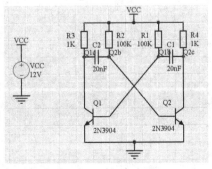

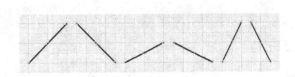

图 2.47　画斜线　　　　　　　　　　图 2.48　多谐振荡器电路

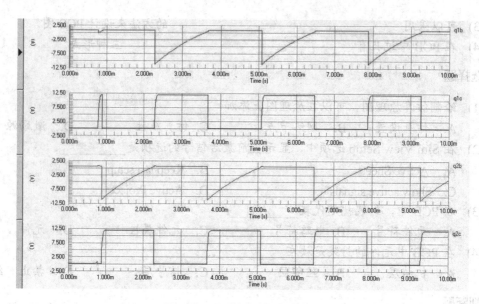

图 2.49　多谐振荡器仿真波形

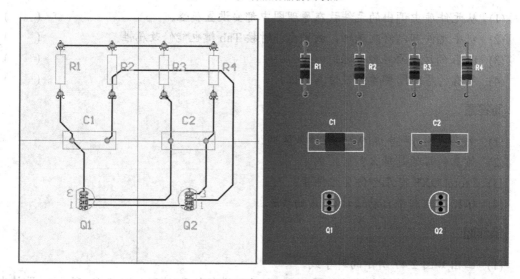

图 2.50　多谐振荡器 PCB 及 3D 效果(参考)

第 3 章　快速修订 PCB 设计

教学提示：本章根据上一章的实例设计结果，介绍有关快速修订的 PCB 知识，并以上机指导的形式介绍打印输出的操作。课前预习的内容为在原理图中添加元件、用 SCH 更新 PCB、对在 PCB 中添加的元件和导线设置网络节点、在 PCB 中修订封装以及用 PCB 更新 SCH 的方法等，结合操作步骤的演示进行重点讲解。为把握教学进度，可预先在备课时完成全部修订，对单一元件的操作步骤进行讲解后举一反三地给出同类元件的操作结果。

教学目标：通过对上一章节的综合实例的进一步讲解，使学生对快速修订 PCB 设计的内容和要求有个全面的了解，能熟练掌握本章的教学内容，避免初学者常见的操作错误，进一步加深对软件功能的认识，提高设计水平。

3.1　对原理图进行修订

对第 2 章介绍的实例设计 PCB 结果而言，所有元件均采用 Protel DXP 的默认封装形式(外形、尺寸、引脚分布等)，但通常这并不能保证和实际相吻合或者达到设计者的意图。从更合理的角度上说，往往还需要添加焊盘作为信号输入端、信号输出端和电源引入端子等，对元件的封装形式还要根据实物进行调整。

3.1.1　原理图中元件的修订

首先打开第 2 章实例设计项目的原理图和 PCB 文件，切换到原理图编辑区。

(1) 在原理图编辑区用放置元件的方法，放置信号输入及输出端子、电源引入端子等三个接头。在编辑区的右侧拉出 Libraries 面板，选择常用的接插件杂项库(Miscellaneous Connectors.IntLib)，放置三个 Header 2H 接头，如图 3.1 所示。

(2) 双击元件符号，进入 Component Properties 对话框，在 Designator 文本框中将三个接头的编号分别设定为：JP1、JP2 和 JP3，在 Comment 下拉列表框中将三个接头的标识分别设定为：in、out 和 power，单击 OK 按钮结束。对 JP1 的设置如图 3.2 所示。

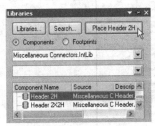

图 3.1　放置 Header 2

图 3.2　修改 Header 2 属性

(3) 用复制的方法各生成一个电源和接地符号(也可以用放置元件的方法，放置电源符号后修改其网络属性和接地符号)。经编辑修改后的原理图如图 3.3 所示。

(4) 选择 Design | Make Project Library 命令，生成原理图元件库，如图 3.4 所示。

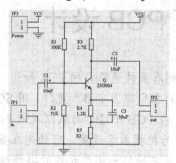

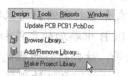

图 3.3　修改后的原理图　　　　　　　　图 3.4　生成原理图元件库

3.1.2　向 PCB 传输 SCH 的更新内容

在原理图中进行了修订以后，还要把添加元件等相关的信息传送到 PCB 中以保持二者的同步。具体操作步骤如下。

(1) 选择 Design | Netlist | Protel 命令，生成网络表。

(2) 选择 Design | Update PCB PCB1.PcbDoc 命令，用 SCH 更新 PCB，如图 3.5 所示。

(3) 在弹出的 Confirm 面板中单击 Yes 按钮，确定更新操作，如图 3.6 所示。

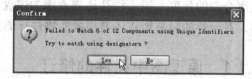

图 3.5　向 PCB 传输 SCH 的更新内容　　　　图 3.6　确定更新操作

(4) 弹出的 Engineering Change Order 对话框中列出了所有即将执行的项目交换。方向为 To 是用原理图更新 PCB，方向为 In 是从 PCB 交换到原理图。由于 PCB 中没有 JP1、JP2 和 JP3 元件，自然不能与原理图交换，所以在单击 Validate Changes 按钮使更新生效后，右边 Check 相应栏目中出现红叉，能进行交换的则出现允许状态，如图 3.7 所示。

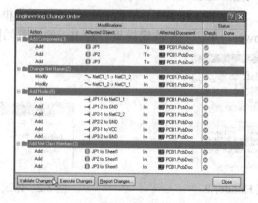

图 3.7　设定更新生效执行更新

(5) 忽略带红叉的栏目，单击 Execute Changes 按钮执行更新操作，如图 3.8 所示。

(6) 单击 Close 按钮关闭对话框，此时编辑区已自动切换到 PCB 编辑区。在 PCB 的边框右边，出现了从原理图中传输过来的新增元件及其连线关系，如图 3.9 所示。

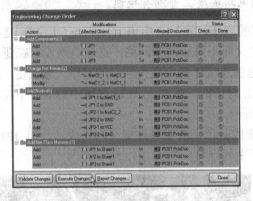

图 3.8　完成更新操作

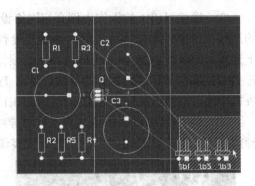

图 3.9　添加元件及其连线关系

3.2　对 PCB 进行修订

在完成上述操作后，PCB 发生相应变化，但还需进行进一步修订。比如对新增元件进行布局、手工布线及网络设定；再比如 C1 和 C2 的容量较小均为 10μF/16V，而 C3 的容量稍大为 50μF/16V，在原理图中采用同一种封装是与实物不相吻合的；同时固定 PCB 的安装孔也没有设定，因此必须对 PCB 做进一步的修订。具体操作见本章 3.2.3 节在 PCB 中修订封装的相关内容。

3.2.1　在 PCB 中进行网络设置

在接收到原理图传送过来的更新信息之后，要进行封装的放置及网络的设定。

(1) 用手工将 JP1、JP2 和 JP3 依次拖动到合适的位置，并运用旋转、翻转等编辑操作方法完成定位。

(2) 用手工布线的方法添加导线将元件连接起来，如图 3.10 所示。

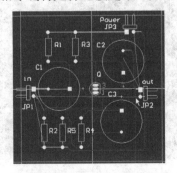

图 3.10　添加元件后的手工布线

提示： 从图 3.10 中可以看出，尽管导线已经补上，但由于连接导线还没有设置网络标记，所以尽管 JP1、JP2 和 JP3 的引脚已经有了网络标记，但表示电路连接逻辑关系的飞线依然存在，说明电路实质上并没有接通。

(3) 继续以 JP1 的操作为例介绍网络设置的方法。图 3.10 中 JP1(1 脚)与 C1 (2 脚)之间的连线；JP1(2 脚)与地线之间的连线因没有定义而不属于这个网络，造成电路没有在逻辑上连接。为保证 PCB 图的正确性，还必须将这些连线逐条定义为同名的网络。方法是：双击 JP1(1 脚)与 C1 (2 脚)之间的导线，弹出 Track 对话框，在 Properties 区域中的 Net 下拉列表框中选取网络名称定义为 C1-2，如图 3.11 所示。

(4) 最后单击 OK 按钮结束，此时导线变成蓝色，表明导线定义网络成功，即 JP1(1 脚)与 C1 (2 脚)之间通过同一网络的导线实现了电气连接，如图 3.12 所示。

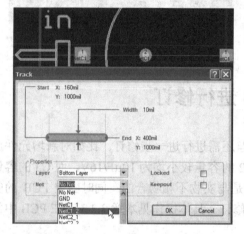

图 3.11　对导线定义网络

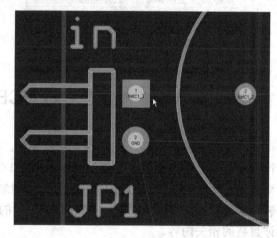

图 3.12　对导线定义网络完成

(5) 用同样的方法对 JP1(1 脚)与地线之间的所有线段进行网络定义，完成 JP1 对 PCB 的添加操作。

(6) 用同样的方法对 JP2 和 JP3 以及它们之间的连接导线全部进行网络定义，在 PCB 中添加元件的操作结果如图 3.13 所示。

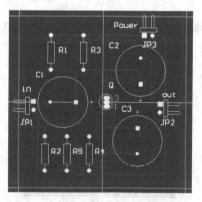

图 3.13　设定网络后元件的布线

> **提示：** 在手工布线过程中，有时在 PCB 中显示出来的是一条直导线，在单击后会发现其由几段导线组成，要么将其合并为一根再定义网络，要么将这几根导线逐根定义相同的网络。

3.2.2　在 PCB 中添加装配孔

在 PCB 中添加装配孔有两种方法：一是利用画图工具栏中的画圆工具，在 PCB 相应的位置上画四个圆，然后在圆内画上十字架表示为装配孔，在实际制板过程中按位置钻孔；二是在 PCB 中添加焊盘并进行设置作为装配孔。这里介绍第二种方法，具体的操作步骤如下。

(1) 还是在 PCB 编辑区，放置 4 个焊盘作为装配钻孔定位(主要用于固定 PCB)。双击焊盘进入 Pad 对话框，对 0 号焊盘参数进行设置：Hole Size 设置为 130mil，X-Size 和 Y-Size 均设置为 160mil，Location X 为 111mil、Y 为 1883mil，单击 OK 按钮结束，设置的内容如图 3.14 所示。

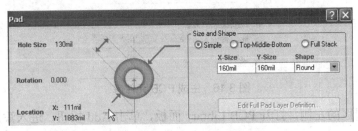

图 3.14　对焊盘参数进行设置

(2) 用同样的方法对 1、2 和 3 号焊盘进行设置，内孔和大小相同，将位置参数分别设为，1 号焊盘：Location X 为 1866mil、Y 为 1883mil；2 号焊盘：Location X 为 1866mil、Y 为 111mil；3 号焊盘：Location X 为 111mil、Y 为 111mil (位置坐标供参考)。设置添加焊盘参数后的结果如图 3.15 所示。

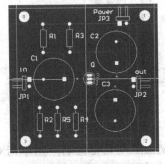

图 3.15　对焊盘参数进行设置后的效果

3.2.3　在 PCB 中修订封装

Protel DXP 系统中电解电容只有一种 RB7.6-15 封装形式，对 PCB 设计而言，用一种尺寸的封装来代替各种容量不同。耐压不同的电解电容器显然是不合适的。因此，几乎在所有的 PCB 设计中，对实际使用的电解电容器封装都要根据其容量和耐压及安装方式(立式或者卧式)来进行修订。修订的方法有两种：一种是根据实际测量数据自定义一个新的封装；二是借用现成的封装结合实际测量数据进行尺寸修订。为练习方便，这里采用简单处理的方式，C1 和 C2 参照无极性电容 RB5-10.5 的封装数据进行修订，具体操作如下。

(1) 切换到 PCB 编辑区，选择 Design | Make PCB Library 命令，生成 PCB 元件库，如图 3.16 所示。

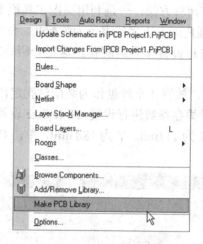

图 3.16　生成 PCB 元件库

(2) 在编辑区的左侧，打开 PCB Library 面板，单击 Add 按钮，进入添加新封装向导，如图 3.17 所示。

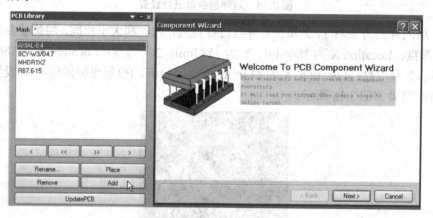

图 3.17　添加一个新封装

(3) 在出现的 Component Wizard 对话框的右下角单击 Cancel 按钮，中止新封装的新建过程，此时在 PCB Library 面板中会出现一个新的封装名 PCBCOMPONENT_1，如图 3.18 所示。

(4) 单击 Rename 按钮，在出现的 Rename Component 对话框中，将封装 PCBCOMPONENT_1 重命名为 RB5-10.5B，如图 3.19 所示。

图 3.18 PCB Library 面板中的新封装

图 3.19 对新封装重命名

(5) 在 PCB Library 面板中单击 RB7.6-15，然后在编辑区内框选封装图形，单击工具栏中的复制图标，如图 3.20 所示。

(6) 在 PCB Library 面板中选择 RB5-10.5B，单击工具栏中的粘贴图标，然后在编辑区内放置封装图形(注意方焊盘的位置放在交叉点上)，这时一个 RB7.6-15 封装已经粘贴进来，如图 3.21 所示。

图 3.20 复制 RB7.6-15 封装图形

图 3.21 粘贴 RB7.6-15 封装图形

(7) 双击编辑区中的封装图形的脚 2，在出现的 Pad 对话框中，设定 Location X 为 −200mil，使脚 2 向脚 1 方向靠近，单击 OK 按钮结束焊盘位置的设置，如图 3.22 所示。

(8) 双击编辑区中的封装外形轮廓线，在出现的 Arc 对话框中，参照无极性电容 RB5-10.5B 的封装数据，设定 Radius 为 200mil，Center X 为−100.001mil，设定圆心坐标，缩短半径。单击 OK 按钮结束轮廓的设置，如图 3.23 所示。

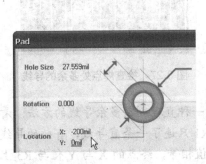

图 3.22 新封装的焊盘位置的设置

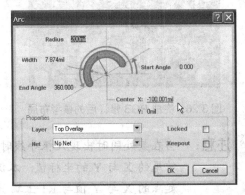

图 3.23 设置电解电容的封装外形轮廓

(9) 将"+"符号向左边拉到适当的位置，在 PCB Library 面板中单击 UpdatePCB 按钮，如图 3.24 所示。

(10) 切换到 PCB 编辑区，双击 C1 封装图形，在出现的 Component C1 对话框中，将封装类型更改为 RB5-10.5B，单击 OK 按钮结束封装类型的更改，如图 3.25 所示。

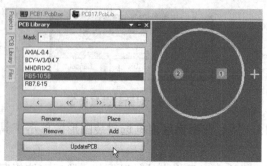

图 3.24 刷新 PCB   图 3.25 更改封装类型

(11) 用同样的操作方法更改 C2 的封装类型为 RB5-10.5B。

(12) 由于 C1 和 C2 封装的外形轮廓发生了变化，因而导致它们的引脚连线也发生了断线现象，用手工布线的方法重新将 C1 和 C2 封装的连线接好，完成 PCB 的修订。完成后的参考布线(布线结果不唯一)如图 3.26 所示。

(13) 然后是要对管脚、焊点和导线进行检查。初学者由于对布线操作不熟练，容易在同一管脚(焊点和导线)中放置多根导线。由于重叠的原因平时显示不出来，这时就要对管脚(焊点和导线)逐个检查，对显示出多余的导线要进行删除。举例：在电路中 R1 的上面引脚位于 VCC 的最左边，只有一根连线与之相连，单击其焊盘，假设出现两根 Track(导线)信息，就要按 Delete 键删除其中多余的导线，如图 3.27 所示。

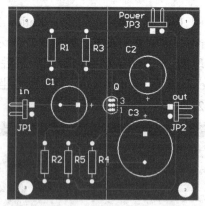

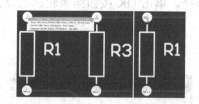

图 3.26 完成 PCB 修订后的参考布局   图 3.27 检查焊点处多余的导线

💡 **注意：** 当在某处同时出现几根导线时，还有一种直观判断多余导线的方法：看导线首尾的 X 与 Y 的坐标值。本例由于 R1 只连了一条直导线，有效的导线为：起点的 X 与 Y 值与 R1 上端 X 与 Y 值相等，终点的 X 与 Y 值与 R3 上端 X 与 Y 值相等。其他均为多余的导线。

(14) 选择 View | Board in 3D 命令，观察 PCB 的 3D 设计效果，如图 3.28 所示。

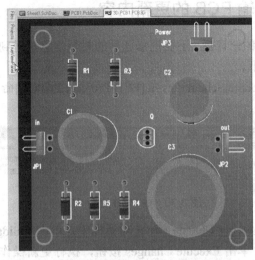

图 3.28　PCB 的 3D 效果图

(15) 单击左侧的 TrueViewPanel 标签，展开真图显示控制面板。

在 Browse Nets 区域内列出了当前 PCB 三维效果图中的所有网络，单击某个网络名为 GND，将选中该网络进行操作：在显示连接导线面的静止状态下，单击 HighLight 按钮，GND 网络导线将以闪烁的状态显示，单击 Clear 按钮后，将停止闪烁。

在 Display 区域内有四个选项，分别为 Components(元件)、Silkscreen(丝印层)、Copper(铜箔)和 Text(文本)。

选中 Wire Frame(线框)表示以导线框架的形式在三维效果图中显示。

选中 Axis Constraint(轴向约束)表示设置轴向约束。

以上选项由初学者自己在使用中体会。

在真图显示控制面板预览区域内，用左键单击选中模型图标不放，拉动后可以任意旋转其三维效果图，如图 3.29 所示。

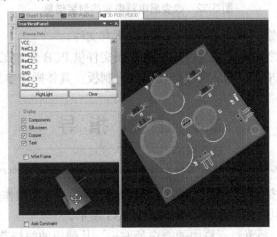

图 3.29　任意旋转三维效果图

3.2.4 向 SCH 传输 PCB 的更新内容

在 PCB 中进行封装的修订后，还要把修订后的封装信息传送到原理图中以保持设计的同步。具体操作步骤如下。

(1) 选择 Design |Update Schematics in [PCB Project1.PrjPCB]命令，由 PCB 更新 SCH，如图 3.30 所示。

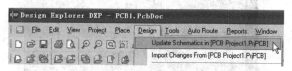

图 3.30 由 PCB 更新 SCH

(2) 在弹出的 Engineering Change Order 对话框中，单击 Validate Changes 按钮，右边 Check 状态列出现勾选；单击 Execute Changes 按钮，执行更新操作，如图 3.31 所示。

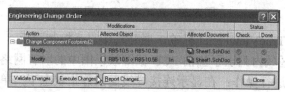

图 3.31 执行更新操作

(3) 在图 3.31 中单击 Close 按钮关闭对话框。在原理图中分别双击 C1 和 C2 元件符号，在其属性对话框中看到封装信息已经变化为 RB5-10.5B，说明更新成功，如图 3.32 所示。

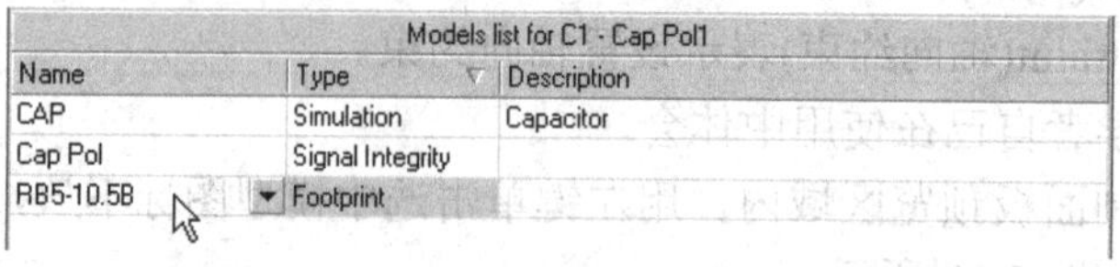

Models list for C1 - Cap Pol1		
Name	Type	Description
CAP	Simulation	Capacitor
Cap Pol	Signal Integrity	
RB5-10.5B	Footprint	

图 3.32 改变后电解电容的封装信息

至此，对 PCB 的修订操作基本结束。保存所有文件。

在 PCB 设计完成之后通常需要生成一些报表文件供 PCB 的加工和制作使用。

为了最终要制成 PCB 实物还要打印输出后再制板，具体操作参见下面的上机指导。

3.3 上 机 指 导

上机操作时，先完成修订 PCB，然后再进行打印操作练习。现假设计算机已经装有打印驱动程序(或者已经安装了虚拟打印机)，练习制板的有关打印操作如下。

(1) 单击工具栏中的打印预览图标，如图 3.33 所示。

(2) 在弹出的打印预览对话框中的空白处右击，从弹出的快捷菜单中选择 Page Setup (页面设置)命令，如图 3.34 所示。

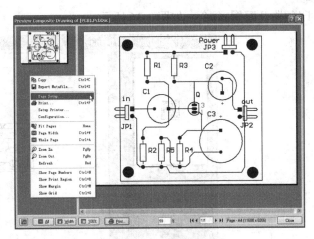

图 3.33　执行打印预览　　　　　　　　　图 3.34　打印预览图

(3)　在出现的 Composite Properties 对话框中，进行如下设置。

● Printer Paper(打印页面)选项组：设置纸张大小 Size 为 A4，打印方向有两个选项：Landscape(横向)和 Portrait(纵向)，这里设置为 Portrait(纵向)。

● Margins(打印位置)选项组：设置 Horizontal(水平)和 Vertical(垂直)方向为 Center 居中。

● Scaling(缩放)选项组：Scale Mode 比例模式有两个选项：Fit Document On Page(适合纸张大小打印)和 Scaled Print(比例打印)，这里设置为 Scaled Print 比例打印，Scale 比例系数为 1。

● Corrections(矫正系数)选项组，设置 X 方向为 1，Y 方向为 1。

● Color Set(颜色设置)选项组，有三个选项：Mono(单色)、Color(彩色)和 Gray(灰度)，这里设置为 Mono(单色)。

页面设置完成后，单击 OK 按钮结束，如图 3.35 所示。

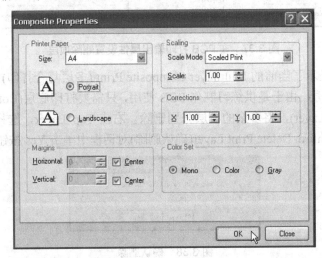

图 3.35　打印页面设置

(4)　在出现的打印预览对话框的空白处再次右击,从弹出的快捷菜单中选择 Configuration(打印预览及配置)命令，如图 3.36 所示。

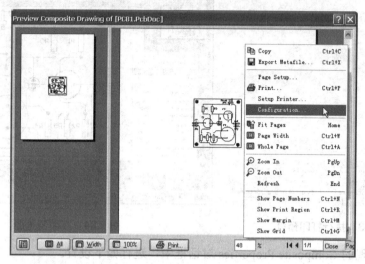

图 3.36　打印预览及配置

(5)　系统弹出 PCB Printout Properties(PCB 打印输出属性设置)对话框，如图 3.37 所示。

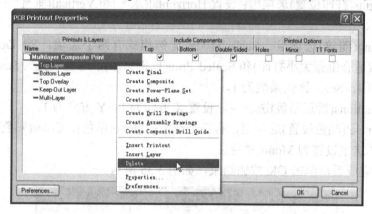

图 3.37　在 PCB 打印输出属性设置删除顶层

(6)　图 3.37 显示了当前的 Multilayer Composite Print (多层复合打印)任务，其中包括了当前使用的所有板层。由于是供练习制作 PCB 使用，只需要打印底层(Bottom Layer)和禁止布线层(Keep-Out Layer)，将多余的板层分别删除。右击 Top Layer，选择 Delete 命令删除顶层，在出现的 Confirm Delete Print Layer(确认删除)对话框中单击 Yes 按钮，如图 3.38 所示。

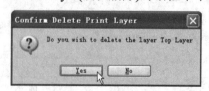

图 3.38　确认删除

提示：　在手工制作单层 PCB 时，底层阻焊层 Bottom Paste 用来做阻焊处理并打印在胶片上(在图 3.37 中单击 Insert Printout 添加一个打印任务，再次单击 Insert Layer 添加底层阻焊层(Bottom Paste)，在这里省略做阻焊处理则可以不打印)。

(7) 依次删除顶层丝印层(Top Overlay)和多维层(Multi-Layer)，打印任务中只剩下底层(Bottom layer)和禁止布线层(Keep-Out Layer)。选中 Holes，将 PCB 上的钻孔也打印出来以使 PCB 更接近于真实情况，同时要选中 Mirror(镜像)，使打印出来的图形供印用，单击 OK 按钮，如图 3.39 所示。

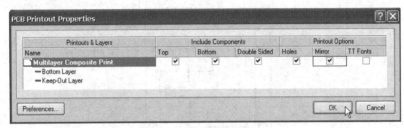

图 3.39　打印任务

提示：　由于在手工制作单层 PCB 时，图纸是先打印输出在热转印纸上，然后由热转印纸再转印到覆铜板。因此热转印纸上必须为 Mirror(镜像)，这样才能保证印到覆铜板上的图形为正方向。

(8) 从节省实验材料出发，让每位同学均把自己在上机练习中制作的 PCB 打印文档集中复制到一个文件中，利用 Word 文档统一打印出来制作出 PCB 实物，这时就要将 PCB 文档转换成 Word 文档。在出现的打印预览对话框的空白处再次右击，选择 Copy(复制)命令，对 PCB 文档进行复制操作(此时预览比例已调为 100%)，如图 3.40 所示。

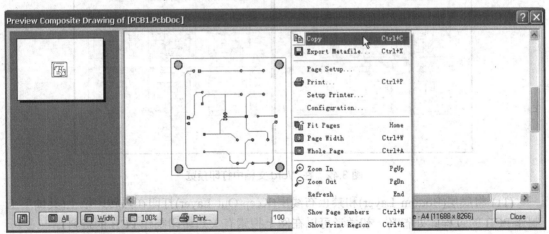

图 3.40　复制 PCB 文档

(9) 新建一个 Word 文档，将 PCB 文档复制过去，再利用图片处理工具栏中的剪切工具根据 PCB 的外形大小进行裁剪，如图 3.41 所示。

(10) 利用图片处理工具栏中的剪切工具根据 PCB 的外形大小进行裁剪后，保存文件。然后分别将各位同学设计制作的 PCB 文档，用复制的方法粘贴过来 (注意要留有以后对

PCB 切割的空挡位置，并在每块 PCB 旁边空白处输入同学的姓名和学号)。在同一张纸上尽可能复制多个 PCB(可以在 Word 文档中进行页面设置)。如此继续，直到把全体同学设计的 PCB 全部复制过来，最后保存文件。复制后预览的结果如图 3.42 所示。

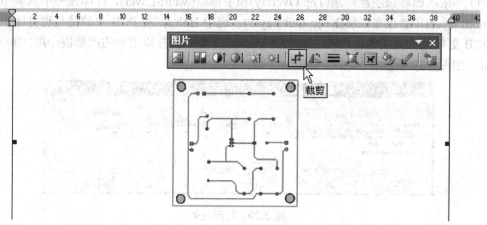

图 3.41　在 Word 文档中进行裁剪

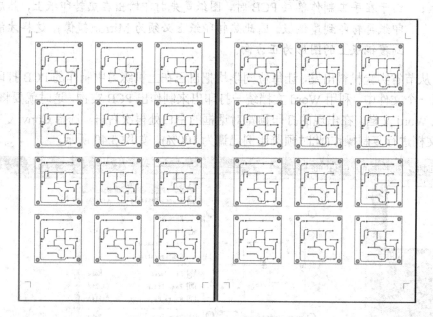

图 3.42　在 Word 文档中打印预览

(11) 将底层(Bottom Layer)和禁止布线层(Keep-Out Layer)打印在热转印纸上(具体手工制作 PCB 的过程此处省略，初学者可以在网上搜索有关热转印制作 PCB 的资料)。

💡 **注意**：　在 Protel DXP 软件中，PCB 的大小是固定的，虽然调整显示比例使图形放大，但在出图时还是按设计的尺寸大小。在 Word 文档中可以对图形进行放大和缩小操作，但要注意避免打印出来的图形尺寸与原设计大小不一致。因此，除练习外，在实用设计中应该直接从 Protel DXP 软件中打印出图。

(12) 如果要进行装配，还必须进行原理图的打印，操作方法和打印 PCB 一样。在原理图编辑区中进行打印预览，设置显示比例，进行页面设置，复制到 Word 文档中打印出图，如图 3.43 所示。

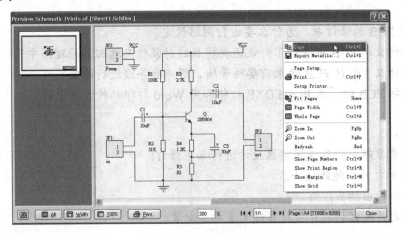

图 3.43 打印原理图的操作

3.4 习 题

填空题

(1) 对 PCB 进行修订之后，要使设计同步，必须进行_____、_____操作。

(2) 在 Page Setup 页面设置中，默认的比例模式设置为_____。

(3) Color Set(颜色设置)选项组，有三个选项：_____、_____、_____。

(4) 手工制单层板需要阻焊层时，_____印在热转印纸上，_____印在胶片上。

选择题

(1) 在 PCB 图中，飞线表示_____。
    A. 连接关系   B. 逻辑关系   C. 替换关系   D. 属性关系

(2) 将某个元件准确地放置在指定的位置，最好的方法是_____。
    A. 直接放置   B. 拖动放置   C. 输入坐标   D. 复制放置

(3) 要打印与设计尺寸一致的图形，在 Page Setup 页面设置中，要设置_____。
    A. Scale   B. Corrections   C. Scaled Print   D. Fit Document On Page

(4) 手工制作单层 PCB 时，一般至少要打印的板层是_____。
    A. 禁止布线层   B. 顶层   C. 底层   D. 底层阻焊层

判断题

(1) 在 PCB 中可以选择封装，也可以修订封装。   ( )

(2) 在 PCB 图只要把导线连接好就表示在电路上接通了。   ( )

(3) 在设置打印 PCB 的任务时，不一定非要选中 Mirror。   ( )

(4) 用 Protel DXP 打印和用 Word 打印 PCB 文档的效果相同。 ( )

简答题

(1) 在 PCB 的修订中，为什么要进行网络设定？

(2) 为什么在 PCB 中修订了封装还要将新的封装信息返回到原理图中？

(3) 为什么在设计 PCB 结束前要对管脚、焊点和导线进行检查？

(4) 打印 PCB 时，用 Protel DXP 打印和用 Word 打印哪种方法更好？

操作题

对第 2 章习题中的多谐振荡器设计进行如下修订：

(1) 添加电源和地线插头；

(2) 添加输出插头；

(3) 将元片电容的贴片式封装改为直插式封装；

(4) 在周围添加四个安装孔。

第4章 原理图基础

教学提示：本章介绍绘制原理图必须掌握的各项编辑操作。在教学中，对于 Protel DXP 中特有的操作要举例说明，在整个编辑操作过程中力争原理图绘制的正确性与行业审美要求达到统一。

教学目标：通过本章的学习，掌握元件的放置、移动、旋转、对齐、复制、阵列和删除等方法。通过上机训练，熟悉阵列粘贴、局部电路整体移动和常用快捷键的使用。

4.1 元件编辑

绘制原理图的第一步就是放置元件，紧接着是调整元件的位置，然后才开始连接导线，这样可以减小后期的编辑难度。在元件的位置调整过程中，要对元件进行选取(Select)、取消(Deselect)、复制(Copy)、粘贴(Paste)、编辑(Edit)等操作。用户必须非常熟悉这些操作，以加快设计进度。下面对元件的各种编辑操作进行详细的介绍。

4.1.1 选取和取消操作

1. 单个元件和多个元件的选取

单击要选取的元件可以将其选中，如果再单击另一个元件，则选中新单击的元件，如图 4.1 所示。

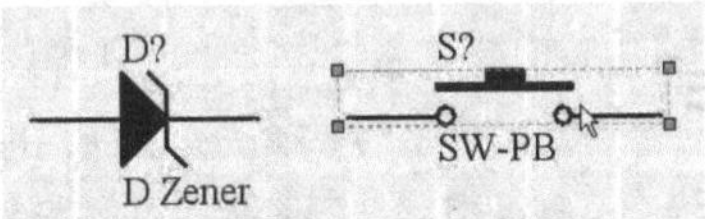

图 4.1 单击选中一个元件

鼠标和 Shift 键配合使用可以选取多个元件。首先单击选中第一个元件，然后按住 Shift 键的同时，逐个单击选中其他待选取的元件，如图 4.2 所示。

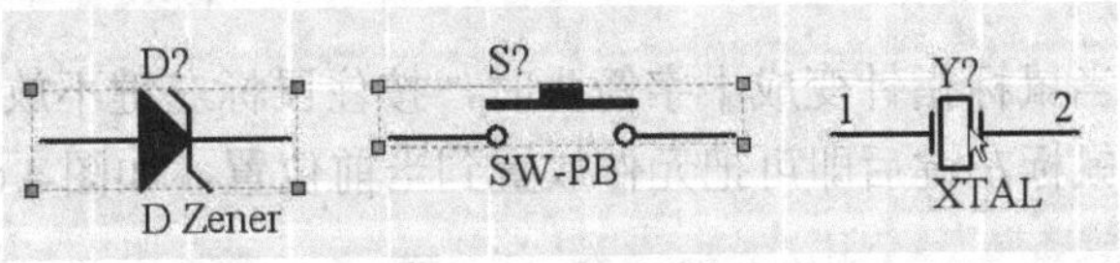

图 4.2 选中多个元件

选择 Edit | Select | Inside Area 命令，此时鼠标指针呈十字形，框选待选取的元件后松开鼠标左键，此时元件呈选中状态，如图 4.3 所示。

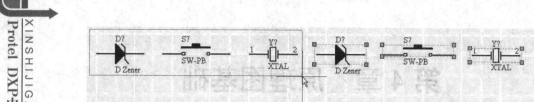

图4.3　框选多个元件

2. 选中元件的取消

在空白区单击可以取消所有对象的选中状态，如图4.4所示。

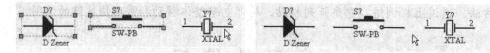

图4.4　取消选中元件

选择 Edit | Deselect | Inside Area 命令，此时鼠标指针呈十字形，框选待取消选取的元件后松开鼠标左键，再次单击可取消元件的选状态，如图4.5所示。

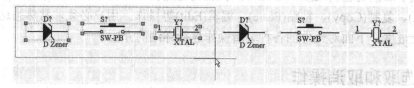

图4.5　通过菜单命令取消元件的选中状态

☞ **提示：** 选中操作对象后，可以利用快捷工具栏进行剪切、复制和粘贴操作。但右击在弹出的快捷菜单中则不能进行此类操作，这一点与通常的软件操作不同。

4.1.2　移动和旋转操作

为了使绘图时布线方便简洁、清晰明了，需要对图中元件的位置做适当的调整，即通过各种操作将元件移动到适当的位置，或者旋转到所需要的方向。下面具体介绍元件的移动和旋转。

1. 移动单个元件

选中一个元件。当鼠标指针变成十字箭头时，按住鼠标左键不放并移动鼠标，此时元件会随之移动，松开鼠标左键后即可把元件放置到当前位置，如图4.6所示。

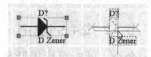

图4.6　单个元件的移动

2. 同时移动多个元件

框选多个元件后，在任意一个所选元件上按住鼠标左键不放并移动鼠标，元件就会以虚线框的形式跟着鼠标移动，如图4.7所示。

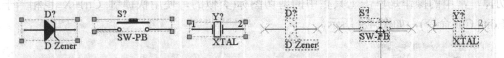

图4.7 多个元件的移动过程

当鼠标移动到适当位置后，松开鼠标左键，被选中的多个元件便放置到了当前位置。

移动元件还可通过选择 Edit | Move 命令来完成，这里不详细介绍。

局部电路整体移动的操作是：先用框选的方法选中局部电路，按住鼠标拖动任何一个已选元件进行拖动就可以实现局部电路的整体移动，如图4.8所示。

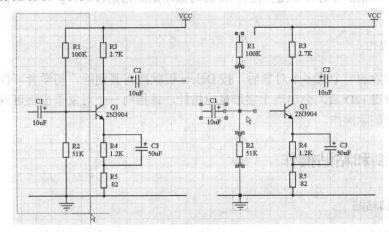

图4.8 局部电路整体移动

> 提示： 将局部电路整体移动后，还必须重新编辑相关的连线，组成完整的电路。这也是美化原理图的一种方法。

3. 元件的旋转操作

为了方便布线，有时还需要对元件及各类操作对象进行旋转和翻转操作。先要用鼠标左键选中操作对象不放，每按一次 Space(空格)键可以将对象逆时针旋转90°；按 X(Y)键可以将对象水平(垂直)翻转。此外在对单个元件进行属性修订时，也可以在 Component Properties(元件属性)对话框中的 Graphical(图形)区域里，对 Orientation(定位)下拉列表框中的 0Degrees、90 Degrees、180 Degrees 和 270Degrees 进行选择，从而设置元件摆放的角度。

4.1.3 剪切和删除操作

在绘制原理图的操作过程中，如果要将多余的元件或者导线清除，就要用到剪切和删除操作，下面就简单介绍剪切和删除操作。

1. 剪切和粘贴操作

选中要剪切的一个或多个对象，选择 Edit | Cut 命令，再单击被选中的对象，就能将其剪切掉，常用的操作是单击工具栏中的剪切图标(类似的，使用快捷键 Ctrl+X 也相当于选择 Edit | Cut 命令)，如图 4.9 所示。

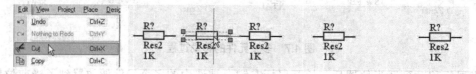

图 4.9 剪切操作

剪切掉的对象还可以粘贴到新的位置，选择 Edit | Paste 命令(使用快捷键 Ctrl+V 或者单击工具栏中的粘贴图标)，就能将剪切掉的对象粘贴到指定位置，多次单击该命令能多次粘贴。

2. 删除操作

选中要删除的一个或多个对象后，按 Delete 键就能将其删除，初学者可自行练习。

使用快捷键 E/D 后，会出现十字形鼠标指针，每指向一个对象单击都可以将其删除，直至右击取消删除操作。

4.1.4 复制和粘贴操作

1. 复制和粘贴

选中要复制的一个或多个对象，选择 Edit | Copy 命令，单击被选中的对象，就能进入复制状态，再选择 Edit | Paste 命令，在指定的位置上单击，就能粘贴对象，如图 4.10 所示。

图 4.10 复制和粘贴

和剪切操作一样，复制操作也能多次粘贴。类似的，按 Ctrl+C 快捷键相当于选择 Edit | Copy 命令；按 Ctrl+V 快捷键相当于选择 Edit | Paste 命令，都能进行复制和粘贴操作。

提示： 在上述剪切粘贴和复制粘贴过程中，相应元件被复制到 Windows 剪贴板中，粘贴的元件和原来的元件序号、网络标号都是一样的，必须对其进行相应的修改。如果要免去这一步，可用元件阵列粘贴方法，一次粘贴多个元件。

2. 阵列粘贴

在执行剪切或者复制操作中，如果选择 Edit | Paste Array 命令，可以实现一次粘贴多个元件，而且在粘贴过程中，序号和标号可以按指定的设置自动递增。

选择 Edit | Paste Array 命令后，进入 Setup Paste Array 对话框，如图 4.11 所示。

在 Placement Variables(放置变量)选项组中有两个文本框。

- Item Count(对象计数)：可以设置阵列粘贴时复制对象的个数。
- Text Increment(文本增量)：在当前阵列粘贴的对象中含有结尾数字的序号时，填写的这个数字将作为序号的增量，形成新对象对应的序号。

在 Spacing(间距)选项组中有两个文本框。

- Horizontal(水平)：可以设置阵列粘贴对象之间的水平距离。
- Vertical(垂直)：可以设置阵列粘贴对象之间的垂直距离。

图 4.12 所示为 Item Count = 3，Text Increment=1，Horizontal 和 Vertical 分别设置为 (0, 40)、(10, 40)和(40, 0)时对电容 C1 进行 3 次阵列粘贴的效果。

图 4.11　Setup Paste Array 对话框

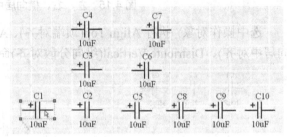

图 4.12　3 次阵列粘贴效果

进行阵列粘贴时，单击图形工具栏中的 按钮相当于选择 Edit | Paste Array 命令，如图 4.13 所示。

图 4.13　利用工具栏进行阵列粘贴

4.1.5　排列和对齐操作

在对原理图的编辑过程中，除了可以对元件和线段进行选取、移动、旋转、翻转等操作以外，Protel DXP 还提供了一系列用于元件排列和对齐的命令，通过选择 Edit | Align 的子菜单命令来完成(命令的右边为其快捷键方式)，如图 4.14 所示。

在操作前应先选中若干个操作对象，通过执行各种对齐命令来达到不同的对齐效果，Align Left(左对齐)、Align Right(右对齐)、Center Horizontal(横向居中对齐)、Distribute Horizontal(横向分散对齐)的效果如图 4.15 所示。

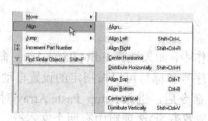

图 4.14　元件对齐的菜单命令

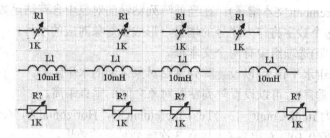

图 4.15　左、右、横向居中、横向分散对齐

选中操作对象，执行 Align Top(顶端对齐)、Align Bottom(底端对齐)、Center Vertical(纵向居中对齐)、Distribute Vertical(纵向分散对齐)命令的效果如图 4.16 所示。

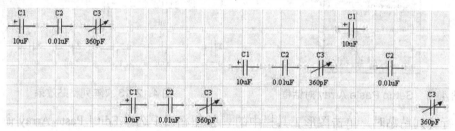

图 4.16　顶、底、纵向居中、纵向分散对齐

4.2　属　性　编　辑

使用在右击对象弹出的快捷菜单中选择 Properties 命令、双击元件或者 Tab 键的同时单击元件这 3 种方法都可以打开 Component Properties(元件属性)对话框。

4.2.1　元件属性的设置

元件的名字和标号等属性是从元件库中直接带过来的，为了适应当前设计的原理图的需要，必须对元件属性重新进行设置，这是 Protel DXP 绘图过程中相当重要的一环，这一过程涉及元件的序号、封装形式(Footprint)、管脚定义及元件的技术参数等。

在放置元件(以电阻为例)后，按 Tab 键会弹出 Component Properties 对话框，如图 4.17 所示。

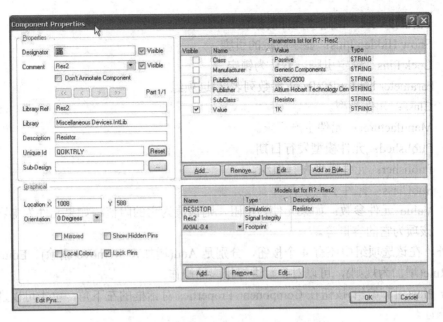

图 4.17　Component Properties 对话框

在 4.1 节内容中，已经讲解过对元件如何进行属性编辑，下面就对话框中各个选项进行介绍。

1)　Properties 选项组

- Designator(元件标识)：为原理图中元件的唯一标识，序号在原理图中可见。
- Comment(注释)：用于补充说明元件的有关信息，注释在原理图中可见。
- Library Ref(库内元件名)：该标志也是唯一的，不需要修改。
- Library (元件库名称)：该元件所在的元件库，不需要修改。
- Description(说明)：对元件符号的说明，不需要进行修改。
- Unique Id(元件编号)：系统随机生成的该元件的唯一编号，不需要修改。
- Sub-Design(子设计)：定位和说明可编程逻辑器件的子设计文件位置和名称。

2)　Graphical 选项组

- Location X：元件在原理图中的 X 坐标，可以修改，实现元件的精确定位。
- Location Y：元件在原理图中的 Y 坐标，可以修改，实现元件的精确定位。
- Orientation：元件的旋转角度，可以修改，实现元件的精确定位。
- Mirrored：该元件在原理图中是否以镜像形式放置。元件的镜像放置如图 4.18 所示。

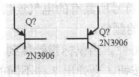

图 4.18　元件的镜像放置

- Local Colors：锁定该元件的颜色。
- Show Hidden Pins：显示隐藏的引脚。
- Lock Pins：锁定引脚，默认为锁定。

3) Parameter list for R?-Res2(参数列表区)选项组

- Class：元件类型。
- Manufacturer：元件生产厂家。
- Published：元件模型发行日期。
- Publisher：元件模型发行组织。
- SubClass：元件子类型。
- Value 元件参数：如果元件为电阻，则该值为它的阻值；如果元件为电容，则该项为它的容量等。

此外，在该选项组中还有 4 个按钮，分别是 Add(增加)、Remove(删除)、Edit(编辑)、Add as Rule(增加为规则)，可以对参数进行相应的操作。

Edit Pins(引脚编辑)按钮在 Component Properties 对话框的左下角，单击可以进行引脚设置或修订。

4.2.2 电源与接地属性设置

电源与接地端口(Power Port)的属性设置，一般在 Power Port 对话框中进行，Power Port 对话框如图 4.19 所示。

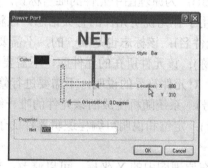

图 4.19 Power Port 对话框

- Location X/Y：符号的位置坐标。
- Orientation：电源、接地符号的放置方向，有 0°、90°、180°、270° 等 4 种选择。
- Net：网络标号，设置该符号所具有的电气连接点名称，如 GND，VCC 等。
- Color：电源、接地符号的颜色。
- Style：电源端口的电气特性。当鼠标指针移到 Style 选项右边时，出现一个下三角按钮，单击该三角按钮，会弹出 7 种不同的选项，放置后如图 4.20 所示。

在图 4.20 所示的电源符号中，VCC 有 4 种不同的电气符号，自左至右分别为 Circle(环形)、Arrow(箭头形)、Bar(条形)、Wave(波浪形)；接地符号也有 3 种，自左至右分别为 Power Ground(电源地)、Signal Ground(信号地)、Earth(大地)。

图 4.20　电源及接地符号

💡 **注意**：　对于不同的电源及接地符号，如果在电路中对应的电气位置不同，除了选择形状外，网络标号必须相应修改，以避免接地符号与电源符号发生错误对接，否则很有可能造成严重的后果。

4.2.3　端口属性设置

要将一个电路和另外一个电路连接起来，除了利用导线将其进行连接外，还可以通过 I/O(Input & Output，输入/输出)端口使某些端口具有相同的名称，这样就可以将它们视为同一网络或者认为它们在电气上是相互连接的。I/O 端口和电源及接地端口一样，具有很多不同的属性，Port Properties(端口属性)对话框如图 4.21 所示。

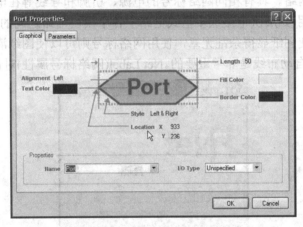

图 4.21　Port Properties 对话框

从图 4.21 中可以看出，端口属性包括的内容很多，在 Graphical 选项卡中有以下选项。

- Location X/Y：端口的位置坐标。
- Name：端口的名称。
- Text Color：设定显示字体的颜色。
- Alignment：字体的对齐方式。对于 Horizontal，有 3 种选择，分别为居中、左对齐和右对齐。对于 Vertical，也有 3 种选择，分别为居中、上对齐和下对齐。
- Length：端口的长度。
- Fill Color：填充端口的颜色。
- Border Color：端口边框的颜色。
- I/O Type：I/O 端口的电气特性，有 Unspecified(不指定方向)、Output(输出)、Input(输入)和 Bidirectional(双向)四种方向供选择。
- Style：端口在原理图中的显示形状，移动鼠标指针到其右边，出现一个下三角

按钮，单击该下三角按钮，有 8 种方式可供选择，其形状分别如图 4.22 所示。

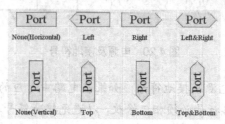

图 4.22　端口形状选项列表

4.2.4　网络标号属性设置

除了导线具有电气连接特性外，网络标号(Net Label)也具有电气连接特性。所谓网络标号，就是电气节点的名称，这是不借助于导线实现电气连接的另一种方法。利用放置工具栏将网络标号放置到导线或引脚上，再通过命名为同一网络标号的方法，使网络标号在电气意义上属于同一网络。具有相同网络标号的电源、引脚和导线等在电气上是连接在一起的。在一些复杂应用(如层次电路或多重式电路中各个模块电路之间的连接)中，直接使用导线连接方式，会使图纸显得杂乱无章，使用网络标号则可以使图纸清晰易读，这对于利用网络表进行 PCB 自动布线是非常重要的。Net Label(网络标号属性)对话框如图 4.23 所示。

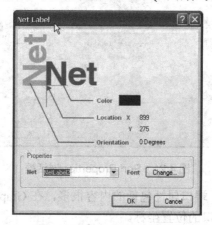

图 4.23　Net Label 对话框

- Color：网络标号的颜色。
- Location X/Y：网络标号的位置坐标。
- Orientation：网络标号的放置方向，有 0°、90°、180°、270° 等 4 种选择。
- Net：网络标号，该原理图中现有多少个节点标号可选，则下拉列表框中便有多少种选项。当然，也可以填写当前原理图中不存在的节点标号。
- Font：设置网络标号的字体，单击 Change 按钮，弹出 Font(字体)属性对话框，可以设置网络标号字体、字形、大小、颜色、字符集。

4.2.5 总线和总线分支线属性设置

总线是代表数条并行导线的一条线。为了便于读图，看清不同元件间的电器连接关系，可以绘制总线以简化原理图。当为总线设置了网络标号后，相同网络标号的导线之间就已经具备了实际的电气连接关系。一般用总线将这些设置了网络标号的并行总线进行连接。总线(Bus)、网络标号(Net Label)和总线分支线(Bus Entry)是配合使用的。导线或元件引脚与总线相连是通过总线分支线(Bus Entry)来实现的。Bus(总线)对话框和 Bus Entry(总线分支线)对话框如图 4.24 所示。

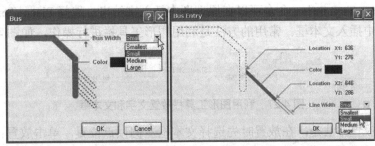

图 4.24 Bus 和 Bus Entry 对话框

在 Bus(Bus Entry)对话框的 Bus Width(Line Width)设置中，均有 4 种线形可供选择：分别是最细(Smallest)、细(Small)、中等(Medium)和粗(Large)，如图 4.25 所示。

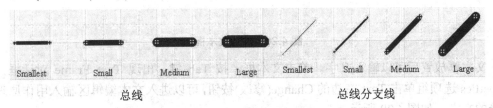

图 4.25 总线和总线分支线宽度

在 Bus Entry(总线分支线)对话框中，还可以设置线段的起始位置和颜色。

导线的设置相对要简单得多，和总线及总线分支线一样，也有 4 种线形可供选择，这里不单独介绍。

4.3 图片及文字编辑

4.3.1 插入图片

如果希望在原理图中插入图片，则需要有一个现成的图片文件。下面介绍简单制作图片文件的两种方法。

● 选择"开始"|"所有程序"|"附件"|"画图"命令。利用 Windows 附件中提供的画图程序，把桌面上的浏览器图标用抓图的方法进行处理(格式为.JPG)，

作为单独的图像文件存放在 D 盘上，命名为 IE.JPG，供插入图标时调用。

图 4.26　插入图片

- 选择 Place | Drawing Tools | Graphic 命令，先定义好放置图标的大致位置和面积，在打开的对话框中指定图像文件的路径及文件名，然后单击"打开"按钮放置图标即可，如图 4.26 所示。

4.3.2　插入字符串和文本框

选择 Place | Text String 命令可以在原理图中插入字符串；选择 Place | Text Frame 命令可以在原理图中插入文本框。常用的方法是利用图形工具栏进行操作，如图 4.27 所示。

图 4.27　利用图形工具栏放置文字和文本框

文本框的放置方法是：在放置时先选择文本框左侧顶点位置，单击放置；再将鼠标指针移到右侧顶点位置单击，则文本框放置结束(文本框的大小可以用鼠标拖动修改)，如图 4.28 所示。

图 4.28　放置文本框

文本框放置后可以输入文字。单击文本框，按 Tab 键，出现 Text Frame 对话框，在 Properties 选项组单击 Text 右边的 Change(修改)按钮，可以进入文本编辑区输入用作原理图注释的文字，如图 4.29 所示。

单击 Font 右边的 Change(修改)按钮，可以进入"字体"对话框设置字体，如图 4.30 所示。

设置后，单击"确定"按钮结束字体设置，返回 Text Frame 对话框。

字符串和文本框都是不具有任何电气特性的图件，对电路的电气连接没有任何影响，只是用来作为文字标注，起到注释的作用。

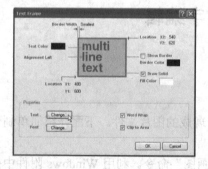

图 4.29　Text Frame 对话框

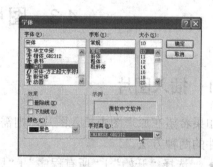

图 4.30　设置字体

4.3.3 图形工具栏的使用

在编辑操作中，利用 Protel DXP 提供的图形工具栏，可以在原理图上绘制直线、曲线、圆弧和矩形等各种图形，主要是用于自定义元件和画轮廓。这里要说明的是，利用图形工具栏绘制的各种图形也是不具有任何电气特性的图件，对电路的电气连接没有任何影响，画出的线条没有电气特性，这一点和导线不同，也是图形工具与布线工具的主要区别。图形工具栏如图 4.31 所示。

图 4.31 图形工具栏

利用图形工具栏(自左至右)可以绘制直线、多边形、椭圆弧、贝塞尔曲线、放置字符串、放置文本框、绘制矩形、绘制圆角矩形、绘制椭圆、绘制饼图、粘贴图片和阵列粘贴。可以在今后的绘图操作过程中逐渐掌握其使用技巧。

提示： 在编辑过程中经常会使用 Page Up 或 Page Down 键对编辑区域进行放大或缩小；用上、下、左、右 4 个方向键移动窗口滚动条；Shift+上、下、左、右键可以指向图纸 4 个角，还可以用 End 键刷新画面。

4.4 上 机 指 导

下面仅以绘制基于单片机的主板模块图为例，练习原理图的编辑方法。主板模块图如图 4.32 所示。

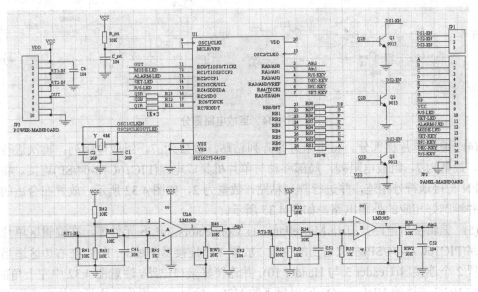

图 4.32 主板模块图

(1) 新建文件。在"D:\我的设计\设计二"文件夹中新建"主板模块.SchDoc"文件。

(2) 放置绘图所需要的全部元件,包括电阻(Res)、电容(Cap)、可调电阻(Rpot2)、三极管(NPN)和晶振(XTAL);放置 1 个单片机集成电路(PIC16C73-04/SP),该元件在 Microchip Microcontroller 8-bit 元件库中;最后放置 1 个运放集成电路(LM358D),该元件在 Texas Instruments\TI Operational Amplifier.IntLib 元件库中,必须把这两个元件库添加进来再分别放置元件,其中 LM358D 只放置 A、B 两个部分。全部元件放置后的结果如图 4.33 所示。

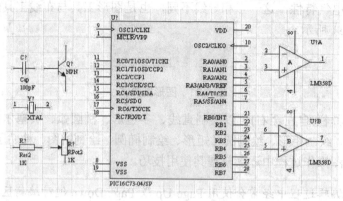

图 4.33 放置元件

(3) 编辑运放模块。为了方便练习,将主板模块分成几个小块进行。复制 5 个电阻、1 个电容,并放置 2 个网络标号(分别命名为 RT1-N 和 Ain1)、2 个电源符号和 3 个接地符号。在编辑过程中,可进行选取、翻转、修改元件属性、插入字符串等操作,并连接好电路。组成运放 A 部分电路;复制生成运放 B 部分电路(注意要用运放 B 取代运放 A),完成后的运放部分如图 4.34 所示。

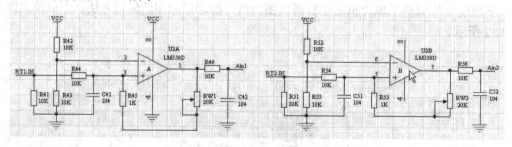

图 4.34 运放电路部分

(4) 编辑单片机部分。将电阻进行阵列粘贴,数量为 7,组成电阻列;再次进行阵列粘贴,数量为 2,组成电阻列,局部移动与单片机集成电路(PIC16C73-04/SP)连接。将三极管 NPN 与接地符号相连,并进行阵列粘贴,数量为 2,如图 4.32 所示,放置在合适的位置上,并绘制好相应的外围电路,如图 4.35 所示。

(5) 编辑接口电路。打开 Miscellaneous Connectors.IntLib 元件库,在编辑区单片机集成电路(PIC16C73-04/SP)左边适当的位置,放置 1 个连接器(Header 10);在右边区适当的位置放置 2 个连接器(Header 3 与 Header 10),并连接好接口电路,注意图 4.32 中左上角的 JP3 上端与 VCC 连接的 VDD 和 Q3 发射极下的 VSS。经过上述操作,主板模块电路图全部绘制结束,将文件保存。

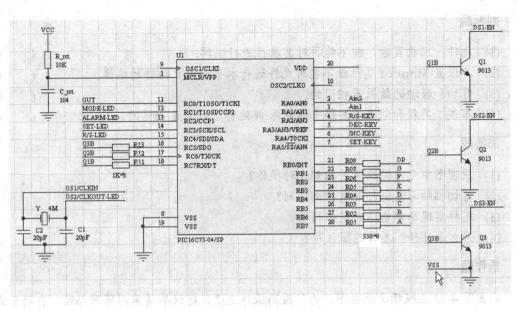

图 4.35 单片机电路部分

4.5 习 题

填空题

(1) 完成元件放置后，可以通过_____子菜单使元件以不同方式对齐。

(2) 在电源属性中，系统默认 GND 为_____，SGND 为_____，EARTH 为_____。

(3) 放置电源、接地有三种方法，分别为_____、_____和_____。

(4) 阵列粘贴的命令是_____。

选择题

(1) Select 命令用于选择对象时，子菜单的命令有_____。

    A. 选中框架内的   B. 选中框架外的

    C. 选中旁边的   D. 选中全部的

(2) 粘贴的快捷键是_____。

    A. Ctrl+C   B. E/P   C. Ctrl+V   D. E/C

(3) 修改电源的属性的项目中包括_____。

    A. 颜色   B. 旋转角度   C. 端口类型   D. 标注

(4) 在阵列粘贴中的 Setup Paste Array 对话框中可以设定_____。

    A. 序号增量   B. 粘贴次数   C. 垂直距离   D. 水平距离

判断题

(1) 元件一旦放置后，就不能再对其属性进行编辑。 （　　）

(2) 不设置 Mirrored 属性就不能对元件进行水平或垂直翻转的编辑。 （　　）

(3) 剪切和移动的效果是相同的。 （　　）

(4) 布线工具箱和电源工具箱中的电源/接地标志性质是一样的。 （　　）

简答题

(1) 原理图中元件的编辑是指哪几种操作？

(2) 剪切粘贴与复制粘贴有什么区别？

(3) 怎样实现局部电路的整体移动？

(4) 什么是注释？怎么隐藏注释？

操作题

画出图 4.32 主板模块原理图。为了提高操作速度，建议尽量采用阵列粘贴、自动生成元件序号、多项元件同时选中、局部电路整体移动等操作方法，同时将不必要的字符串省略，只标出关键的注释等。

第5章 绘制原理图

教学提示： 本章讲解设计原理图的全部过程。对建立项目和原理图文件的操作教师可直接演示，重点讲解图纸参数的设置方法，然后演示一个模板文件操作，最后进行原理图的绘制操作。在操作中要注意各种编辑技巧的应用并提高常规操作过程的速度。本章的上机指导和操作题目不同，目的是为了让学生能在上机过程中多做练习，提高绘图速度。

教学目标： 了解设计原理图的流程，掌握建立项目和原理图文件的操作，重点掌握图纸参数的设置方法，会放置各类元件并能进行属性设置，绘制出合格、美观的原理图。

5.1 绘制原理图的流程

设计电路板的第一步是进行原理图设计。在绘制原理图之前，为了形成一个完整的设计理念，有必要熟悉设计电路板的步骤。一般来讲，设计电路板的基本过程可分为 3 大步骤：电路原理图(Schematics)设计；网络表的生成(Netlist)；PCB(Printed Circuit Board)设计。

5.1.1 常规设计流程

本节只介绍原理图的绘图过程。设计电路原理图的常规流程如图 5.1 所示。

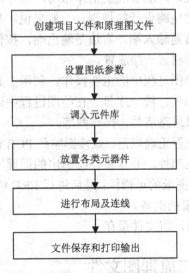

图 5.1 设计电路原理图的常规流程

这仅是大致的设计电路原理的图常规流程，真正要绘制出一张合格的原理图，要具备多方面的知识，不仅要熟悉电路及其原理、元件的参数及选用，还要熟悉世界各大元件厂商的升级换代产品、新型元件的封装，做许多绘图外的具体工作，如电路元件资料的查找、符合电气规则的合理布局构思,必要的文本注释以增加图纸的可读性等。

在绘制过程中还要进行许多编辑操作,包括通常的移动、复制、粘贴等编辑,也包括各类元件的属性编辑。必要时,还要进行自定义元件的操作。此外,系统设置、页面设置、模板设置等软件应用的专业知识对绘原理图也起着重要的作用。

5.1.2 常规设计步骤

启动 Protel DXP 软件后,建立设计项目文件是设计图纸的第一步操作,当然并不是一定要建立项目文件后才可以建立原理图文件,即使没有项目文件,也可以利用原理图编辑器建立一个自由的原理图文件(Free Schematic Sheets),保存后它不属于任何项目。以后如果需要时,仍然可以把这个原理图文件添加到项目文件中。

(1) 按常规设计步骤应该先建立项目文件。

(2) 建立原理图文件。

(3) 设计系统的环境设置,在设计简单的原理图时,也可以直接采用系统默认的设置参数。

(4) 图纸页面设计。

(5) 调入元件库,放置元件,调整元件位置。从元件库中找到元件进行放置,是绘图最基本的前期操作。如果说系统参数设置和图纸页面设置可以采用默认值而不影响绘图进程的话,那么在元件库中查找和调用元件就是绘图的关键步骤之一,在现有的元件库里找不到元件或者不会自定义元件,那么后续工作将无法进行。

(6) 缩放图纸。在图纸设计过程中,图纸缩放操作是必须掌握的基本方法,可以使元件的位置放置准确、连线直观,既能够观察整体布局,也可以查看局部电路。

(7) 整体布局时,要注意电路设计的规则。一般来说,从信号进入开始,电源在上,地线在下且与电源平行,左边是输入端,右边是输出端,按信号流向摆放元件,同一模块摆放在一起,不同模块的元件稍远一些放置。

(8) 连线及编辑操作是绘图过程中的主要操作。利用工具栏放置导线、电源、地线、端口、网络接口,修改元件属性,统一序号。在绘图过程中还需要随时对出现的误操作进行修改及更正。在这里,要求思路清楚,操作熟练。

(9) 设计出来的原理图是否正确规范,直接影响到 PCB 最终设计的正确性。因此在绘制原理图时,首先要保证其正确性,并尽量使绘制出的原理图清晰流畅;在绘图的后期,要加入必要的文本注释,增强图纸的可读性;最后进行 ERC 电气规则检查,生成各种表格,为下一步的 PCB 制作提供必要的准备。

(10) 全部绘图过程结束后,将文件保存。

5.1.3 新建项目文件与原理图文件

新建工程设计文件与原理图文件的操作步骤如下。

(1) 选择"开始"|"所有程序"|Altium|Protel DXP 命令启动 Protel DXP 软件,如图 5.2 所示。

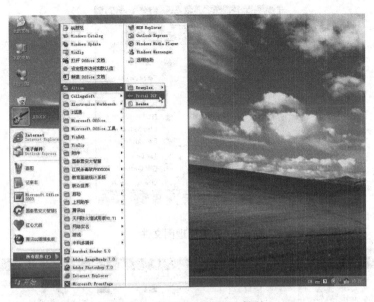

图 5.2　启动 Protel DXP 软件

(2)　在 D 盘上新建一个 Student 文件夹用于存放新建的原理图文件。

(3)　新建一个项目文件，如图 5.3 所示。

(4)　选择 File | Save Project As 命令，将新建成的项目文件保存到 D 盘 student 文件夹，并命名为"My Work1"，其扩展名仍为".PrjPCB"，单击"保存"按钮，保存新建项目文件，如图 5.4 所示。

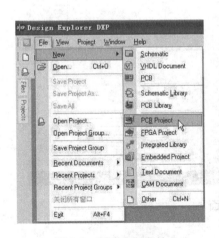

图 5.3　新建项目文件　　　　　　**图 5.4　保存新建项目文件**

(5)　在新建的项目文件中，新建一个原理图文件，如图 5.5 所示。

(6)　执行新建原理图文件操作后，进入默认的 Sheet1.SchDoc 原理图编辑界面。

至此，常规操作中的新建项目文件和新建原理图文件操作已经完成。下面可以进行绘图工作的各项操作，如图 5.6 所示。

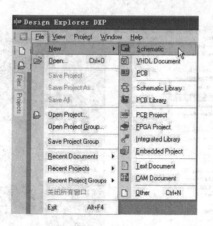

图 5.5　新建原理图文件

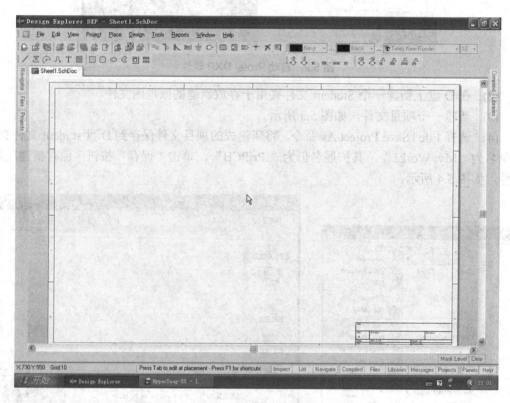

图 5.6　原理图编辑界面

5.2　图纸参数设置

建立了项目文件和原理图文件后，下一步就可以开始绘图了。从常规的操作流程来考虑，在进行绘图操作之前，先设置图纸参数，这样做的好处是能根据原理图的性质进行总体规划，利于元件的布局和图纸的布线。当然，设置的图纸参数也可以在绘图的过程中根

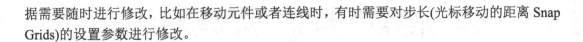

据需要随时进行修改,比如在移动元件或者连线时,有时需要对步长(光标移动的距离 Snap Grids)的设置参数进行修改。

5.2.1 图纸页面设置

传统的做法是先设置好页面,再进行绘图。在实际工作中也可以采用设置好的标准模板,而不必再进行图纸的页面设置。标准模板设置实例在 5.2.5 小节中进行专门介绍,这里介绍图纸页面的常规设置方法。具体操作步骤如下。

(1) 选择 Design | Options 命令,如图 5.7 所示。

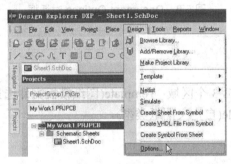

图 5.7 设计选项

(2) 在弹出的 Document Options(文档选项)对话框中,可以进行图纸参数设置。这里有两个标签,一个是 Parameters(参数)标签,另一个是 Sheet Options(页面选项)标签,如图 5.8 所示。

● Template(模板)选项组,可以进行图纸模板文件的套用。

● Standard Styles(标准类型)选项组,可以进行标准图纸类型选择。

● Custom Style(自定义类型)选项组,可以进行图纸自定义设置,设定 Custom Width(图纸宽度)、Custom Height(图纸高度)、X ref Region(水平方向分度)、Y ref Region(垂直方向分度)、Margin Width(图纸边框宽度),可以单击 Update From Standard 按钮用标准图纸尺寸对自定义图纸设置参数进行更新。

● Options(选项)选项组,可以设定 Orientation(图纸方向)、Title block(设定图纸标题栏的类型)、Show Reference Zones(显示图纸分度)、Show Border(显示图纸边框)、Show Template Graphics(显示图纸模板图形)、Border Color(图纸边框颜色)、Sheet Color(工作区颜色)。

● Grids(栅格)选项组,设定 Snap Grids(跳跃网格)参数、设定 Visible Grids(可视网格)参数。

● Electrical Grids(电子网格)选项组,设定是否允许光标在图纸中自动捕捉以 Grids Range(节点范围)为半径内的节点。

此外,使用 Change System Font(修改系统字体)按钮,还可以对已定义的系统字体参数进行修改。

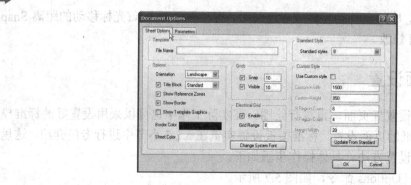

图 5.8　Document Options 对话框

5.2.2　自定义图纸

自定义图纸实际上包括 3 个区域：Template(图纸模板文件选择)、Standard Style(标准图纸类型选择)和 Custom Style(自定义图纸类型)。

1. 图纸模板文件选择

在实际工作中，设计单位往往根据图纸标准化管理和设计、工艺、生产等业务部门的需要，制作出适合本单位不同需要的图纸模板文件，如果要套用设置好的图纸模板文件，可以在 File Name 对话框中输入文件名，这样就可以不需要自定义图纸而直接套用模板，系统默认为不套用模板，如图 5.9 所示。

2. 标准图纸类型选择

使用该选项，可以选用国际通用的标准图纸，如图 5.10 所示。

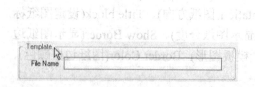

图 5.9　图纸模板文件的选择

图 5.10　标准图纸设置

Protel DXP 提供的标准图纸类型有以下几种。

- 公制：A0、A1、A2、A3、A4。
- 英制：A、B、C、D、E。
- Orcad 图纸：OrcadA、OrcadB、OrcadC、OrcadD、OrcadE。
- 其他：Letter、Legal、Tabloid。

这些图纸尺寸如表 5.1 所示。

表 5.1　Protel DXP 中的标准图纸尺寸(1in=2.54cm)

代　号	尺寸/in
A4	11.5×7.6
A3	15.5×11.1
A2	22.3×15.7
A1	31.5×22.3
A0	44.6×31.5
A	9.5×7.5
B	15×7.5
C	20×15
D	32×20
E	42×32
Latter	11×8.5
Legal	14×8.5
Tabloid	17×11

3. 自定义图纸类型选择

在该选项组，可以根据实际需要自定义图纸尺寸、图纸边框的分度和边框的宽度，如图 5.11 所示。其中：

● Custom Width(水平宽度)：设定图纸水平宽度。

● Custom Height(垂直高度)：设定图纸垂直高度。

● X Region Count(水平方向分度)：设定图纸水平方向的分区数。

● Y Region Count(垂直方向分度)：设定图纸垂直方向的分区数。

● Margin Width(图纸边框宽度)：设定图纸边框宽度。

在 Protel DXP 中使用的尺寸采用英制单位，它与公制单位之间的关系是：

1 in = 2.54 cm

1 in = 1000 mil

1 mil = 0.0254 cm

1 cm = 40 mil

通常情况下，将一个栅格的单位设为 10mil，称为基本单位，所以上面的 Custom Width(水平宽度)、Custom Height(垂直高度)、Margin Width(图纸边框宽度)等栏目数据的单位均是基本单位。

在自定义图纸状态下，从标准类型中更新数据无效，在选择标准图纸类型时，单击 Update From Standard 按钮，可以用标准图纸的尺寸对自定义图纸设置进行更新。例如取消自定义，选取标准图纸 A2，单击 Update From Standard 按钮后将更新尺寸，如图 5.12 所示。

图 5.11　自定义图纸尺寸

图 5.12　图纸尺寸更新

5.2.3　图纸选项设置

1. Orientation(设置图纸方向)

该选项可以设置图纸摆放的方向，如图 5.13 所示。其中：

- Landscape(图纸水平横向放置)：类似于绘画中的山水画放置方向(默认项)。
- Portrait(图纸垂直纵向放置)：类似于绘画中的人物肖像画放置方向。

如果采用 Portrait 放置方式，那么在图纸中自定义的尺寸将随方向而定。X 方向的尺寸将成为垂直方向尺寸，Y 方向的尺寸将成为水平方向尺寸。

2. Title Block(设置图纸标题栏)

选中该复选框后可以显示图纸的标题栏，并能设置图纸标题栏的格式(默认项)，如图 5.14 所示。

其中：

- Standard 为标准格式；
- ANSI 为美国国家标准协会格式。

图 5.13　设置图纸摆放的方向

图 5.14　设置图纸标题栏

Standard 格式标题栏如图 5.15 所示。

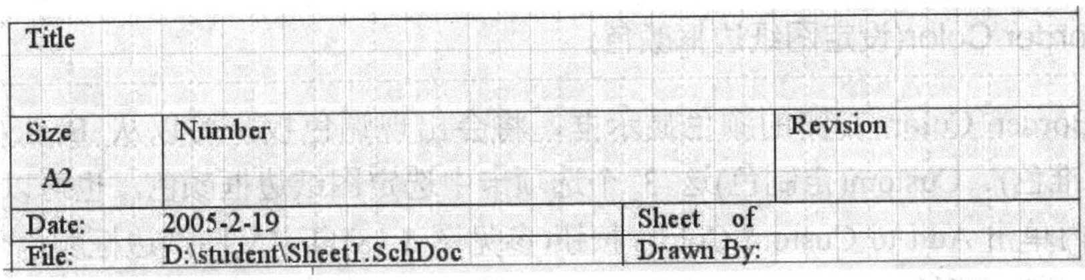

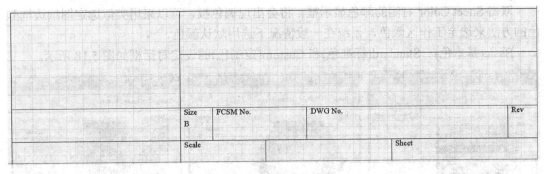

图 5.15　Standard 格式标题栏

ANSI 格式标题栏如图 5.16 所示。

		Size B	FCSM No.		DWG No.		Rev
		Scale				Sheet	

图 5.16　ANSI 格式标题栏

标题栏中的一些信息，如图纸尺寸、文件名和创建时间等参数，可以预先自定义，在启用特殊字符串转换时，可以自动显示。

3. Show Reference Zones(设定显示图纸分度边框)

选中该复选框后可以显示有分度的图纸边框(默认项)。

分度编号也称分区编号，一般横向为数字 1、2、3…，纵向为字母 A、B、C…。

4. Show Border(设定显示图纸边框)

选中该复选框后可以显示图纸的边框(默认项)。

此项设置还涉及打印设置，因为并非所有的输出打印设备都能够较好地打印出图纸的边框。例如，激光打印机通常在可打印区域外保留 0.15in(约为 0.4cm)的空白。这样在使用标准图纸模板如 A4 时，如果按 100%输出，就无法打印出全部 ANSI 标准边框。此时，可调整打印比例与打印机的最大打印区域相匹配。

5. Show Template Graphics(设定显示图纸模板图标信息)

选中该复选框后可以显示模板中的图标信息。在模板中可以加入自己定制的图形作为标题栏，在实际工作中也可以加入公司图标等信息(系统在默认情况下不选此项)。

图纸选项 Options 的默认设置如图 5.17 所示。

图 5.17　图纸的默认设置

6. Border Color(设定图纸边框颜色)

双击 Border Color 右侧的颜色显示框，将会出现调色板，可以从 Basic(基本色)、Standard(标准色)、Custom(定制色)这 3 个选项卡中选定图纸边框颜色，也可以在 Custom colors 区域内单击 Add to Custom Colors 按钮(参见图 5.18)自定义图纸边框颜色。系统在一般情况下选用默认颜色。

7. Sheet Color(设定工作区颜色)

双击 Sheet Color 右侧的颜色显示框，将会出现调色板，可以采用类似选定图纸边框颜色的方法来选定工作区颜色，系统在一般情况下选用默认颜色。

Basic(基本色)、Standard(标准色)和 Custom(定制色)的设定对话框如图 5.18 所示。

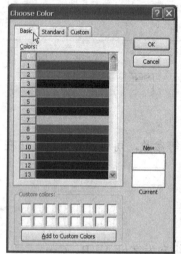
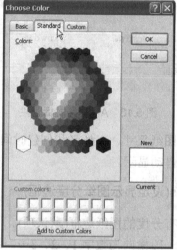
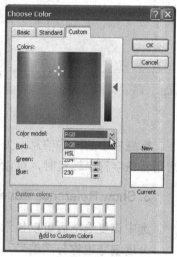

基本色设置　　　　　　　　　　标准色设置　　　　　　　　　　定制色设置

图 5.18　Choose Color 对话框

在这 3 种颜色的设定对话框中，Current/New 为对比色板，Current(自定义)显示原来自定义的颜色，New(新色彩)显示现在要设定的颜色，用于新老颜色的对比。

在上述 3 种颜色的设定对话框中，下方都有 Add to Custom Colors 按钮，单击该按钮以后，可以把选定的颜色添加到自定义颜色中。

Color Model(色彩模式)有两种。

- RGB 模式(Red 红色、Green 绿色、Blue 蓝色)：移动色彩矩阵中的十字光标和右边调色板上的滑块调节色彩，Red、Green、Blue 栏目中的数字会随之变化，同时右边对比色板中的 New 区域将同步显示当前色彩。
- HSL 模式(Hue 色调、Sat 饱和度、Lum 亮度)：通过移动色彩矩阵中的十字光标调节 Hue、Sat；通过移动右边调色板上的滑块调节亮度，同时在右边对比色板中的 New 区域将同步显示当前色彩，如图 5.19 所示。

选取颜色后单击 OK 按钮确定，单击 Cancel 按钮可以取消新的选择。

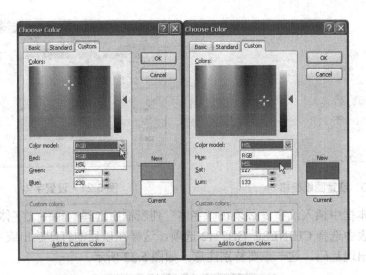

图 5.19　自定义色彩设置

5.2.4　图纸网格设置

1. 设定图纸网格参数(Grids)

在 Grids 选项组中，可以根据实际需要自定义图纸网格参数，这里有两个复选框。

- Snap(移动网格)，选中此复选框可以设定鼠标在图纸上的移动距离，也就是通常所说的光标移动的步长，即用鼠标拖动元件时，每次移动的最小距离。此项功能可以为摆放原理图元件、连接导线带来极大的方便(默认项)。
- Visible(可视网格)，选中此复选框可以设定可视网格的大小。通常将一个网格的单位设为 10 mil 称为基本单位(默认项)。

2. 设定电气节点自动捕捉范围(Electrical Grid)

选中 Enable 复选框可以自定义电气节点自动捕捉范围。在连线时，自动跳到最近的电气对象上，以保证准确的连接；在移动元件时，也能自动捕捉到最近的电气对象和节点。Electical Grid 给连线带来极大的方便，图纸网格的默认参数如图 5.20 所示。

3. 修改系统字体(Change System Font)

单击 Change System Font 按钮，可以根据实际需要自定义系统字体，此方法与 Word 字体设置方法大致相同。

在"字体"对话框中可以设定字体、字形、大小、颜色、字符集，在"效果"选项组中可以为文本添加或取消删除线或下划线，同时可以在示例中看到设置效果。设置完成后，单击"确定"按钮退出，如图 5.21 所示。如果不满意可以单击"取消"按钮退出，这时所有的设定都保持修改前的默认参数。

图 5.20　设置图纸栅格

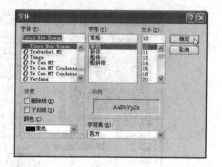

图 5.21　设置字体

如果在文本框中插入汉字，必须在"字体"列表框中选择一种中文字体，同时在"字符集"下拉列表中选择 CHINESE_GB2312 选项，这样在以后的打印输出或者转换成 Word 文档时就不会出现乱码，这一点要特别注意，如图 5.22 所示。

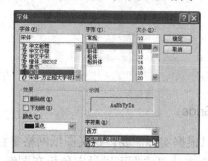

图 5.22　设置中文字体

5.2.5　图纸模板设置实例

在实际工作中，生产设计单位往往套用自己单位的图纸尺寸进行绘图。下面就介绍自定义图纸模板的设置方法。

例如，要设置的图纸模板幅面宽度为 34.5cm，高度为 17.2cm，模板标题栏部分如图 5.23 所示。具体操作步骤如下。

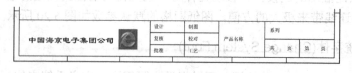

图 5.23　设置模板

(1) 在 D 盘的 Student 文件夹中建立名为 MyTemplate.PRJPCB 的项目，并建立一个名为 sheet1.SchDoc 的原理图文件。

(2) 进行图纸幅面单位换算。

- 1in=1000mil=2.54cm，一个原理图基本单位=10mil
- 34.5cm=34.5/2.54*1000≈13580mil=1358(基本单位)
- 17.2cm=17.2/2.54*1000≈6770mil=677(基本单位)

(3) 选择主菜单 Design | Options 命令，在弹出的 Document Options(文档选项)对话框中，进行如下参数的设置。

在 Custom Style 区域内，选中 Use Custom style(使用自定义样式)，进行如下设定。

- Custom Width(水平宽度)：1358
- Custom Height(垂直高度)：677
- X Region Count(水平方向分度)：6
- Y ref Region(垂直方向分度)：4
- Margin Width(边框宽度)：20

(4) 设置 Orientation(图纸摆放方向)为 Landscape(横向)，选中 Show Border(显示板边框线)复选框和 Show Reference Zones(显示图纸分度边框)复选框，设置 Visible(可视网格)为 10，其余选项均不选用，如图 5.24 所示。

(5) 使用绘图工具栏中的 Place Line(放置线段)工具，绘制标题栏的边框，如图 5.25 所示。

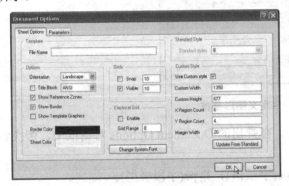

图 5.24 自定义页面设置

图 5.25 绘图工具栏

(6) 由于外框和内框的线型不一样，在画各种线之前要进行属性设置。在放置线段时用鼠标单击选中线段后按 Tab 键，进入线段属性设置 PolyLine 对话框，其中：

- Line Width(线宽)下拉列表框中有 4 种选项：Smallest(极细)、Small(细)、Medium(中粗)、Large(粗)。
- Line Large(线型)下拉列表框中有 3 种可选项：Solid(实线)、Dashed(虚线)、Dotted(点划线)。

画外框线时设置为 Medium、Solid (中粗实线)，画内框线时设置为 Small、Solid (细实线)，颜色默认为黑色。Poly Line 属性设置对话框如图 5.26 所示。

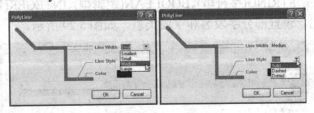

图 5.26 设置线段属性

标题栏全部画好后的效果如图 5.27 所示。

画出标题栏后设置文本，以便放入其中，要显示自定义文本的字符串参数值，选择 Tools | Preferences 命令，在弹出的 Preferences 对话框中，切换到 Graphical Editing 标签，选中 Convert Special Strings(字符串特别转换)复选框，最后单击 OK 按钮结束，如图 5.28 所示。

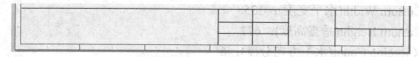

图 5.27　画出标题栏线

图 5.28　自定义图形参数

(7)　选择主菜单 Design | Options 命令，在弹出的 Document Options 对话框中，切换到 Parameters 选项卡，其中：

- 栏目名称有 Name(字段名)、Value(字段值)、Type(字段类型)。
- 字段名的参数有 Address1~4(地址栏)、Approved By(批准)、Author(设计)、Checked By(校对)、Company Name(公司)、Current Date(执行日期)、Current Time(执行时间)、Date(日期)、Document Full Path And Name(文件完整路径及文件名)、Document Name(文件名)、Document Number(文件号)、Drawn By(制图)、Engineer(工程师)、Modified Date(更改日期)、Organization(机构)、Revision(复核)、Rule(标准)、Sheet Number(页数)、Sheet Total(总页数)、Time(时间)、Title(标题)。
- 字段值可自定义，其中 Rule(标准)中的 Undefined Rule (未定义标准)为系统默认值。
- 字段类型有 STRING(字符串)、BOOLEAN(逻辑型)、INTEGER(整型)、FLOAT(单精度实型)。设置部分字段名和字段类型，如图 5.29 所示。

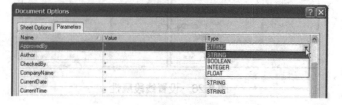

图 5.29　字段名和字段类型

设置 Company Name 为中国海京电子集团公司，Engineer 为工艺，对字段值和字段类型的设置如图 5.30 所示。

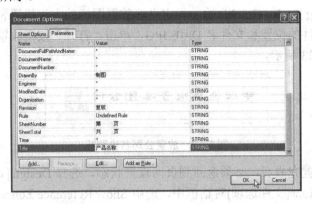

图 5.30 设置字段值和字段类型

(8) 选择 Place | Text String 命令，根据上述设置放置文本，在放置时按 Tab 键，进入 Annotation(注释)对话框，如图 5.31 所示。

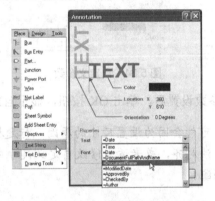

图 5.31 文本放置修改属性

- Color(颜色)，可进入调色板自定义颜色，这里选默认项黑色。
- Location X/Y(位置)，因其数值随文本的移动而发生变化，这里可不必改变。
- Orientation(旋转角度)，水平放置文本，这里可不必改变。
- Text(文本)，在下拉列表框中选用前面设置的文本字段名。
- Font(字体)，进行字体设置。

在 Text 下拉列表框选择前面设置的文本字段名后，再进入 Font(字体)对话框设置字体。除了 Company Name(公司名)设置为隶书、粗体、小初、CHINESE_GB2312 外，其余均设置为宋体、常规、小二、CHINESE_GB2312。

(9) 设置文本属性并放置后，还可以对文本位置进行微调，如图 5.32 所示。

设计	制图		系列		
复核	校对	产品名称			
批准	工艺		共 页		第 页

图 5.32 放置文本

(10) 在模板中插入公司图标。利用 Windows 附件中提供的画笔，把桌面上的浏览器图标用抓图的方法进行处理(格式为.JPG)，作为单独的图像文件存放在 D 盘上，命名为 IE.JPG。选择 Place | Drawing Tools | Graphic 命令，定义好放置图标的大致位置和面积，在打开的对话框中指定图像文件的位置和文件名 D:\IE.JPG，单击"打开"按钮放置图标，移动到合适的位置后，如图 5.33 所示。

图 5.33　放置公司名称图标

(11) 标题栏设置完成后，必须返回到页面设置状态，选择 Design | Options 命令，在弹出的 Document Options(文件选项)对话框中，选中 Show Reference Zones 复选框，如图 5.34 所示。

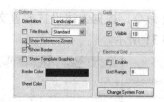

图 5.34　自定义参数

(12) 在按图 5.34 进行参数设置后，单击 OK 按钮，显示自定义模板，如图 5.35 所示。

提示：　模板显示后，可能会因为设置尺寸的原因，标题栏与边框不能匹配，可采用整体移动的方法对齐，或者适当修改自定义尺寸中的边框宽度 Margin Width 值，使二者匹配。

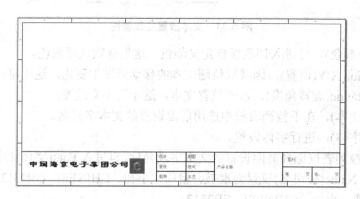

图 5.35　自定义模板

(13) 保存模板文件。选择 File | Save As 命令，在弹出的对话框中，指定模板文件的存放位置，输入文件名，在保存类型可选栏内选择文件类型，在这里文件类型选用 Advanced Schematic template binary (原理图模板二进制文件)，文件保存位置及文件名如图 5.36 所示。

(14) 单击"保存"按钮结束操作。至此，自定义模板文件全部结束，关闭模板文件。

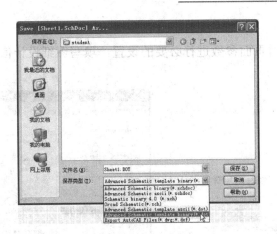

图 5.36　保存模板文件

5.3　原理图绘制实例

在掌握了基本的原理图操作之后，就可以绘制简单的原理图了。本节以 KG316T 电脑时控开关的控制板为例，讲解分立元件原理图的绘制过程。在此例中用到的所有元件都可以在 Protel DXP 默认提供的常用的 Miscellaneous Devices.IntLib (电气元件杂项库)和 Miscellaneous Connectors.IntLib (接插件杂项库)中找到。

5.3.1　准备工作

首先要阅读图纸，对所要绘制的原理图有个大致的了解。本节示例如图 5.37 所示。

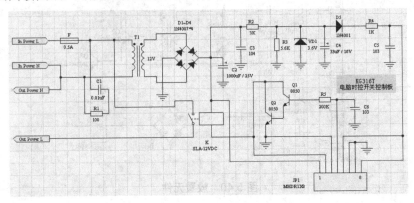

图 5.37　电脑时控开关控制板电路

在 D 盘上新建一个 Temp 文件夹用于存放新建的原理图文件。

选择 File | New | PCB Project 命令新建一个工程设计，选择 File | Save Project As 命令，在弹出的对话框中将 PCB 工程设计组文件的保存位置指定到 D: \Temp 文件夹中，命名为：My Project.ProPCB。选择 File | New | Schematic 命令，建立原理图文件，选择 File | Save Project As 命令保存原理图文件，命名为：KG316T 电脑时控开关控制板.SchDoc，如图 5.38

所示。

在原理图文件中对页面参数进行必要的设置，填写图纸设计信息。填写后如图 5.39 所示。

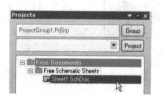

图 5.38　新建原理图文件

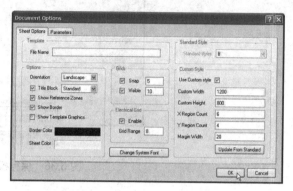

图 5.39　页面参数设置

5.3.2　选择和放置元件

光标指向右侧的 Libraries 标签,弹出对应的面板,选择 Miscellaneous Devices.IntLib (电气元件杂项库),在工作区内适当的位置放置电阻,本例中要连续放置 5 个 Res2 (电阻),最后右击结束放置操作。

按上述方法操作,先后放置 4 个 Cap (电容), 2 个 Cap Pol1 (电解电容), 1 个 Diode (二极管), 1 个 Tunnel2 (稳压二极管), 1 个 Fuse 1 (保险丝), 1 个 Trans Eq (变压器), 1 个 Bridge1 (全桥), 2 个 2N3904 (三极管), 1 个 Relay -SPST (继电器), 放置后的结果如图 5.40 所示。

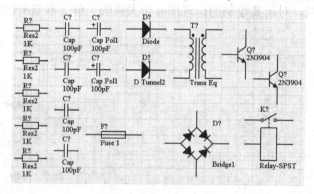

图 5.40　放置元件

提示：　随着在"关键字过滤栏"中输入的关键字不同，Place Res2 按钮也会发生相应的变化。如果关键字为 Cap，则按钮变成 Place Cap。元件放置方法相同。

5.3.3　调整布局

在放置完所有元件后，可以按图 5.37 所示调整元件位置。这里涉及的具体操作有元件的移动、旋转、翻转等。

(1)　元件移动。除了变压器外，整流桥、继电器和两个三极管(用导线组成一个复合三极管的形式)均已移动到新位置，拖动元件位置的对比效果如图 5.41 所示。

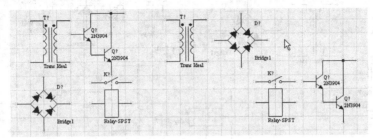

图 5.41　拖动前后对比示意图

(2)　元件旋转(单击元件后每按一次空格，元件逆时针旋转 90°)。继电器逆时针旋转 90°，旋转前后的对比效果如图 5.42 所示。

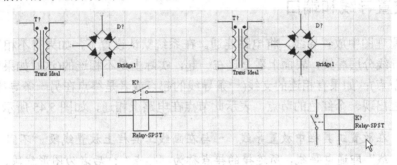

图 5.42　旋转前后对比示意图

(3)　元件翻转。单击元件后，按 X 键，可以将元件水平翻转 180°；按 Y 键，可以将元件垂直翻转 180°。从图中可以看到，继电器已经垂直翻转 180°，复合管已经水平翻转 180°(翻转前要整体框选)。翻转前后的对比效果如图 5.43 所示。

> **提示：** 元件符号沿绘图页面的横轴(X)或纵轴(Y)方向作水平和垂直翻转，也称为镜像翻转。在翻转过程中，只是元件符号发生方向变化，各项标注的方向不发生变化。

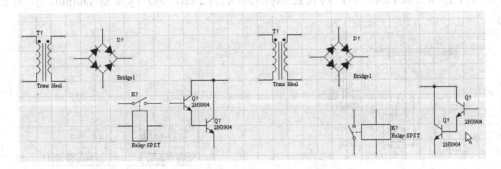

图 5.43　翻转前后对比示意图

按照上述方法，可以依调整各类元件的位置，布局结果如图 5.44 所示。

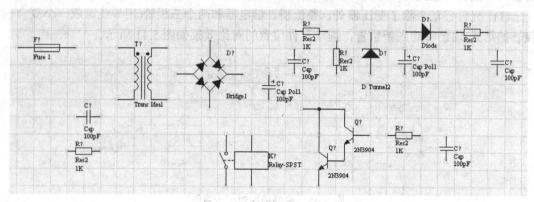

图 5.44　元件布局后示意图

5.3.4　放置导线和端口

(1)　在原理图中放置导线，将电路连通。在系统默认设置下，如果有不相连的导线交叉，将会使导线分层叠置，表面上看是连在一起，实际上是不相连的(这时如果要连通，必须手工放置节点)；如果有相连的支线(一条导线的起点或者是终点在另一条导线上)将会在相连的接点上出现一个红色的节点，表示此节点在电路上相通，如图 5.45 所示。

提示：　在放置工具栏中放置导线 ≈ 与在画线工具栏上放置线段 ／不同，前者为"热线"即通电导线，所连接的接点称为"热点"；后者为图形线段，不能通电。初学者在画图时容易混淆概念。

(2)　放置电源端口。可以用菜单中的放置命令，也可以使用工具栏进行放置。利用放置工具栏中放置电源端口，但放置出来的不是接地符号图标，只是电源符号图标，共需要放置 10 个接地符号，可以在放置时对电源符号进行属性更改。

(3)　放置端口。利用电源工具栏放置端口，双击端口符号，出现 Port Properties 对话框，在 Graphical 标签选项卡的 Name 栏目里分别添加两个电源输入端口 In Power L 和 In Power N，均设置 Style(形状)为 Right，I/O Type 选 Input；再用同样的方法添加两个电源输出端口 Out Power L 和 Out Power N，均设置 Style(形状)为 Left，I/O Type 选 Output。如图 5.46 所示。

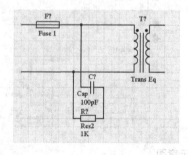

图 5.45　连接导线

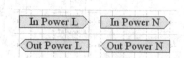

图 5.46　放置端口

5.3.5　放置连接器和注释

最后还要放置连接器，将控制板电路和外电路连接起来。在放置的过程中，要进行属性的设置，具体操作如下。

(1) 在元件库中选择 Miscellaneous Connectors.IntLib (接插件杂项库)。在关键字过滤下拉列表框中输入关键字 mhdr，进行查找，找到连接器"MHDR1×8"后，单击上方的 Place MHDR1×8 按钮，移动鼠标在工作区内适当的位置放置连接器，单击鼠标右键结束放置，如图 5.47 所示。

图 5.47　选择和放置连接器

(2) 由于连接器要水平放置，所以元件旋转后，引脚数字横向放置，如图 5.48 所示。

(3) 为了保证图纸的可读性，要对其进行属性修改。双击端口符号，在 Component Properties 对话框中，在左上角的 Properties 区域将 Designator(元件序号)改为 JP1，然后对引脚编号进行修改，如图 5.49 所示。

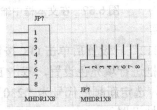

图 5.48　旋转后的连接器符号 　　　　**图 5.49　编辑管脚属性**

(4) 单击左下角的 Edit Pins 按钮，进入 Component Pin Editor 对话框，将 Name(管脚名称)栏中的选中标记"√"全部取消。其余的可选栏目如 Type(类型)、Design(设计)、Name (元件名称)、Desc (降序排列)、MHDR1×8、Connector(连接器)、Owner(拥有)、Show(显示)、Number(数字)均采用默认设置，然后单击 OK 按钮结束属性设置，如图 5.50 所示。

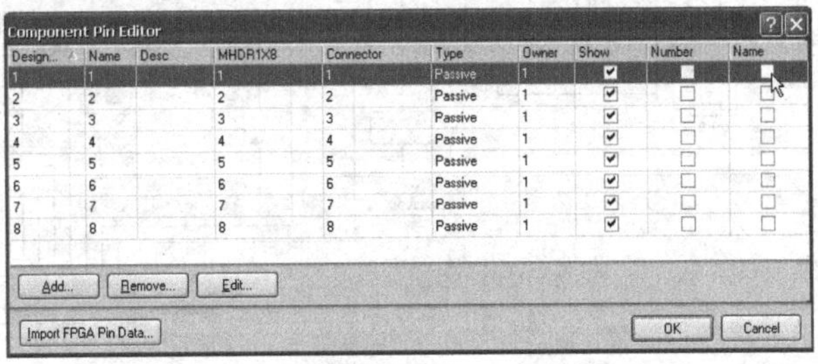

图 5.50　Component Pin Editor 对话框

提示： 连接器的管脚属性编辑也可以在更改元件中进行，但更改后，正常显示的管脚号将水平倒放在元件符号中，只有在旋转后，连接器呈垂直放置状态，管脚号才会正常显示。管脚可以单独编辑，一般只要显示头尾两个号即可。

（5） 更改属性后的连接器横向放置的管脚数字将被隐藏，为了在图纸显示管脚号，需要另外插入两个文本，并进行文字修改，分别将两个文本的文字分别改为"1"、"8"。

（6） 在图5.39中将Snap选项取消，将"1"和"8"移到合适的位置，如图5.51所示。

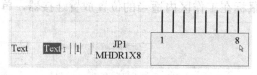

图5.51 更改属性后的连接器符号

（7） 将添加的端口符号和连接器符号接在电路上，完成原理图连接。

（8） 在原理图中分别双击各元件图形，按图5.53的标注值对所有元件的属性进行修改。以C2为例，在Designator(元件序号)栏目中输入C2，并勾选其Visible；不勾选Comment(注释)；在Value(值)栏目中输入1000μF/25V并勾选。属性修改后摆放到适当位置。其余元件均照此修改属性。

（9） 放置文本框。文本框放置后可以双击进行属性设置，单击Properties区域的Text按钮输入字符"KG316T电脑时控开关控制板"作为注释，如图5.52所示。

图5.52 在文本框中输入文字

（10） 单击Font按钮进入字体对话框后，设置字体为"宋体"(要向下拉至中文字体出现后选择)、字形为"常规"、大小为"10号字"、字符集为"CHINESE_GR2312"。设置后单击OK按钮结束字体设置返回TextFrame对话框。为了醒目，可以对文本框进行填充色设置，双击Fill Color区域，在出现的Choose Color对话框的Basic选项卡里，选定新颜色代号为"230"，其余的可选栏目均采用默认设置，最后单击OK按钮结束属性设置。

将带有电路说明的文本框放置到合适的位置，保存文件，原理图全部绘制完成后如图5.53所示。

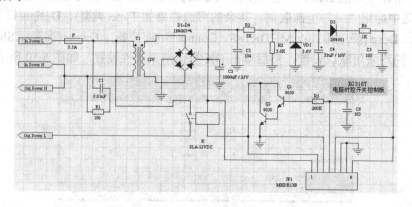

图5.53 KG316T电脑时控开关控制板

5.4 上机指导

本章前面介绍了建立新项目和原理图文件的操作方法，介绍了图纸参数设置方法、元件库的调用及元件的放置方法，最后介绍了原理图的绘制实例。在这一节中，将根据本章所学的内容进行操作指导。

1. 创建文件夹

在 D 盘创建一个 Student 文件夹。

打开"我的电脑"中的 D 盘，在空白处右击，从弹出的快捷菜单中选择"新建"|"文件夹"命令，如图 5.54 所示。输入文件夹名字 Student 后按 Enter 键。至此，新文件夹建立完毕。

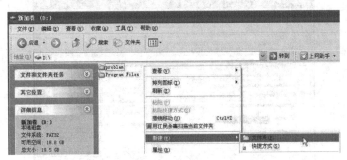

图 5.54 新建文件夹

2. 建立项目文件

启动 Protel DXP 软件，选择 File | New | PCB Project 命令，将出现默认的新建项目 PCB Project1.PrjPCB，另存为 D:\Student，项目文件名为 Example.PrjPCB。

3. 建立原理图文件

选择 File | New | Schematic 命令，则系统默认为 Sheet1.SchDOC 的原理图文件会自动加入 Example.PrjPCB 项目中，将其改名为 Exercise.SchDOC 后保存。

至此，项目文件和原理图文件建立完毕。

4. 设置图纸参数

选择 Design | Options 命令弹出的对话框，在 Custom Style(自定义图纸样式)区域内，勾选 Use Custom Style(使用自定义图纸样式)，进行如下设置。

- Custom Width(水平宽度)：1200
- Custom Height(垂直高度)：800
- X Region Count(水平方向分度)：5
- Y Region Count(垂直方向分度)：3
- Margin Width(图纸边框宽度)：20

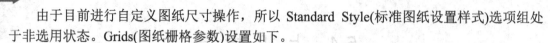
由于目前进行自定义图纸尺寸操作，所以 Standard Style(标准图纸设置样式)选项组处于非选用状态。Grids(图纸栅格参数)设置如下。

- Snap Grids(跳跃栅格)：5
- Visible Grids(可视栅格)：10
- Electrical Grids(电气节点自动捕捉范围)：Enable
- Electrical Grids Range(捕捉范围)：8

提示： 在 Document Options 对话框中，取消 Grids 区域内的 Snap 设置可以将移动对象移至任意指定位置(下面的放置文本操作就是典型的例子)，待移动操作完成后，返回 Document Options 对话框再次进行设置，将 Grids 区域内的 Snap 设置勾选，并设置 Snap 为整数，以利于连线。

此外其他参数均采用默认设置。参数设置如图 5.55 所示。

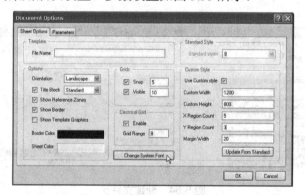

图 5.55 页面设置

填写 Parameters (图纸信息)的具体步骤如下。

(1) 选择 Design | Options 命令，打开 Parameters 对话框，填写有关信息。在 Title(标题)文本框中填写"电子工程系"，在设计 Drawn By 文本框中填写"鲁捷"，其余按默认设置，如图 5.56 所示。

DrawnBy	鲁捷	STRING
Engineer	*	STRING
ModifiedDate	*	STRING
Organization	*	STRING
Revision	*	STRING
Rule	Undefined Rule	STRING
SheetNumber	*	STRING
SheetTotal	*	STRING
Time	*	STRING
Title	电子工程系	STRING

图 5.56 填写参数

(2) 选择 Place | Text String 命令，放置文本。在放置时按 Tab 键，进入 Annotation (注释)对话框，单击 Text 下三角按钮，选择 Drawn By 选项，再单击 Change 按钮进入"字体"对话框。设置文字"鲁捷"为宋体、常规字形、8 磅大小、CHINESE_GB2312 字符集，如图 5.57 所示。

(3) 选择 Tools | Preferences 命令，在弹出的 Preferences (参数选择)对话框中，切换到 Graphical Editing (图像编辑)选项卡，选中 Convert Special Strings (字符串特别转换)复选框，

其余按默认设置，最后单击 OK 按钮，如图 5.58 所示。

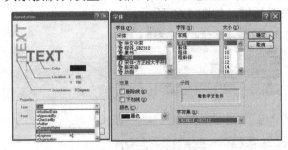
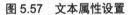

图 5.57　文本属性设置

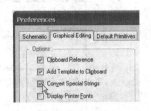

图 5.58　自定义图形参数

(4) 设置后放置文本。单击 Text 下三角按钮选择 Title 选项，再单击 Change 按钮进入"字体"对话框，设置"电子工程系"为隶书字体、粗体字形、小三大小、CHINESE_GB2312 字符集；放置后调整文本位置，如图 5.59 所示。

图 5.59　设置后的标题栏

5. 放置元件

(1) 查找电阻 Res2，并在工作区中放置 4 个电阻。

(2) 查找电容 Cap，并在工作区中放置 5 个电容。

(3) 查找三极管 NPN，并在工作区中放置 1 个三极管。

(4) 查找二极管 Diode，并在工作区中放置 5 个二极管。

(5) 查找发光二极管 LED2，并在工作区中放置 1 个发光二极管。

(6) 查找开关 SW-PB，并在工作区中放置 1 个开关。

(7) 查找电池 Battery，并在工作区中放置 1 个电池。

(8) 查找变压器 Trans3，并在工作区中放置 1 个变压器。

6. 元件布局与布线

参照本章操作习题的原理图(高压电子蚊拍电路)，进行布局与布线。

7. 修改元件的标注

由于 Protel DXP 提供的元件库中的标注和上机操作练习绘制的原理图的标注有所不同。所以，要按照电路图的要求对已放置的元件的标注进行修改，具体操作见第 2 章上机指导中的图 2.18。

其他元件(如电容、三极管、二极管、变压器、电源、开关等)的标注也可以照此办法修改。当然修改的方法不唯一，可以在编辑元件属性中进行。

另外，在电路图中有一个发光二极管，管脚上有 1、2 两个数字，现在介绍隐藏管脚的

这两个数字的方法:

(1) 单击元件,同时按 Tab 键进入属性对话框,如图 5.60 所示。

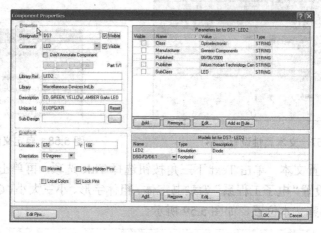

图 5.60　修改 LED 发光二极管属性

(2) 在 Properties 选项组中,将 Designator (元件序号)文本框中的 DS?改为 D1;将 Comment(注释)项中的 LED1 改为 LED,如图 5.61 所示。

图 5.61　修改 LED 发光二极管标注

(3) 在 Component Properties 对话框的左下角单击 Edit Pins 按钮,进入 Component Pin Editor (元件管脚编辑)对话框,取消 Number (数字)选项中的 "√",如图 5.62 所示。

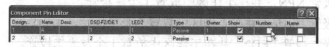

图 5.62　编辑引脚数字标注

(4) 单击 OK 按钮结束属性修改。将标注调整到合适位置,修改前后发光二极管 LED 的对比如图 5.63 所示。

图 5.63　隐藏 LDE 发光二极管管脚标注

8. 画高压电网线

单击工具栏中的放置导线按钮,用导线画出高压电网线图形,如图 5.64 所示。

9. 保存文件

选择 File | Save 命令,保存原理图文件,如图 5.65 所示。

至此，原理图绘图操作结束，结果如操作题电路图 5.66 所示。

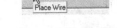

图 5.64　工具栏放置导线

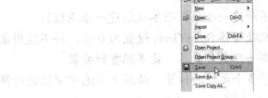

图 5.65　保存文件

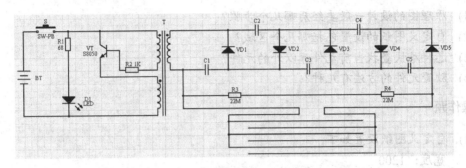

图 5.66　高压电子蚊拍电路

5.5　习　　题

填空题

(1) 用鼠标_____键选中元件不放，同时按_____键，可以进入修改元件属性对话框。

(2) 按照常规设计流程，在进行设计时，应先建一个_____文件和_____文件。

(3) 如果图纸摆放形式为 Portrait，则原来图纸 X 方向的宽度就会成为_____。

(4) 可用 X 键实行元件位置的_____方向调整。

选择题

(1) Place 命令用于_____。

　　A. 放置导线　　　　　　　　　　　B. 放置端口

　　C. 放置地线　　　　　　　　　　　D. 以上都是

(2) Electrical Grids 选项可以设置_____。

　　A. 可视栅格　　B. 跳跃栅格　　C. 电子捕捉栅格　　D. 标题栏

(3) 元件的位置调整应包括_____。

　　A. 移动　　　　B. 旋转　　　　C. 复制　　　　D. 删除

(4) Change System Font 选项可以设定_____。

　　A. 字体　　　　　　　　　　　　　B. 字形

　　C. 字号　　　　　　　　　　　　　D. 字体颜色

判断题

(1) 可以不新建一个项目而单独新建一张原理图。 （ ）

(2) 图纸跳跃栅格 Snap Grids 设置为 0 时，将不能用鼠标拖动元件。 （ ）

(3) 元件库一旦被卸载后，就不能重新安装。 （ ）

(4) 想调整多个元件的位置，必须全部选中才能进行操作。 （ ）

简答题

(1) 原理图的设计一般要经历哪几个步骤？

(2) 自定义图纸的设置包括哪几个区域？

(3) 怎样尽快查找当前元件库以外的元件？

(4) 放置元件的方法有几种？

操作题

(1) 自定义图纸设置如下。

宽度：1200

高度：800

水平分度：5

垂直分度：3

图纸边框宽度：20

标题栏格式：Standard

跳跃栅格：5

可视栅格：10

电气节点自动捕捉范围：8

(2) 在上述图纸中画出高压电子蚊拍电路，如图 5.66 所示。

(3) 在上述图纸中画出基于单片机的 8 路抢答器电路，如图 5.67 所示。

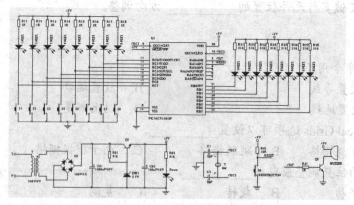

图 5.67　基于单片机的 8 路抢答器电路

💡 **注意：** 单片机芯片 PIC16C72-20/SP 在 Microchip 库中，其余的全部在杂项元件库。

第6章 原理图元件制作及修订

教学提示：本章重点内容是原理图元件制作及修订。基本知识部分可由学生预习并在课堂上简单介绍，对两种常用的建库方式及原理图元件编辑器的基本操作可以在两个实例中演示操作。详细介绍元件制作的具体方法和步骤。加强上机练习时的指导。

教学目标：通过本章的学习，了解 Protel DXP 的原理图元件的基本知识；掌握 Protel DXP 原理图元件库的建库方法；熟悉原理图元件编辑器的使用；熟练掌握原理图元件的制作。通过上机练习，巩固所学知识，为绘制复杂的原理图和基于原理图的复杂设计打下基础。

6.1 原理图元件基本知识

6.1.1 Protel 原理图元件库基本知识

原理图元件是原理图绘制的最基本要素，它保存在原理图元件库中。

在 Protel 中，对原理图元件采取库管理的方法，即所有的元件都归属于某个或某些库。Protel 包含了数十家国际知名半导体元件商的元件库，比如 Intel、Atmel、NSC、Motorola、Philips 等，这些公司的元件库在 Protel 软件包中以文件夹的形式出现，文件夹中是根据该公司元件类属进行分类后的真正库文件，比如微控制器类、存储器类、信号转换类、放大器类等，每一子类中又包含从几只到数百只不等的元件。有些元件由于很多家公司都有生产，所以会出现在多个不同的库中，这些元件的具体命名通常会有细微差别，我们称这类元件为兼容(可互换)元件。除此之外，Protel 中还包含有一个或两个不具体属于某家公司常用元件库，库中包含的是电阻、电容、三极管、二极管、开关、变压器及连接件等常用的分立元件，在早期版本中是一个库，叫做 Miscellaneous Devices，到了 Protel DXP 版本，将连接件单列为一个库，因此就有了 Miscellaneous Devices 和 Miscellaneous Connectors 两个库。在首次运行 Protel DXP 时，这两个库作为系统默认库被加载，但允许操作者将其移除。Protel DXP 首次引入了集成库的概念，将元件的电气符号、封装形式、仿真模型、信号完整性分析模型绑定在一起，扩展名为 IntLib(Integrate Library)，在此之前的原理图元件库的扩展名为 Lib。在 Protel 99SE 中，元件库是以工程数据库的方式管理，加载或导出后为 Lib 文件。

Protel DXP 提供的元件库中，绝大多数为新型的集成元件库。如果仅进行基本安装，元件数目则大大减少，很多常用的元件库都不复存在，比如 Intel 和 Philips 的元件库。一些公司的元件库的元件种类和数目也明显少于从前，比如 Atmel 等。早期版本中包含的丰富元件库 Protel DXP 不能直接使用，但这并不会带来很多不便，借助 Protel DXP 提供的转换功能或早期版本的导出功能，可以将以前版本中的元件库转换为 Protel DXP 可以接受的格式。在本章的后面，将对转换元件库作具体介绍。

6.1.2　Protel 原理图元件基本知识

Protel DXP 中包含原理图元件及 PCB 元件两大类。原理图元件只适用于原理图绘制，只可以在原理图编辑器中使用；PCB 元件用于 PCB 设计，只可以在 PCB 编辑器中使用。因原理图元件为实际元件的电气图形符号，有时也称原理图元件为电气符号。对于原理图元件库，又可以相应地称为电气符号库。

对于几乎所有的实际元件，均包含元件体和元件引脚两部分。元件体内封装了实现该元件功能的所有内部电路，元件引脚则用来与外部电路建立连接。(对于连接件一类的元件，不包含内部电路，而 LCC 及 COB 等少数几种元件封装形式并无实际的"引"脚)。Protel 原理图元件总要包含元件体和元件引脚两个部分，但除此之外，往往还会包含一些关于引脚功能描述的简要信息。

必须注意电气符号与实际元件的区别。第一，电气符号可以描述关于该元件的所有外部引脚的主要信息，也可以根据需要仅描述该元件的某些部分信息。比如在绘图时，可以将与当前设计无关的一些引脚隐藏(不画出来)，这样可以突出重点，增强图纸的可读性，但并不意味着实际元件不再有这些引脚。第二，同样是为了增强图纸的可读性，所绘制的电气符号的引脚分布及相对位置可以根据需要灵活调整，但并不意味着实际元件的引脚分布及相对位置也会因此而变。第三，所绘制的电气符号的尺寸大小并不需要和实际元件的对应尺寸成比例。以 Intel 公司生产的双列直插式封装的 87C51 芯片为例。该芯片的实际视图及引脚的分布如图 6.1 所示。

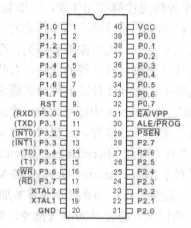

图 6.1　87C51 芯片的实际视图及引脚分布

该芯片包含 VCC(第 40 脚)、GND(第 20 脚)等 40 个引脚，图中清楚地标注了这 40 个引脚的名称或功能及分布情况。

在 Protel 99SE 中(Protel DXP 中并不包含这个元件，需要从 Protel 99SE 导入，这里以 Protel 99SE 为例)，Intel 公司的元件库 Intel Embedded I(1992).Lib 内部包含元件 87C51，另外还有一系列在引脚上与 87C51 完全兼容的芯片，比如 8051AH、87C51 及 8051AH，如图 6.2 所示。

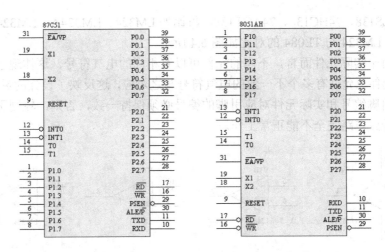

图 6.2　Intel Embedded I(1992).Lib 中的 87C51 及 8051AH

与图 6.1 对比，可以发现，87C51 不再包含 VCC 及 GND，元件引脚的分布存在明显的差异，外形尺寸也不成比例，这种情况对于 8051AH 同样存在。同时，将 87C51 与 8051AH 相比，这二者也有明显的不同，作为值得注意的区别之一，P0~P4 口引脚的标注，前者为 PX.X，而后者为 PXX，即没有小数点标示，但无论哪一种都是正确的。

还有一个值得注意的问题。一些元件内部包含多个部件，事实上这种元件大量存在。而在设计中，经常会发生只有使用元件的部件而非全部的情况，因此，往往是仅绘制使用到的相应部件。对于这类元件，Protel 相应地引入了部件的管理模式，即将一个此类元件进行分解，分解的数量为内部部件的实际数量。(并非所有的包含部件的元件 Protel 都进行分解，比如 SIM 库中 CMOS 子类里的 4000，没有分解的情况同样大量存在)。加载这类被分解元件时，每次只加载其中的一个部件，因此，在图纸上显示的可能只是"部分元件"，当然，这并不意味着，实际采购或装配这种元件时，也是采购或装配这种元件的一部分。以四运放芯片 LM324 为例，内部包含了 4 个相同的部件，编号分别为 A、B、C、D，如图 6.3 所示。

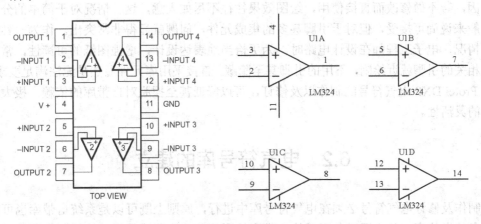

图 6.3　LM324 内部结构简图及被 Protel 分解后的部件

另外，Protel 元件库中有很多元件会共用相同的图形符号，这通常是某种程度的兼容芯

片。比如 74LS138、74HC138、74ACT138，再比如 LM324、LM324A、LM324AN、TL084 等。Protel 中 LM324 与 TL084 的对比如图 6.4 所示。

可见，对于实际元件而言，不同的元件可以有相同的电气符号，这体现了元件的兼容性；同一个元件也允许有多个不一致的电气符号与之对应，这反映了设计的灵活性。但是，电气符号的引脚编号和实际元件对应引脚的编号必须保持一致，否则，轻则引起违背设计原意，重则导致电路完全不能正常工作。

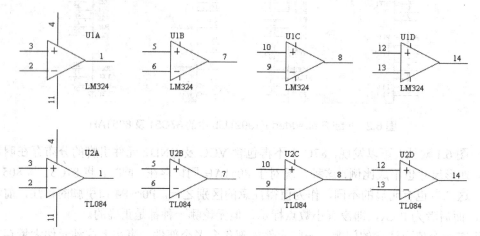

图 6.4　Protel 中 LM324 与 TL084 的电气符号对比

6.1.3　制作及修订 Protel 原理图元件的必要性

尽管 Protel DXP 自带了丰富的元件库，但是由于元件库中的元件是对市场上现有元件的收录，而新元件层出不穷，因此，即便 Altium 公司(Protel DXP 为该公司产品)每天都提供元件库的升级，也不可能满足快速发展的实际设计需要。另外，尽管可以通过搜索来查找元件，但是对于初学者而言，即便顺利搜索到该名称的元件，但是由于外观及引脚属性的原因，若不做修改而直接使用，绘图效果往往不尽如人意，这种情况对于简单的分立元件一般来说尚可接受，但对于引脚甚多的集成元件，问题就显得非常突出。作为一种很实际的情况，电子工程师在设计电路时，为更恰当地表达设计，增强图纸的可读性，常常需要将相关的引脚就近绘制，不用的引脚甚至隐藏，直接采用库元件显然是无法满足要求的。掌握 Protel DXP 电气符号的制作以及修订，可以降低甚至摆脱对自带库的依赖，极大增强设计的灵活性。

6.2　电气符号库的建立

制作及修订电气符号必须在电气符号库中进行，原则上既可以是系统自带库也可以是设计者的自建库。但为了避免对系统自带库的影响，建议无论是新元件的制作还是对现有元件的修订，都应该在自建库中进行。

常用的建库方法有两种，一种是直接新建电气符号库，另一种是从当前原理图文件生成对应的电气符号库。这两种建库方法都比较简单，下面分别给予介绍。

6.2.1　直接新建电气符号库

以这种方法新建库只需选择 File | New | Schematic Library 命令即可。如图 6.5 所示。

系统自动生成默认名为 Schlib1.Schlib 的库文件，并将其作为电气符号编辑器的当前编辑文件，在其中已包含一个名为 Component_1 的待编辑元件，如图 6.6 所示。

图 6.5　直接生成电气符号库

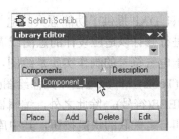

图 6.6　第一只待编辑元件 Component_1

6.2.2　生成当前原理图文件的电气符号库

以这种方法生成的电气符号库，必须保证该原理图被打开且处于当前被编辑状态。现以安装盘下系统自带的\Program Files\Altium\Examples\4 Port Serial Interface\4 port UART and Line Drivers.schdoc 文件为例。

打开该文件并使其处于当前被编辑状态。选择 Design | Make Project Library 命令，如图 6.7 所示。

系统自动生成与该原理图同名的电气符号库，并在库元件列表框中列出了该原理图中包含的所有元件，元件编辑区显示了当前处于被选择状态的元件的电气符号，如图 6.8 所示。

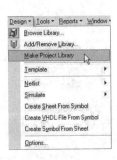

图 6.7　生成当前原理图文件的电气符号库

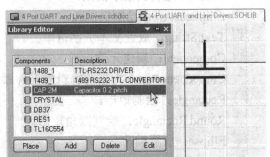

图 6.8　生成的电气符号库元件列表

提示: 在大多数情况下，一张原理图中总是有多数的元件可以在 Protel 自带的现有库中找到，所以通常先加载现有库，放置现有元件，然后生成当前原理图的对应元件库，在这个库中新建元件或对现有元件进行修订。新建的元件可以立即加载到原理图，经过修订的元件可以立即对原理图中这个元件进行更新。尽管上述两种建库方法都简单方便，但第二种方法更为常用。

6.3 电气符号编辑器的使用

Protel DXP 提供了功能强大的电气符号编辑器，可以方便地制作新元件和对现有元件的属性进行修订以适应设计的意图或需要。

由于电气符号的制作实质是绘图，所以有两个快捷工具面板很重要。一个是 Sch Lib Drawing(Tools)，即原理图库元件绘图(工具)，另一个是 Sch Lib IEEE(Symbols)，即原理图库元件 IEEE(符号)。除此之外，编辑器还提供了几个用于显示当前库及库元件简明信息的列表框和与之关联的快捷按钮，其中库元件列表框、元件引脚列表框和关联按钮对于元件制作及修订比较常用。

6.3.1 Sch Lib Drawing(原理图库元件绘图)

Sch Lib Drawing 面板如图 6.9 所示。

图 6.9 Sch Lib Drawing 面板

图中包含了一组用于绘制电气符号的工具图标，各图标的功能如下。

/ Line: 绘制线段。

Bezier: 绘制贝塞尔曲线。

Elliptical Arc: 绘制椭圆弧。

T Text String: 放置文本 / 字符串。

Component: 新建元件。

Component Part: 为当前编辑的元件添加部件。

Rectangle: 绘制矩形。

Round Rectangle: 绘制圆角矩形。

Ellipse: 放置椭圆。

Graphic Image: 放置图片。

Array Placement: 阵列式粘贴被复制的对象，包含设置功能。

Pin: 放置引脚。

　　其中的绘制线段、绘制贝塞尔曲线等与原理图编辑器中的绘图工具完全一致。阵列式粘贴(被复制的对象)工具的目的在于提高工作效率，但和原理图编辑器中的阵列式粘贴相比，实用价值并不高。新建元件、添加部件以及放置(元件)引脚是电气符号编辑器特有的，它们的使用将在后面的元件制作部分介绍。

　　默认情况下，每次启动元件编辑器时，Sch Lib Drawing 会处于打开状态，但允许操作者关闭。打开或关闭操作可以通过选择 View|Toolbars|Sch Lib Drawing 命令实现。

6.3.2　Sch Lib IEEE(原理图库元件 IEEE)

　　IEEE 符号工具面板中包含了 IEEE(国际电气电子工程师协会)制订的一些标准的电气图元符号，在 Protel 中，这些符号常用于较为复杂的集成电路功能或必要信息的图形化描述，它与引脚的功能或性质描述有关。对元件的引脚属性(放置元件引脚时设置)的图形化描述包含了这些符号中的绝大多数，但和 IEEE 符号工具面板上的图符相比，前者由编辑器自动放置在该引脚附近，而后者可以允许放置在电气符号的任何位置。

　　IEEE 符号工具面板如图 6.10 所示。该面板中的很多图元符号并不常用，尤其对于初学者而言。下面简单介绍其中比较常用的几种，这几种图符与集成电路的引脚功能或性质有关，通常放置在具有该属性相应引脚的附近并尽可能接近该引脚。

　　○ Dot：低电平有效标识，放置在元件体的外边缘。

　　← Right Left Signal Flow：放置信号自右向左传输标识。由于该标识允许旋转操作，并且标注有该符号的元件本身在原理图编辑器中允许旋转，所以方向标志在很大程度上失去了自右向左传输的本意。Left Right Signal Flow 以及其他一些图元符号有类似的情况。该图元符号应放置在元件体与元件引脚之间。

　　▷ Clock：时钟标识，实际放置后视图为 ">"，和该图元符号并不相同。事实上，左侧实线和上下两条虚线是用来表明该符号应放置在紧贴元件的内侧边缘。

　　◣ Active Low Input：低电平触发的有效标识，放置后实际视图和该符号同样不同。中间实线和右侧上下两条虚线表示该符号应放置在紧贴元件的外侧边缘并紧贴相应引脚。

　　◿ Analog Signal In：模拟信号输入标识，放置在元件体外侧相应引脚的附近。

　　# Digital Signal In：数字信号输入标识，放置在元件体外侧相应引脚的附近。

　　⊓ Pulse：脉冲信号标识，放置在元件体的内部。

　　◇ Open Collector：开集输出标识，放置在元件体的内部相应引脚的附近。

　　◇ Open Emitter：开射输出标识，放置在元件体的内部相应引脚的附近。

　　▽ HiZ：高阻态标识，放置在元件体的内部相应引脚的附近。

　　▷ High Current：高扇出电流标识，放置在元件体的内部相应引脚的附近。

　　⊓ Schmitt：具有施密特输入特性的标识，放置在元件体的内部相应引脚的附近。

　　对于这些图元符号，允许对其属性进行设置。属性设置对话框可以在选中该图元符号后按 Tab 键或将该图元符号放置后双击打开，如图 6.11 所示。

　　属性中包括尺寸、线宽、颜色等，修改方法很简单，这里不再介绍。

　　IEEE 符号工具面板打开与关闭的方法和绘图工具面板相同。

图 6.10 Sch Lib IEEE 面板

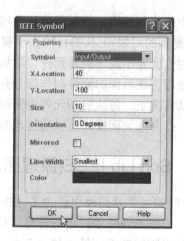

图 6.11 IEEE Symbol 面板

6.3.3 库元件列表框及关联按钮

库元件列表框用于列写当前元件库的现有元件及简单描述。当用鼠标单击其中某个元件名时，该元件的电气符号出现在编辑区，作为当前待编辑元件。也可以通过键盘上的上、下方向键对元件进行选择或快速浏览，当然，用方向键操作时元件列表框必须获得操作焦点(即正作为被操作的对象)。库元件列表框及关联按钮如图 6.12 所示。

列表框下面有与元件关联的 4 个按钮，介绍如下。

- Place：将列表框中被选择的元件加载到当前被编辑原理图中。
- Add：新建一个原理图元件。当单击该按钮时，系统弹出新建元件名对话框。对话框中系统默认的元件名为 Component_1(或其他数值编号)。按实际元件名修改该默认元件名后(当然此时也可以不做修改，制作完成后允许重新命名)，该元件名将出现在库元件列表框，该元件(此时为"空白元件")自动作为当前待编辑元件。新建元件名对话框如图 6.13 所示。

图 6.12 库元件列表框及关联按钮

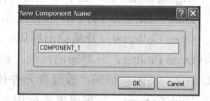

图 6.13 New Component Name 对话框

- Delete：删除列表框中被选择的元件，当多个元件同时被选择时允许批量删除。按住 Ctrl 键，再用鼠标左键逐个单击待选元件即实现多个元件同时选择。在元件编辑区任意地方单击可以取消选择状态。
- Edit：对列表框中被选择的元件进行属性编辑。单击该按钮，打开元件属性设置对话框，其中包含元件标识及注释等常用对话框、标识及注释是否显示以及该元件是否允许自动标注的复选框等。此时对所选元件的属性设置意味着给该元件设置默认值。应该注意到,在原理图编辑时,同样可以打开该属性设置对话框(如双击某元件),由于同一张原理图中可能包含不止一个库中同名的元件,但这些元件实际使用时属性并不相同,比如同样是 RES1,但彼此阻值、封装形式、放置角度等并不相同。换句话说,在库元件编辑器中对元件属性进行编辑是群体编辑方式,在原理图中对元件进行属性编辑属于个体方式,考虑到实际设计中元件属性可能千差万别,因此,对于元件的属性进行编辑,在原理图编辑器中更为常用和合理。元件属性设置对话框如图 6.14 所示。

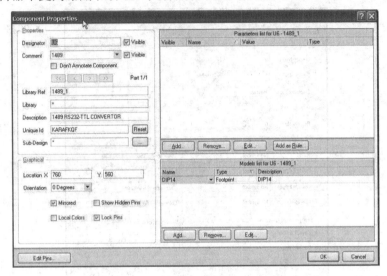

图 6.14　Component Properties 面板

6.3.4　元件引脚列表框及关联按钮

元件引脚包含很多属性,但最为关键的还是引脚的名称(也称标识)及编号。在元件引脚列表框中简明地列写了当前被编辑元件的引脚属性。其中的 Name 项列出了所有引脚的名称、Pins 项列出了该元件的所有引脚及与名称之间的对应关系。在某种程度上讲,元件引脚属性列表框是元件引脚的统计表。元件及元件引脚属性列表框如图 6.15 所示。

在列表框下面有 3 个与引脚编辑关联的按钮,简单介绍如下。

(1) Add 按钮:为当前编辑元件添加一只引脚。单击该按钮,一只引脚将出现在编辑区并随鼠标移动,引脚名及编号等基本信息的显示情况取决于前一次放置的引脚属性设置,如此时对该引脚的属性进行设置则同样会影响下一只引脚。在目标位置单击鼠标左键确认,完成该引脚的放置。在单击 Add 按钮但尚未放置引脚时,按 Tab 键,系统会弹出引脚属性设置对话框。该对话框包含 Properties(属性)和 Parameters(参数)选项卡。属性选项卡用于对元件主要的及常规的属性进行设置,参数选项卡用来增加及编辑一些非常用的参数,如图 6.16 所示。

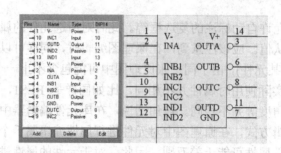

图6.15　元件及元件引脚属性列表框

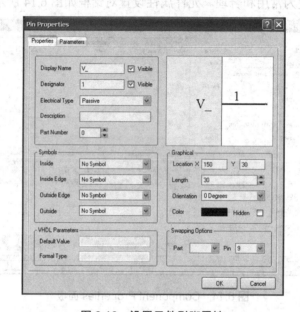

图6.16　设置元件引脚属性

下面介绍与引脚有关的主要属性及设置。

● Display Name：引脚名称。在其中设置的名称会出现在紧邻该引脚的元件内边缘。引脚名称通常以字符或字符串形式出现，用以描述该引脚的功能。

● Designator：引脚编号。引脚编号与实际元件的引脚编号相对应。如集成电路的引脚有约定的编号方法，但对于分立元件而言，则不存在这个问题，如电阻、电容、三极管、变压器等。在引脚编号框中可以输入包括文本在内的各种编号，但是正确合理的做法应该是连续的自然数。

● Electrical Type：引脚的电气类型。可以从下拉列表中选择，包括 Input(输入)、Output(输出)、IO(输入输出)、Power(电源)等多种类型。在对元件各引脚类型熟悉的情况下，可以进行设置，以丰富该元件的有关信息。假如不熟悉，也可以采用默认值而不作任何设置。

● Description：功能描述框。用于该引脚的一些重要的或必要的信息描述。事实上，填或不填都无关紧要，并不会对元件的使用或引脚的性质带来任何影响。

● Part Number：部件编号。对当前引脚属于该元件的哪个部件进行选择。对于多部件元件而言，内部部件通常按照 1、2、3…的顺序进行编号，但在元件列表框中显示为 Part A、Part B、Part C…，每个部件配置了该元件的部分引脚。对此项设置应格外谨慎，最好能参照实际元件的数据手册。

- Symbols：引脚图形符号栏。这里包含 4 个选项，分别为 Inside(元件体内部)、Inside Edge(元件内边缘)、Outside Edge(元件外边缘)、Outside(元件外部)。每一项又包含多个与此位置关联的引脚属性选项，所有选项在 IEEE 图元符号面板中都有，可以更为方便地对元件引脚的一些属性进行设置。当选择某 Symbols 选项后，相应的图标立即出现在该引脚的附近。部分常用的描述引脚属性的图标如图 6.17 所示。

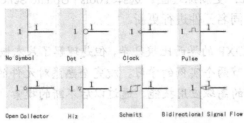

图 6.17　部分描述引脚属性的图标

- Graphical：图形相关属性设置栏。该属性设置栏包含该引脚的位置、引脚长度、引脚放置角度、引脚颜色及引脚是否隐藏等。这几项意义明确，操作简便，可以根据实际需要进行设置，引脚长度建议采用 10mil 的整数倍。

元件引脚属性设置对话框也可以通过双击引脚列表框或在编辑区对待编辑引脚双击打开，当然这样操作的前提是，当前的元件不能是尚无引脚的"空白元件"。

(2) Delete：删除被选择的引脚。在引脚列表框或元件编辑区通过单击鼠标左键选择引脚，然后单击 Delete 按钮，引脚即被删除。

(3) Edit：对引脚进行属性编辑。在引脚列表框或元件编辑区选择引脚，然后单击 Edit 按钮，系统弹出引脚属性设置对话框，进行相关设置。

6.3.5　工具菜单

在库元件编辑器的工具菜单(Tools)中，包含有新建元件、移除元件、元件重命名等选项，这是一些简单的操作，并且一般有各种方式可以实现同样的效果，这里不再赘述。另外还包含一些系统设置项，每项都是系统的默认设置，可以满足设计的需要，在一定程度上体现了 Protel DXP 的专业和体贴。除非设计者对此非常熟悉或有特殊要求，否则建议不要随便对设置项进行改动。在工具菜单中，有两个选项需要介绍。

(1) New Part：添加新部件。选择 Tools | New Part 命令，可以为当前所选元件添加新部件，除非人为修改，否则该部件的编号按照自然数递增。在元件列表框中包含多部件的元件会有图标显示，但显示名依次是 Part A、Part B…，这与放入原理图的部件编号法一致。对任何一个部件，可以像对整个元件一样，进行选择、编辑、加载、删除。一个包含有 4 个部件的元件在元件列表框中的显示情况如图 6.18 所示。

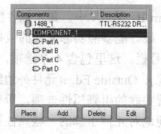

图 6.18　元件列表框中多部件元件的显示

(2) Update Schematic：更新原理图。选择 Tools | Update Schematic 命令，可以用元件的当前属性对原理图中的同名元件进行更新。

提示：　虽然 Protel DXP 的界面比较复杂，但是理解了基本概念，了解了常用的操作，通过对下一节两个实例的学习，就完全熟悉对元件的制作及修订。至于并不常用的所谓的高级应用技能，通过以后不断的摸索，也会慢慢掌握的。

6.4　电气符号的制作及修订

电气符号的制作(新建)包括元件体的绘制和放置引脚两个基本内容。元件体是对元件信息的简单描述，比如用瘦长的矩形框表示电阻体、两块正对的极板(两条比较协调的几何线段)表示电容体、几根相连的圆弧线表示电感体等，只需具备基本的审美观点和绘图技能即可，从某个程度上讲，电气符号的制作应尽量符合专业要求。相对元件体而言，引脚具备电气特性，是元件的核心和关键。放置引脚时需对引脚的一些基本信息进行设置，比如引脚名称、引脚编号、引脚长短、引脚的电气类型、引脚是否隐藏等，这些需要在引脚属性设置对话框中进行设置。引脚的位置和放置方向可以根据需要在元件编辑区随时调整。了解了上述基本概念后，制作以及对元件的属性进行修订将是一个思路清晰的简单操作。下面将借助两个实例介绍实际的制作过程。

由于电气符号的制作和修订均需在电气符号库中进行。现仍以安装盘下系统自带的\Program Files\Altium\Examples\4 Port Serial Interface\4 port UART and Line Drivers.schdoc 文件为例，首先生成该文件的电气符号库，我们将在该库中新建元件和修订元件。

6.4.1　电气符号的制作

1. 制作实例 1

现以制作 8051 单片机芯片的电气符号为例，图中栅格线为绘图页面的背景，目的是为绘图提供引脚距离参考，栅距为电气符号编辑器默认尺寸 10mil。制作结果如图 6.19 所示。

在开始制作之前，先作简单分析。

(1) 该单片机芯片实际包含 40 只引脚。图中只出现了 38 只，有两只引脚被隐藏。这两只引脚是电源 VCC(Pin40，第 40 脚)和 GND(Pin20，第 20 脚)。这一点应格外留心，否

则将造成引脚丢失。

(2)　电气符号包含了引脚名和引脚编号两种基本信息。

(3)　部分引脚包含引脚电气类型信息(第 12 脚、第 13 脚、第 32 至第 39 脚)。

(4)　除了第 18 脚和第 19 脚垂直放置，其余水平放置。由于 VCC 及 GND 隐藏，所以放置方式可以任意。

(5)　一些引脚的名称带有上划线及斜线，应正确标识。

实际制作的操作步骤如下。

(1)　单击库元件列表框下的 Add 按钮开始新建元件，弹出新建元件对话框，输入 8051 并确认，8051 随即被添加到在元件列表框中。

(2)　绘制矩形元件体。单击绘图工具面板的矩形框放置工具，在编辑区绘制一个矩形框。矩形框的左上角定位在原点(编辑区两条粗实线的交点)，则矩形框的右下角位于(130，-250)。当然，也可以边绘制边调整，并应注意视图的缩放以便于绘图。8051 元件体绘制的结果如图 6.20 所示。

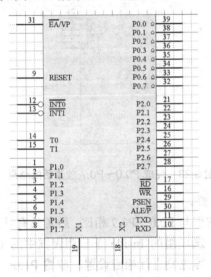

图 6.19　制作结果

图 6.20　8051 元件体绘制结果

(3)　放置引脚。

①　P0.0～P0.7 的放置及属性设置。

单击绘图工具面板的引脚放置工具图标，并按 Tab 建，系统弹出引脚属性对话框，在 Display Name 文本框中输入 P0.0，在 Designator 文本框中输入 39，在 Symbols 选项组的 Inside 文本框中选择 Open Collector，Graphical 选项组的 Length 文本框设置为 30(默认单位为 mil)，引脚名称和编号的选择如图 6.21 所示。

设置好后将引脚移到相应位置并单击确认。值得注意的是应该将该引脚具有电气连接特性的一端放置在外侧，这一端编辑器用灰色"×"或红色米字符指示。完成 P0.0 放置后的结果如图 6.22 所示。

此时操作依然处于放置引脚状态，用同样的方法完成 P0.1～P0.7 的放置。结果如图 6.23 所示。

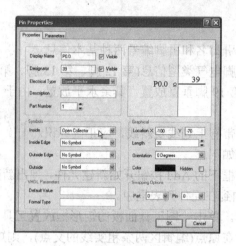

图 6.21　P0.0 的属性设置

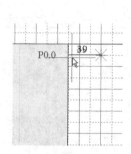

图 6.22　完成 P0.0 放置后的结果

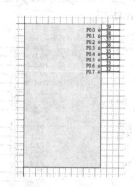

图 6.23　完成 P0.0～P0.7 放置后的结果

②　P1.0～P1.7 及 P2.0～P2.7 的放置及属性设置。

P1.0～P1.7 及 P2.0～P2.7 均为普通 IO 引脚，它们与 P0.0～P0.7 相比，后者具有开集输出电气特性，在引脚属性设置对话框中将 Symbols 选项组的 Inside 下拉列表框中的 Open Collector 选项修改为 No Symbol，其余名称、编号等也要进行相应设置。放置 P1.0～P1.7 时可以通过按 Space 键两次以实现角度的旋转。完成这两组引脚全部放置后的结果如图 6.24 所示。

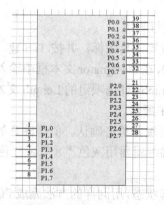

图 6.24　放置 P1.0～P1.7 及 P2.0～P2.7 后的结果

③　T0、T1、RESET、TXD、RXD、PSEN 的放置及属性设置。

这是水平方式放置的一些引脚，其放置及属性设置方法同 P2.0～P2.7。

④　X1、X2 的放置及属性设置。

这两只引脚采用垂直方式放置，需要进行旋转处理。操作很简单，可以按 Space 键实现。值得注意的是，只有在英文方式下，按 Space 键才会执行旋转操作。

⑤　ALE/P、EA/VP、RD、WR 的放置及属性设置。

这一组引脚的名称中包括上划线，这并非硬性绘制的线条。Protel 提供了一种简单的方式实现上划线标注功能：只要在需要添加上划线的每个字符后输入"\"即可。以第 31 脚 EA/VP 为例，在引脚属性设置对话框的 Display Name 文本框中输入"E\A\/VP"（其余引脚按类似的方法处理)，结果如图 6.25 所示。

⑥　INT0、INT1 的放置及属性设置。

这两只引脚具有低电平输入有效的特性。在引脚属性设置对话框的 Symbols 选项组的 Outside Edge 下拉列表中选择 Dot 选项即可，如图 6.26 所示。

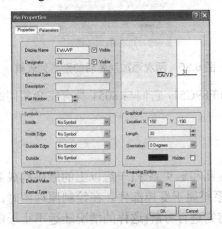

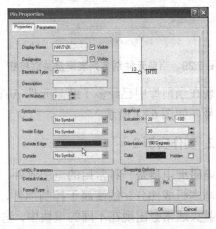

图 6.25　上划线的标注　　　　　　　　　图 6.26　Dot 符号标注

⑦　VCC、GND 的放置及属性设置。

可以在元件体周围的任意位置放置 VCC 及 GND 引脚。现将它们放在元件体上方比较宽松的地方，如图 6.27 所示。

将 VCC 及 GND 隐藏的操作如下：双击 VCC 引脚，系统弹出引脚属性设置对话框(注意 VCC 及 GND 的 Electrical Type 引脚电气类型对话框均设置为 Power)，在 Graphical 选项组选中 Hidden 复选框，VCC 引脚随即隐藏。对 GND 的操作完全相同，如图 6.28 所示。

(4)　保存。完成了电气符号的制作后，结果与图 6.19 完全吻合。保存结果，如果此时需要将该元件加载至原理图，只需单击元件列表框下的 Add 按钮即可。

(5)　为 8051 设置别名。由于 8051 有很多兼容芯片，比如 AT89C51(Atmel 公司产品)、P89C51(Philips 公司产品)，这些兼容芯片可以共享相同的电气符号。单击别名列表框下方的 Add 按钮，如图 6.29 所示。

系统弹出新的元件别名对话框，在其中输入"AT89C51"后单击 Add 按钮。用同样的方法添加"P89C51"别名，结果如图 6.30 所示。

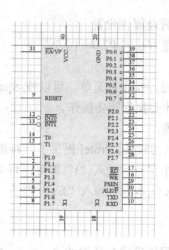

图 6.27　VCC 及 GND 的放置

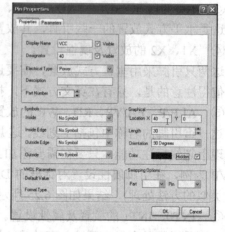

图 6.28　VCC 引脚的隐藏

图 6.29　当前元件别名列表框及关联按钮

图 6.30　两次添加别名后的别名列表框

现在当前库中已经多了两只元件 AT89C51 和 P89C51，它们与 8051 具有完全相同的电气符号，如图 6.31 所示。

2. 制作实例 2

电磁继电器是一种常用的电子元件，它包含线圈和触头系统(一组以上的触头构成系统)两个基本组成部分。线圈属于控制部件，而触头系统属于受控部件。在绘制原理图时，线圈与触头通常会出现在不同的模块中，这时需要将它进行分解(这样的情况还远不止于电磁继电器)。不过，Protel DXP 库中的继电器(Relay)并没有这样做，由此带来的不便主要体现在模块化设计和绘制规范原理图中。

下面的例子是将继电器分解为两个部件从而生成一种新的继电器的电气符号。这里借用 Protel DXP 现有的一种继电器 Relay-SPST。

(1)　新建一个原理图。

(2)　加载 Miscellaneous Devices.IntLib。(通常已被系统作为默认库加载)。

(3)　搜索 Relay-SPST 并加载至原理图中。Relay-SPST 的电气符号如图 6.32 所示。

(4)　选择 Design | Make Project Library 命令生成当前原理图元件库。此时库中仅包含 Relay-SPST，如图 6.33 所示。应当注意的是，Protel DXP 的集成库不允许直接编辑。

(5)　将图 6.33 中的虚线删除，选择触头部分并剪切，编辑区此时只剩下线圈部分。

(6)　添加部件。选择 Tools | New Part 命令，在元件列表框中可以看到 Relay-SPST 已经包含有 Part A 和 Part B 两个部件。事实上线圈部分已经作为 Part A 部件存在。Part B 当前尚为"空白"部件，如图 6.34 所示。

(7)　选中 Part B，并将被剪切的触头粘贴至编辑区，至此完成 Relay-SPST 的分解。

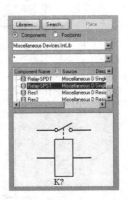

图 6.31　AT89C51 及 P89C51 出现在库元件列表框中　　图 6.32　Relay-SPST 的电气符号

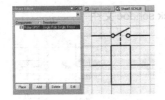

图 6.33　Relay-SPST 的电气符号　　　　图 6.34　Relay-SPST 包含两个部件

(8) 重命名。为了和系统自带的 Relay-SPST 相区别，建议对元件重命名。选择 Tools | Rename Component 命令，系统弹出重命名对话框。在其中输入新名称 Relay-SPST(N)。

(9) 将文件保存。

6.4.2　电气符号的修订

设计中常常会遇到这种情况：在库中可以找到所需元件的电气符号，但该电气符号不能完全满足设计者绘制图纸的意图，重新制作又耗时费力。这时，对该元件的电气符号进行修订是解决这一问题的常用方法。

现以安装盘下系统自带的 \Program Files\Altium\ Examples\Z80(stage)\Serial Baud Clock.schdoc 文件为例，讲解修订方法。打开该文件，如图 6.35 所示。

图中，U9D 的输出连接到 U12(SN78HC4940D) 的 CLK 引脚，由于 RST 引脚与 CLK 引脚当前位置的相对关系，在视图上造成了连接导线的交叉。如果能将 CLK 引脚的位置调整至 RST 的上方则可以避免这种现象，使图纸更为美观。

调整 CLK 引脚位置的操作步骤如下。

(1) 打开该原理图文件，如图 6.36 所示。

(2) 选择 Design | Make Project Library 命令生成当前原理图元件库。

(3) 在库元件列表框中选择 4040，在元件编辑区显示了该元件的电气符号，如图 6.36 所示。

(4) 将鼠标指针移至CLK引脚,按下左键将该引脚直接拖至合适的地方(这里应为RST引脚的下方某处),松开左键,完成拖动操作,如图6.37所示。

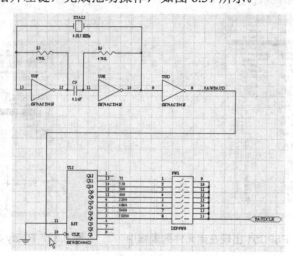

图 6.35　Serial Baud Clock.schdoc 文件

图 6.36　4040 的电气符号

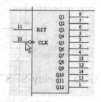

图 6.37　修订后 4040 的电气符号

(5) 选择 Tools | Update Schematic 命令,对原理图进行更新。

(6) 可以发现,原理图中的 U12 的 CLK 引脚已经迁移至 RST 引脚的上面。拖动或重新绘制 U9D 与 U12 CLK 间的连接线。相对于原来的图纸,新图纸显得更为美观,结果如图 6.38 所示。

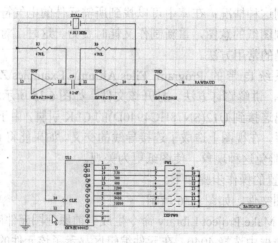

图 6.38　调整后的原理图

提示：　制作及对现有元件进行修订是绘图时的基本操作，几乎伴随绘图全过程。熟练地掌握这项基本技能后，可以高效地绘制出美观的原理图。

6.5　对 Protel 99SE 电气符号库的使用

在所有的 Protel 版本中，Protel 99SE 库元件最为丰富，是很宝贵的资源。但由于文件格式不同，Protel DXP 不能直接使用。有两种方法可以将 Protel 99SE 的库文件转换为 Protel DXP 可以接受的格式。现在分别予以介绍。

6.5.1　用 Protel 99SE 将库文件导出

假如我们用 Protel DXP 设计并需要使用 Intel 公司的单片机 87C61。Protel DXP 元件库中并没有这只元件，但 Protel 99SE 的 Intel Databooks 数据库中有。使用前需要将这个数据库中的库文件导出。可以选择单个导出，也可以批量导出。实现批量导出的操作步骤如下。

(1) 启动 Protel 99SE。

(2) 打开 Protel 99SE 安装目录下的 Intel Databooks 数据库文件。

(3) 在设计工作区，系统列出了 Intel Databooks 包含的全部库文件。选择全部扩展名为.lib 的库文件后单击鼠标右键，系统弹出右键菜单，如图 6.39 所示。

(4) 单击 Export(导出)命令。系统提示选择导出位置。假设已经在 Protel DXP 安装盘的\Program Files\Altium\Library 目录下建立了名为 IntelDatabooks(99SE)的子目录，如图 6.40 所示。

图 6.39　Intel Databooks 数据库文件

图 6.40　选择 Intel Databooks(99SE)子目录

(5) 选择 IntelDatabooks(99SE)后，单击"确定"按钮即可。完成导出后的文件为.lib 格式，则可以被 Protel DXP 使用。导出后的文件及格式如图 6.41 所示。

图 6.41　导出后的文件及格式

6.5.2　用 Protel DXP 实现导出及转换

如果不愿安装 Protel 99SE，却又想使用 Protel 99SE 的元件库，可以先安装 Protel 99SE，然后将元件库复制到其他地方，再卸载 Protel 99SE。之后利用 Protel DXP 的文件导出及转换功能，可以达到使用 Protel 99SE 元件库的目的。用 Protel DXP 实现导出和转换的步骤如下。

(1) 启动 Protel DXP。

(2) 选择欲导出的 Protel 99SE 库文件。这里仍以 IntelDatabooks.DDB 为例。在 Protel 99SE 原理图库文件目录下，找到该文件并双击，如图 6.42 所示。

图 6.42　双击 IntelDatabooks 文件

(3) 系统弹出导出及转换提示框，单击 Yes 按钮确认，如图 6.43 所示。

(4) 系统执行导出及转换。执行结果生成 IntelDatabooks.LIBPKG(LIBPKG-Library Package，库包)文件，其中包含 IntelDatabooks.DDB 中所有的.lib 格式的库文件，如图 6.44 所示。

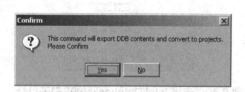

图 6.43　导出及转换提示框

图 6.44　导出及转换后生成的库包文件

系统会自动新建一个与 IntelDatabooks.DDB 文件处于同一路径下的文件夹，默认名为 IntelDatabooks。其中包含了以上所述的所有库文件。如果需要的话，可以将该文件夹复制到 Protel DXP 安装目录下的适当位置。系统自动生成的文件夹如图 6.45 所示。

提示：　在原理图元件制作这一章学习上述内容绝非多此一举，这是对 Protel 99SE 宝贵资源的利用。即便已经熟练掌握了元件制作的技能，这仍具有非常必要的现实意义。

图 6.45　系统自动生成的文件夹

6.6　上机指导

SN74LS123 是 74 系列常用逻辑电路之一。该芯片具有 16 只引脚，内含两只完全相同的逻辑部件。其内部结构、引脚功能及分布如图 6.46 所示。

制作规划如下。

(1)　该元件包含两只部件。

(2)　与第一只部件关联的引脚有：1、2、3、4、13、14、15。

(3)　与第二只部件关联的引脚有：5、6、7、9、10、11、12。

(4)　VCC 及 GND 引脚可作为与任意一只部件关联的引脚，并选择隐藏。

(5)　电气符号应能较好地描述引脚的性质。

基于对 SN74LS123 的引脚分析及规划，期望的制作结果如图 6.47 所示。

制作 SN74LS123 的操作步骤如下。

(1)　新建电气符号库。以 UserSchLib1.SchLib 保存。

(2)　新建元件，并将元件命名为 SN74LS123 保存。

(3)　借助矩形框绘制工具绘制元件体，注意大小适当。

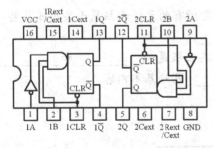

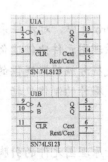

图 6.46　SN74LS123 内部结构、引脚功能及分布　　　图 6.47　期望的 SN74LS123 的电气符号

(4)　放置元件引脚并对引脚属性进行设置。引脚 1 的属性设置如图 6.48 所示。

(5)　依次放置其他引脚，完成部件 1 的制作。

(6)　复制部件 1。

(7)　添加部件。选择 Tools | New Part 命令。

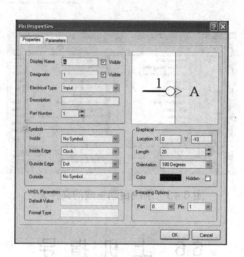

图 6.48　引脚 1 的属性设置

(8) 在元件列表框选择 Part B，执行粘贴操作，将 Part A 的电气符号粘贴至编辑区。

(9) 对当前 Part B 的电气符号进行修订。依次将引脚 1 的编号修改为 9、引脚 2 的编号修改为 10…。完成 7 只引脚编号的对应修改。

(10) 在 Part A 或 Part B 元件体外缘的适当地方放置 VCC 及 GND 引脚，并设置为隐藏。

(11) 电路制作完成，保存。

提示： 花半个小时的时间浏览 Protel DXP 的自带库元件。眼睛看着元件，心中构思画法。已经掌握的地方无需停留，没有把握的地方，停下来或记下来实际操作一下。这样做会收到事半功倍的效果。

6.7　习　　题

填空题

(1) 在 Protel 中，对元件采取库管理的方法，即所有的元件都归属于某个或某些___。

(2) 对原理图元件比较通俗的说法是_____。

(3) 电气符号编辑器提供的两个主要的绘图工具面板是：_____和_____。

(4) 电气符号的制作包括_____和_____两项基本内容。

选择题

(1) 对于原理图元件的引脚，其基本属性有_____。

　　A. 长短　　　　　B. 名称　　　　　C. 编号　　　　　D. 粗细

(2) 同一个元件允许有多个不一致的电气符号与之对应，这反映了设计的_____。

　　A. 兼容性　　　　B. 普适性　　　　C. 灵活性　　　　D. 逻辑性

(3) Dot 图符的含义是_____。

　　A. 低电平有效　　　　　　　　　B. 开集输出

C.　时钟信号输入 D.　脉冲信号输入

(4)　在元件编辑器中对元件进行属性编辑属一种_____方式。

A.　群体编辑 B.　个别编辑

C.　部分编辑 D.　不一定

判断题

(1)　对于实际元件而言，不同的元件可以有相同的电气符号。 （　　）

(2)　制作及修订电气符号必须在电气符号库中进行。 （　　）

(3)　电气符号的引脚具备电气特性，是元件的核心与关键所在。 （　　）

(4)　对引脚属性的设置最好全部在引脚属性设置面板中操作。 （　　）

简答题

(1)　简述电气符号与实际元件的区别？

(2)　常用的建库的方法有哪两种？

(3)　简述如何打开引脚属性设置对话框。

(4)　简述为什么要学习电气符号的制作及修订？

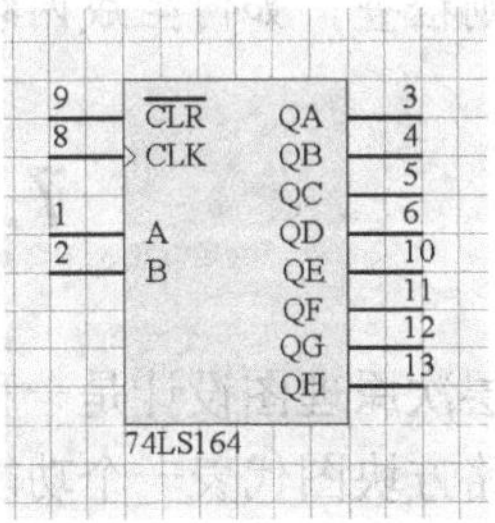

图 6.49　制作 74LS164 电气符号

操作题

制作 74LS164 的电气符号，如图 6.49 所示。(注明：第 14 脚为 VCC，第 7 脚为 GND，隐藏处理。)

第7章 原理图设计相关技术

教学提示：本章主要介绍原理图设计相关技术。首先介绍层次原理图设计方法；在设置工程选项中重点介绍 Connection Matrix 标签；通过实例完成电气规则检查(Electrical Rule Check，ERC)和纠正存在的电气错误；生成设计 PCB 所必需的网络表以及各种报表；打印输出原理图部分的打印设置。

教学目标：通过本章的学习，掌握简单的层次原理图设计，掌握如何对原理图进行电气规则检查，如何生成网络表，如何生成和读懂各种报表，以及如何打印输出原理图。

7.1 层次原理图的设计方法

层次原理图设计是一种模块化的电路设计方法，将复杂的电路按照电路的功能划分，以电路方块图代表一个功能，通过各方块图之间的输入和输出点连线来实现信号的传输。

层次原理图设计的关键在于正确地传递各方块电路符号之间的信号，设计方法一般有两种：自上而下或者自下而上。自上而下的设计方法是指在建立顶层原理图文件中，首先绘制电路方块图，然后分别在子原理图文件中绘制各电路方块图所对应的电路原理图。自下而上的设计方法是先设计各功能的子原理图，然后再综合各电路方块图采用层层向上的方法在顶层原理图中完成整个电路的设计。必须指出，无论哪种设计方法，其目的都是一样的。

7.1.1 创建层次原理图工程组

这里以基于单片机的 8 路抢答器电路为例，为初学者介绍最简单的两个层次的层次原理图设计。电路图如图 7.1 所示。

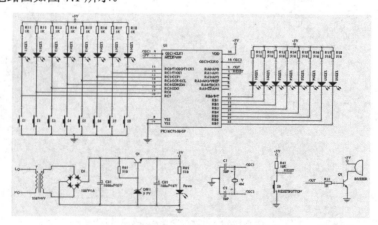

图 7.1 基于单片机的 8 路抢答器

(1) 新建一个文件夹 E:\My Design\Main circuit。

(2) 新建一个工程设计组。选择 File | New | PCB Project 命令新建一个工程设计，选择 File | Save Project Group 命令，在弹出的对话框中将 PCB 工程设计组文件的保存位置指定到 E：\ My Design \Main circuit 文件夹中。第一次保存的 PCB 工程设计文件名为 Main circuit.PrjPCB，然后紧接着才是保存工程设计组文件 Main circuit.PrjGrp，操作的结果如图 7.2 所示。

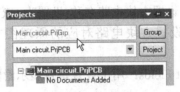

图 7.2　新建层次原理图设计工程设计组

(3) 选择 File | New | Schematic 命令在工程设计中新建一个原理图文件，保存为 Main circuit.SchDoc。

7.1.2　自上而下设计层次原理图

基于单片机的 8 路抢答器电路由 5 个模块组成：PICSCM(单片机)模块、POWER(电源)模块、CRYSTAL(晶振)模块、RESET(复位)模块和 SPEAKER(扬声器)模块。

(1) 绘制 CRYSTAL 模块。首先绘制符号 CRYSTAL，选择 Place | Sheet Symbol 命令(或者单击 Wiring 工具栏中的 ，或者按 P/S 快捷键)，然后按 Tab 键进行属性设置。CRYSTAL 方块电路符号的属性设置对话框如图 7.3 所示。

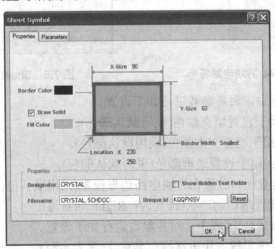

图 7.3　CRYSTAL 方块电路符号的属性设置对话框

在 Sheet Symbol(子图符号)对话框中的 Properties (属性)选项卡中，对各参数进行如下设置。

- Border Color：用于设置边框颜色(采用默认颜色)。
- Draw Solid：用于设置是否填充(采用默认值：选中状态)。

- Fill Color：用于设置填充颜色(采用默认颜色)。
- Border Width：用于设置边框宽度(采用默认值：Smallest)。
- X-Size，Y-Size：用于设置方块电路横向长度和纵向宽度(采用默认值：90、60)。
- Location(X，Y)：用于设置左下角坐标值(采用默认值，随着位置移动将会发生变化)。
- 在 Properties(属性)区域中，对各参数进行如下设置。
    ◆ Designator：用于设置方块电路名称(设置为 CRYSTAL)。
    ◆ Filename：用于设置方块电路对应的原理图文件名称(设置为 CRYSTAL. SCHDOC)。
    ◆ Show Hidden Text Fields：用于设置是否显示隐藏的文本(采用默认值：不选状态)。
    ◆ Unique ID：用于设置特殊标识符(采用默认值)。

最后单击 OK 按钮完成 CRYSTAL 方块电路符号的属性设置，结果如图 7.4 所示。

(2) 绘制 CRYSTAL 方块电路符号端口 osc1，选择 Place | Add Sheet Entry 命令，在 CRYSTAL 方块电路符号中放置 3 个端口，然后双击其中一个端口，出现的 Sheet Entry(图纸入口)对话框如图 7.5 所示。

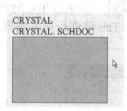

图 7.4　CRYSTAL 方块电路符号

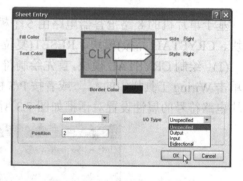

图 7.5　Sheet Entry 对话框

在图纸入口对话框中，对各参数进行如下设置。

- Fill Color：用于设置填充颜色(采用默认颜色)。
- Text Color：用于设置文本颜色(采用默认颜色)。
- Border Color：用于设置边框颜色(采用默认颜色)。
- Side：用于设置端口放置在方块电路边框位置(采用默认值：Right 右边)。
- Style：用于设置端口的形状(设置为：Right 朝右边)。
- 在 Properties (属性)区域中，对各参数进行如下设置。
    ◆ Name：用于设置方块电路端口名称(设置为 osc1)。
    ◆ Position：用于设置端口在电路模块的距上边线网格数值(设置为2)。
    ◆ I/O Type：用于设置方块电路端口输入/输出电气特性(设置为 Output)。

(3) 在完成 osc1 端口设置后再对 osc2 端口进行设置：其中 Name 为 osc2；Position 为 4，其余参数均相同。最后对 gnd 进行端口设置：Side 为 Bottom，Style 为 Left& Right，Name 为 gnd，Position 为 2，I/O Type 为 Bidirectional，设置后的 CRYSTAL 方块电路符号如

图 7.6 所示。

> 📖 **提示：**　Position 用于设置端口在电路模块的距左上角位置网格方格数。从图中可以看到：osc1 端口与左上角的垂直距离为 2 个小方格，故 Position 为 2。同理，osc2 端口的 Position 为 4。gnd 端口与左上角的水平距离为 2 个小方格，故 Position 为 2，这就是 Position 数值设置的含义。

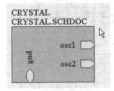

图 7.6　CRYSTAL 方块电路符号

（4）按下 P/S 快捷键放置方块电路符号，按表 7.1 分别设置 PICSCM、POWER、RESET、SPEAKER 等方块电路符号的端口参数（采用默认值的不标）。

表 7.1　PICSCM、SPEAKER、RESET、POWER 等符号的参数

模块名/参数	X-Size，Y-Size	Designator	Filename
PICSCM	120，90	PICSCM	PICSCM.SCHDOC
POWER	90，60	POWER	POWER.SCHDOC
RESET	90，60	RESET	RESET.SCHDOC
SPEAKER	90，60	SPEAKER	SPEAKER.SCHDOC

（5）按下 P/A 快捷键，按表 7.2 分别在 PICSCM、POWER、RESET、SPEAKER 等方块电路符号添加端口并设置端口参数（采用默认值的不标）。

表 7.2　PICSCM、POWER、RESET、SPEAKER 等方块电路符号的端口参数

模块端口名/参数		Side	Style	Name	Position	I/O Type
PICSCM	+ 5V	Left	Right	+ 5V	2	Input
	reset	Left	Right	reset	4	Input
	out	Right	Right	out	5	Output
	osc1	Left	Right	osc1	6	Input
	osc2	Left	Right	osc2	8	Input
	gnd	Bottom	Left& Right	gnd	6	Bidirectional
POWER	1	Left	Right	1	2	Input
	n	Left	Right	n	4	Input
	+ 5V	Right	Right	+ 5V	3	Output
	gnd	Bottom	Left& Right	gnd	4	Bidirectional
RESET	+ 5V	Right	Left	+ 5V	2	Input
	reset	Right	Right	reset	4	Output
	gnd	Bottom	Left& Right	gnd	2	Bidirectional
SPEAKER	+ 5V	Left	Right	+ 5V	2	Input
	out	Left	Right	out	4	Input
	gnd	Bottom	Left& Right	gnd	6	Bidirectional

(6) 用导线连接将各端口连接起来，连接后的 Main circuit.SchDoc 如图 7.7 所示。

(7) 由方块电路符号创建子图，选择 Design | Create Sheet From Symbol 命令，此时光标变为十字形，移动光标到方块电路 PICSCM 符号上单击，弹出 Confirm(确认)对话框，询问是否翻转输入/输出端口的方向，如图 7.8 所示。

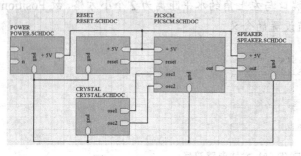

图 7.7　Main circuit.SchDoc

图 7.8　Confirm 对话框

(8) 单击 No 按钮，系统自动生成 PICSCM.SCHDOC 文件，并将方块电路 PICSCM 符号中的端口带入编辑区内，如图 7.9 所示。

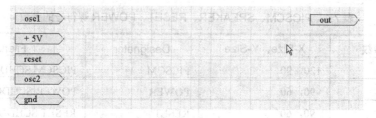

图 7.9　生成原理图文件时带入的端口

(9) 在编辑区内绘制原理图并连接端口。只需要把单片机部分复制过来并进行端口连接。为了不影响电路的图形外观，此时只需要把端口进行排列整齐(将 OUT 和 gnd 的端口方向颠倒放置)，并设置相应的网络节点与端口进行连接，完成设计后的 PICSCM.SCHDOC 如图 7.10 所示。

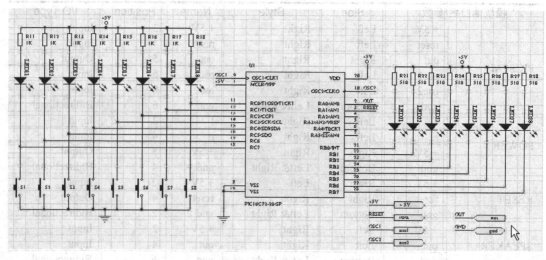

图 7.10　PICSCM.SCHDOC

(10) 将文件保存到文件夹 E:\My Design\Main circuit 中，完成 PICSCM.SCHDOC 的设计。

(11) 按上面介绍的操作步骤生成 POWER.SCHDOC 文件。执行类似的操作连接好电路并保存文件，完成设计后的 POWER.SCHDOC 如图 7.11 所示。

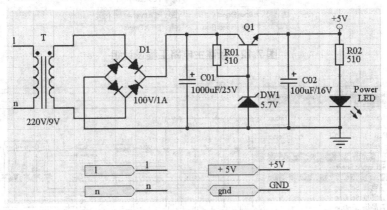

图 7.11　POWER.SCHDOC

(12) 分别生成 CRYSTAL.SCHDOC、RESET.SCHDOC、SPEAKER.SCHDOC 文件。执行类似的操作连接好电路(由于这 3 个电路比较简单,可由读者自己完成,故没有给出电路),保存文件，完成层次原理图全部子图设计。

(13) 将所有的原理图文件保存到文件夹 E:\My Design\Main circuit 中，完成层次原理图设计。

> 提示：对于接地而言，由于原理图中网络节点叫 GND，在层次原理图中接地的端口名字如果也叫 GND，在编译中就会提示错误。为了避免类似的错误，这里用大写字母表示网络节点，用小写字母表示端口名。对于电源而言，用+5V 表示网络节点，用+ 5V 端口名，中间加了一个空格。

7.1.3　自下而上设计层次原理图

采用自下而上的设计原理图的操作步骤如下。

(1) 新建一个文件夹 E:\我的设计\主电路。

(2) 新建一个工程设计文件。选择 File | New | PCB Project 命令新建一个 PCB 项目，再选择 File | Save Project As 命令，在弹出的对话框中将 PCB 文件保存位置指定到"E:\我的设计\主电路"文件夹中，命名为"主电路.PrjPCB"，新建一个 PCB 项目的操作如图 7.12 所示。

(3) 新建一个子功能原理图。选择 File | New | Schematic 命令新建原理图文件，绘制 PICSCM(单片机)模块，并命名为"单片机.SchDoc"保存在文件夹"E:\我的设计\主电路"中(为简化操作，可直接将基于单片机的 8 路抢答器电路中的单片机模块复制过来)。

(4) 按同样的方法依次建立"电源.SchDoc"、"复位.SchDoc"、"晶振.SchDoc"和"扬声器.SchDoc"文件，完成所有的 5 个子功能原理图设计，操作的结果如图 7.13 所示。

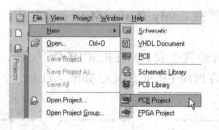

图 7.12　新建主电路工程设计组

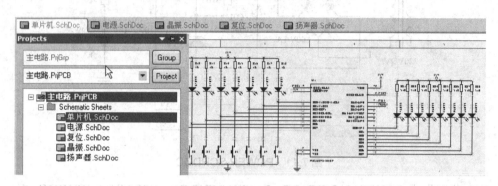

图 7.13　完成所有的 5 个子功能原理图设计

(5) 新建主原理图。选择 File | New | Schematic 命令新建原理图文件，命名为"主电路.SchDoc"保存到"E:\我的设计\主电路"文件夹中。

(6) 选择 Design | Create Symbol From Sheet 命令，出现 Choose Document to Place 对话框，如图 7.14 所示。

(7) 在列出的所有子功能原理图中，选择"单片机.SchDoc"，单击 Ok 按钮；弹出 Confirm(确认)对话框，询问是否翻转输入/输出端口的方向，单击 No 按钮，在编辑区内粘附了一个方块电路符号，放置后的操作结果如图 7.15 所示。

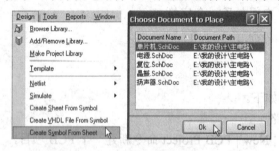

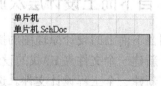

图 7.14　选择放置文件对话框　　　　　　　　图 7.15　放置单片机.SchDoc 符号

(8) 按同样的方法依次建立"电源.SchDoc"、"晶振.SchDoc"、"复位.SchDoc"和"扬声器.SchDoc"方块电路符号，完成所有的 5 个子功能方块电路符号的放置，操作的结果如图 7.16 所示。

(9) 按表 7.3 设置单片机、电源、晶振、复位和扬声器等方块电路符号的参数(采用默认值的不标)。

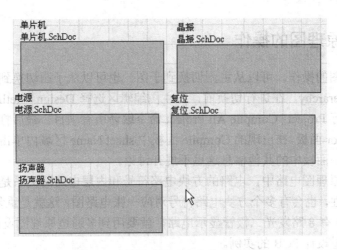

图 7.16　放置全部 5 个方块电路符号

表 7.3　PICSCM、SPEAKER、RESET、POWER 等方块电路符号的参数

模块名/参数	X-Size，Y-Size	Designator	Filename
单片机	120，90	单片机	单片机.SCHDOC
电源	90，60	电源	电源.SCHDOC
晶振	90，60	晶振	晶振.SCHDOC
复位	90，60	复位	复位.SCHDOC
扬声器	90，60	扬声器	扬声器.SCHDOC

(10) 按下 P/A 快捷键，并按表 7.2 分别在单片机、电源、晶振、复位和扬声器等方块电路符号中添加端口并设置端口参数(采用默认值的不标)。

(11) 用导线连接将各端口连接起来，保存文件连接后的"主电路.SchDoc"如图 7.17 所示。

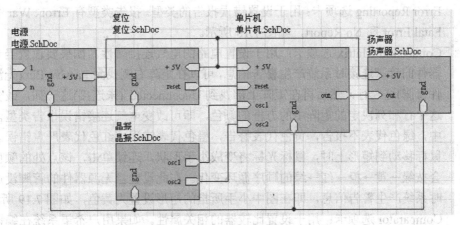

图 7.17　主电路原理图

(12) 用光标指向 Project 标签，弹出 Project 面板，右击主电路.PrjPCB，在出现的快捷菜单中选择 File | Save Project 命令，保存文件，完成自下而上的层次原理图的设计操作。

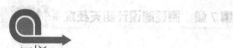

7.1.4 层次原理图的操作

对层次原理图的操作，可以从主图切换到子图，也可以从子图切换到主图，常用的命令是 UP/Down Herarchy。在进行切换前，在主图编辑区选择 Design | Netlist | Protel 命令生成网络表，再执行 Project | Compile All Project 命令编译所有项目，最后打开编辑区右下方的导航器 Navigator 面板，在出现的 Compile 面板中 sheet Name 区域内单击各文件名可以很方便地进行切换。面板中的其他信息这里不展开讨论。

常见的层次原理图电路中，电路的方块电路符号和内层电路的关系是一一对应的，但由于电路的多样性，也会有多个方块电路符号对应一张电路图，这就是重复性层次原理图。本例的 PCI16C72 有 8 路发光二极管显示电路，就要用到多通道原理图设计，在本书第 10章有一个用多通道设计 PCB 的实例。

7.2 电气规则检查

原理图中，元件之间的连接必须遵循一定的电气规则，在进行 PCB 设计之前需确保原理图电气规则的正确。通过 Protel DXP 的工程编译功能，用户可以对原理图进行电气规则错误查询。下面介绍 Protel DXP 的工程编译方法。

7.2.1 设置工程选项

在编译工程之前，用户需要对工程选项进行设置，以确定在编译时系统所做的工作和编译后系统生成的各种报告类型。

选择 Project | Project Options 命令，弹出 Options for Project 对话框，该对话框主要设置检查的项目和范围，设定电路检查连接的规则，其中包括以下内容。

- Error Reporting 选项卡：用于设置错误报告的类型。报告类型有 Error、Warning、Fatal Error 和 No Report，如图 7.18 所示。
- Connection Matrix 选项卡：用于设置电路的电气连接属性。如果要设置当无源器件的管脚连接时系统产生警告信息，可以在矩阵右侧找到 Passive Pin (无源器件管脚)这一行，然后再在矩阵上部找到 Unconnected (未连接)这一列，改变有这个行和列决定的矩阵中的方框的颜色，即可改变电气连接错误报告类型。其中，绿色代表不报告，黄色代表警告，橙色代表错误，红色代表严重错误。当鼠标移动到矩形上时，鼠标光标将变成小手形状，连续单击，该点处的颜色就会按绿→黄→橙→红→绿的顺序循环变化。在此设置当无源器件的管脚没连接时系统产生警告信息，即在图中小手所指的矩形设置为黄色，如图 7.19 所示。
- Comparator 选项卡：用于设置比较器的相关属性。如果用户希望系统在编译时提供改变元件封装的信息，在对话框中找到 Different Footprint(元件封装变化)项，单击其右侧，在出现的下拉列表中选择 Find Differences(找出不同)。如果用户对这类改变不关心，可以选择 Ignore Differences(忽略改变)项，如图 7.20

所示。

图 7.18　工程选项对话框 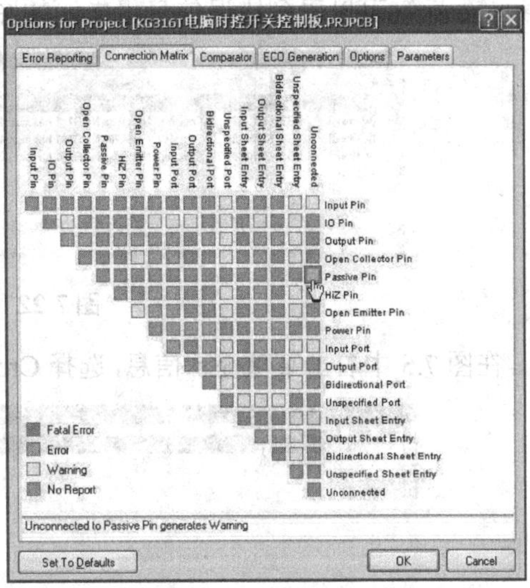　　　　　　　　图 7.19　电气连接属性设置标签

图 7.20　比较器属性设置过程

上面只介绍了工程选项中的主要设置，其他选项卡设置方法大致类似，这里就不再赘述，设置完成后单击 OK 按钮完成设置。

7.2.2　编译工程及查看系统信息

对工程进行编译，可单击 Project|Compile All Projects 命令。

以第 5 章的工程 My Project.PrjPcb 为例，介绍如何编译一个工程以及查看系统信息。打开该工程，并打开原理图文件 KG316T 电脑时控开关控制板.SchDoc，如图 7.21 所示。

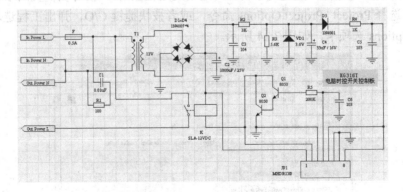

图 7.21　KG316T 电脑时控开关控制板

选择 Project | Compile All Projects 命令，或者按快捷键 C/E，生成系统信息报告，单击 Message 标签可以看到错误信息报告，如图 7.22 所示。

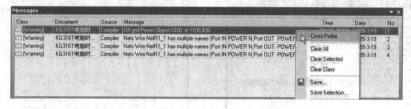

图 7.22　错误信息报告

在图 7.5 中右击某项提示信息，选择 Cross Probe 命令可以查看详细信息，如图 7.23 所示。

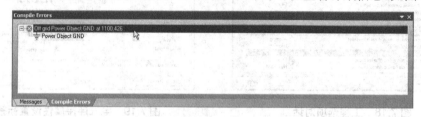

图 7.23　错误信息详细报告

7.3　网络表的生成和检查

网络表是含有电路原理图或 PCB 中元件之间连接关系的信息文本文件，它是原理图编辑器和 PCB 编辑器之间的信息接口。网络表主要有两个作用。

● 网络表文件可支持 PCB 软件的自动布线。

● 可以与最后从 PCB 图中得到的网络表文件比较，进行差错核对。

7.3.1　设置网络表

当我们绘制好电路图，且通过了 ERC (电气规则检查)后，就可以设置网络表的一些必要参数了。选择 Project | Project Options 命令，或者按快捷键 C/O，弹出工程选项对话框，然后切换 Options 选项卡，如图 7.24 所示。

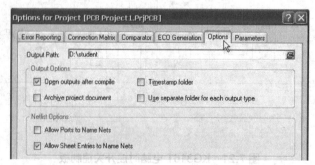

图 7.24　设置网络表参数

该选项卡中主要选项的介绍如下。

- Output Path 文本框：定义输出路径。
- Allow Ports to Name Nets 复选框：表示允许系统所产生的网络名代替与输入/输出端口相关联的网络名。
- Allow Sheet Entries to Name Nets 复选框：表示允许系统所产生的网络名代替与子图入口相关联的网络名。

7.3.2 生成网络表

选择 Design │ Netlist │ Protel 命令，或者按快捷键 D/N/P，即可生成当前项目的网络表。网络表生成后，Project 控制面板和生成的网络表(局部)如图 7.25 所示。

从网络表可以看出，每一个元件的声明部分都是以 "[" 开始，以 "]" 结束的。"[" 下面的第一行就是元件标注的声明，显示的是元件属性中的 Designator；元件标注下面一行是元件的封装。用户在进行 PCB 的设计时需要加载网络表，其中元件封装信息就是从这一行得来的。如果用户在原理图中没有定义元件封装，此行为空；再下一行就是元件标注，取自原理图中元件属性框中的 Comment 栏；元件标注下面有 3 行保留的空行，最后是 "]" 符号。

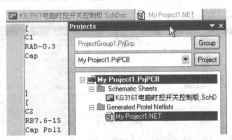

图 7.25 Project 控制面板

每一个网络定义都是以 "(" 开始，以 ")" 结束的。其中 "(" 下面第一行是一个网络节点的名称，这部分直接取自用户在原理图中的定义；下面每一行代表当前网络连接的一个引脚，一直到全部列出为止；最后一行是一个 ")" 符号。注意表内还有重要的连接信息。

7.4 生成其他报表

在设计过程中，出于存档、对照、校对以及交流等目的，总希望能够随时输出整个设计工程的相关信息。在本节中，将介绍几种常用的报表生成方法。

7.4.1 元件采购报表

当一个项目设计完成后，紧接着就要进行元件的采购。对于比较大的设计项目，元件种类很多，数目庞大，人工报表统计耗时费力。为此，Protel DXP 提供了专门的工具，可以很轻松地完成这一任务。下面以 Protel DXP 安装目录下的 Examples\4 Port Serial

Interface\4 Port Serial Interface .PRJPCB 工程为例，介绍元件采购报表的生成过程，操作步骤如下。

(1) 打开该工程中的一张原理图 ISA Bus and Address Decoding.SchDoc。

(2) 选择 Reports | Bill of Materials 命令，弹出 Bill of Materials For Project (工程元件列表)对话框，单击不同表格标题，可以使表格内容按该标题次序排列，如图 7.26 所示。

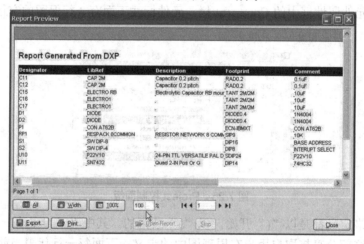

图 7.26　工程元件列表对话框

(3) 单击 Report 按钮，生成元件报告，如图 7.27 所示。

图 7.27　元件报告

在该报告中，有 3 个预览按钮，分别为 All(全屏幕显示)、Width(等宽显示)、100%(显示)。另外还有一个可供输入显示比例对话框，在该框中可以输入合适的显示比例，然后按 Enter 键即可。

(4) 单击 Print 按钮，可以从打印机中输出；单击 Export 按钮，将弹出文件保存对话框，在该对话框文件名中输入保存的文件名 ISA Bus and Address Decoding，在保存类型下拉列表中，选择保存的文件类型为 Microsoft Excel Worksheet(*.xls)，确定后即可保存元件报表文件。

(5) 报表文件生成后，单击 Open Report 按钮，显示出 Excel 格式的输出报表，如图 7.28 所示。

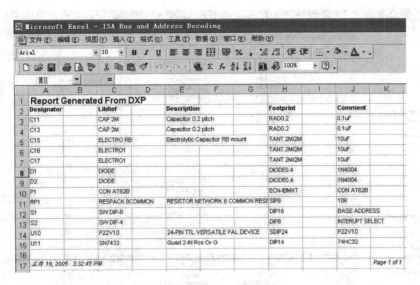

图 7.28 Excel 格式的报表

7.4.2 元件引用参考报表

前面介绍的元件采购报表将该工程中用到的所有元件列在一张表中，对于非层次结构的原理图，该报表能非常清楚地显示工程中的各种需求，但对于层次结构的原理图，有时会给工程设计带来很大不便，比如不知道该元件是用在哪张子图中，针对这个问题，本节将介绍交叉引用报表。下面以 Protel DXP 安装目录下的 Examples\4 Port Serial Interface\4 Port Serial Interface .PRJPCB 工程为例，介绍该报表的生成过程，具体操作步骤如下。

(1) 打开工程。启动 Protel DXP，打开工程 4 Port Serial Interface.PRJPCB，打开后的工程如图 7.29 所示。

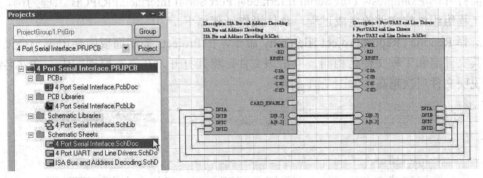

图 7.29 打开工程

(2) 选择 Reports | Component Cross Reference 命令，弹出整个工程中所用到的元件列表对话框，元件是按照原理图来分组显示的，如图 7.30 所示。

其他如保存等操作和上一节中的方法相同，在此不再赘述。

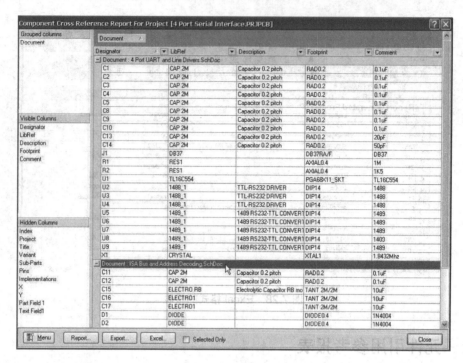

图 7.30　元件列表对话框

7.4.3　设计层次报表

在设计一个较大的工程时，电路的设计往往不是一张原理图所能完成的，而且有可能会用到层次设计。要看懂一个设计文件的电气原理图，首先必须搞清楚设计文件中所包含的各原理图的所属关系以及连接关系，Protel DXP 可以很方便地生成设计工程结构文件。以上面打开的 Examples\4 Port Serial Interface\4 Port Serial Interface.PRJPCB 工程为例，介绍设计工程组织结构文件的生成过程，具体操作步骤如下。

选择 Reports | Report Project Hierarchy 命令，在 Projects 控制面板中会出现一个报告文件，其文件名和工程文件名相同。单击该文件，将其打开，在层次原理图中，文件名越靠左，说明文件层次越高，如图 7.31 所示。

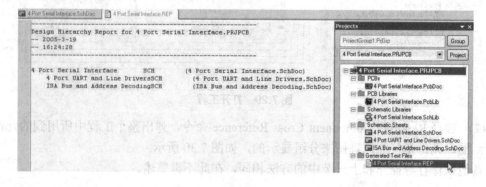

图 7.31　打开设计层次报表

7.4.4　自动编号报表

在为元件进行自动编号时，Protel DXP 也会生成自动编号报表。选择 Tools | Annotate 命令弹出 Annotate(原理图自动编号配置)对话框，如图 7.32 所示。

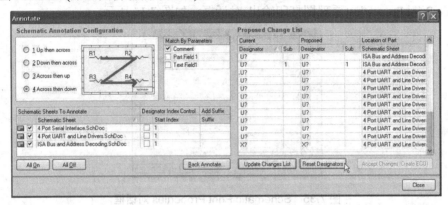

图 7.32　修改原理图自动编号配置

单击 Reset Designators 按钮，将 Accept Changes [Create ECO]按钮激活并再单击该按钮，接受对原理图自动编号配置的修改，如图 7.33 所示。

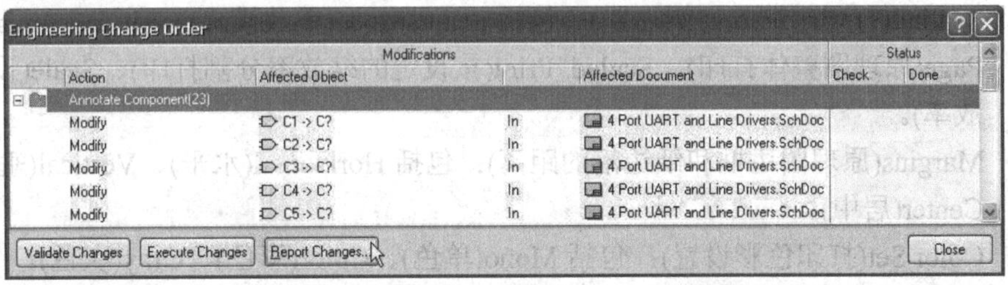

图 7.33　Engineering Change Order 对话框

单击 Report Changes 按钮，弹出元件自动编号报表，此报表既可存档，也可打印输出，如图 7.34 所示。

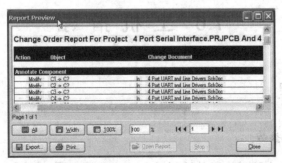

图 7.34　原理图元件自动编号报表

7.5 原理图的打印

在连有打印机的环境下，可以将原理图打印输出。选择 File | Page Setup 命令，弹出 Schematic Print Properties(原理图打印输出)对话框，如图 7.35 所示。

图 7.35 Schematic Print Properties 对话框

原理图打印输出对话框各选项介绍如下。

- Printer Paper(纸张设置)：包括 Portrait(纵向打印)、Landscape(横向打印)、Size(纸张大小)。
- Scaling(打印时缩放比例设置)：包括 Scale Mode(缩放模式)、Fit Document On Page(原理图整体打印)、Scaled Print(按设定的缩放率分割打印)、Scale(设置缩放率)。
- Margins(原理图边框和纸边沿的距离)：包括 Horizontal(水平)、Vertical(垂直)、Center(居中)。
- Color Set(打印色彩设置)：包括 Mono(单色)、Color(彩色)、Gray(灰色)。
- 3 个按钮：包括 Print(打印)、Preview(打印预览)、Printer Setup(打印机设置)。

设置完成后，可以保存设置以备下次打印。单击 Print 按钮，进入打印机的设置操作，操作完成后单击 OK 按钮，开始打印。

7.6 上 机 指 导

7.6.1 编译工程

1. 设置编译工程参数

打开的"KG316T 电脑时控开关控制板 SchDoc"原理图，如图 7.21 所示，选择 Project | Project Options 命令，弹出 Options for Project(工程选项)对话框，选择系统默认设置。分别在 Error Reporting、Connection Matrix、Comparator 3 个标签中单击 Set To Defaults 按钮，进行默认设置。

2. 执行编译工程命令

选择 Project | Compile All Projects 按钮，或者按快捷键 C/E，生成系统信息报告，单击编辑区下面的 Messages 标签可以看到错误信息报告，如图 7.36 所示。

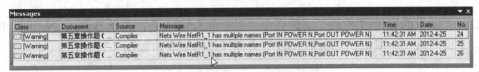

图 7.36　消息对话框

双击其中的错误或警告，则弹出错误信息对话框，如图 7.37 所示。

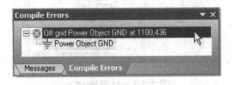

图 7.37　错误信息对话框

根据对话框中的提示信息，对电路部分进行修改，直到编译工程无警告和错误信息为止。修改后的 KG316T 电脑时控开关控制板原理图电路如图 7.38 所示。

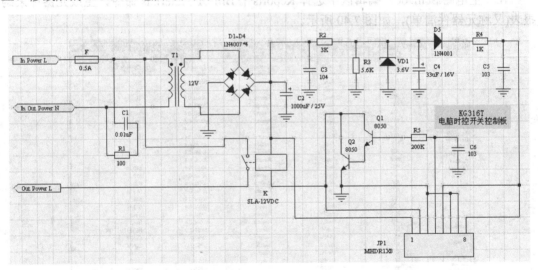

图 7.38　修改后的 KG316T 电脑时控开关控制板原理图

提示：　根据编译后的错误信息报告的分类，有 Error、Warning、Fatal Error 几种。其中对 Fatal Error(致命错误)和 Error(错误)的提示部分必须修改，对某些 Warning(警告信息)只要是不影响电路的正确性也可以忽略。

7.6.2 生成网络表及各种报表

1. 生成网络表

打开"E:\我的设计\主电路"文件夹中"主电路.SchDoc",选择 Design | Netlist | Protel 命令,生成网络表,双击"主电路.NET"文件打开网络表,如图 7.39 所示。

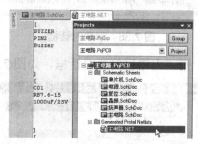

图 7.39 打开网络表

2. 生成元器件采购报表

在"主电路.SchDoc"编辑区中选择 Reports │ Bill of Materials 命令,生成元器件采购报表(又称元器件清单),如图 7.40 所示。

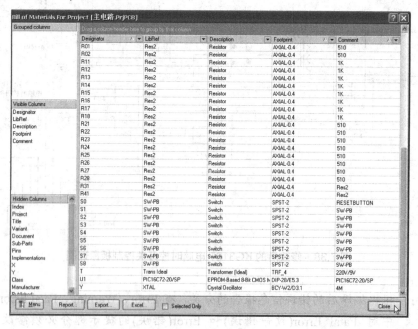

图 7.40 采购报表

3. 生成交叉元件报表

选择 Reports | Component Cross Reference 命令,生成交叉元件报表,如图 7.41 所示。

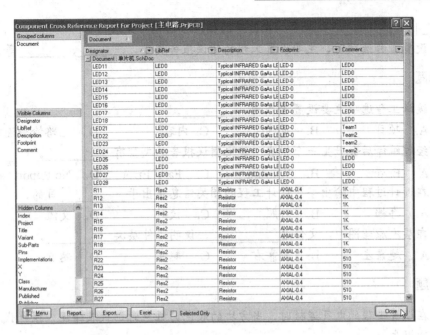

图 7.41　元件报表

4. 生成设计层次报表

选择 Reports | Report Project Hierarchy 命令，生成设计层次报表，双击"主电路.REP"
文件打开设计层次报表，如图 7.42 所示。

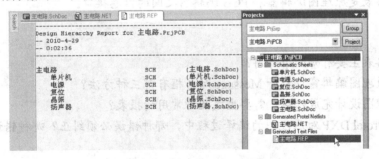

图 7.42　生成设计层次报表

7.7　习　　题

填空题

(1)　网络报表是原理图与 PCB 之间的桥梁，它主要由_____和_____两部分
组成。

(2)　在进行 PCB 设计之前需确保原理图_____的正确。

(3)　对原理图进行编译前，首先应对原理图进行 ERC 检查设置，这主要是通过选择

_____｜_____命令，在打开的相应对话框中完成。

(4) 设置工程选项时，主要设置工程的错误报告类型、_____、_____等。

选择题

(1) 编译工程选项主要设置检查的_____。

    A. 项目   B. 范围   C. 内容   D. 电路检查连接的规则

(2) 经过编译后会产生一个报告，其中错误报告的类型有_____。

    A. Error   B. Warning   C. Fatal Error   D. No Report

(3) 在设计过程中输出整个设计工程的相关信息是出于_____目的。

    A. 存档   B. 对照   C. 校对   D. 交流

(4) 在层次原理图中，文件名_____，说明文件层次_____。

    A. 越靠左   B. 越靠右   C. 越高   D. 越低

判断题

(1) 在设置工程的电气连接时，当方块的颜色为红色时则代表错误，橙色代表警告，绿色代表不报告。   (   )

(2) 在对工程进行编译过程中，只能发现有违反设计规则的提示信息，不能通过提示信息直接对原理图进行修改。   (   )

(3) 一个工程中的元件既可以生成元件列表，又可以生成工程中各原理图的元件报表。   (   )

(4) 网络表是原理图编辑器和 PCB 编辑器之间的信息接口。   (   )

简答题

(1) 网络表主要有哪两个作用？

(2) 在原理图编辑窗口打开 Message 对话框有哪三种方法？

(3) 原理图设计完成以后，需要生成几种常用的报表？

(4) 在 Protel DXP 对原理图的编译过程中，哪种错误必须纠正？哪种错误可以忽略？

操作题

请利用在第 6 章中根据图 6.19 制作的 8051 单片机芯片的电气符号(其中电解电容的电气符号要求自制)，绘制跑马灯原理图，如图 7.43 所示。

要求：

绘制跑马灯原理图后，再将跑马灯电路做成层次原理图的形式并保存。对其进行编译(在编译过程中的过滤状态下，可在快捷菜单中单击 退出过滤状态)，生成网络表、采购报表和层次报表。

提示：   在原理图中用增加网络节点的方法按功能将其分解成模块，将中文名称的功能模块用自上而下的方法设计层次原理图，而英文名称的模块用自下而上的方法设计层次原理图。

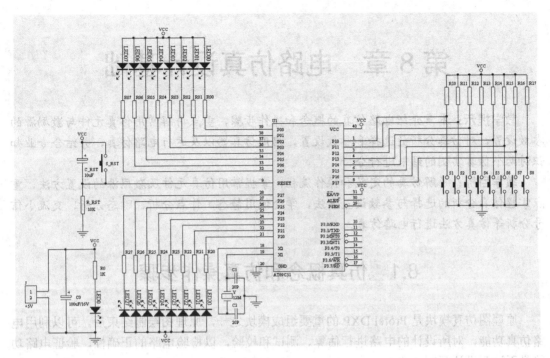

图 7.43　跑马灯原理图

第8章 电路仿真设计基础

教学提示：本章介绍电路仿真的概念和操作步骤，重点讲解常用仿真元件与激励源的参数设置，对仿真分析的选择和参数设置，启用仿真器以及运行电路仿真，并结合专业知识对两个仿真实例的结果进行分析。

教学目标：了解仿真的定义和操作流程，掌握常用仿真元件及激励源的设置方法，重点掌握仿真分析的选择与参数设置方法，学会使用静态工作点分析、瞬态分析、交流小信号分析等仿真方法进行电路仿真。

8.1 仿真概念和仿真操作步骤

原理图仿真模块是 Protel DXP 的重要组成模块之一，原理图绘制结束后，可以利用电路仿真功能，对所设计的电路进行估算、测试和校验，以检验电路的正确性，验证电路功能是否达到设计预期目的。

8.1.1 仿真概念

随着计算机技术的飞速发展，电子设计自动化(Electronic Design Automation，EDA)应用越广泛，目前绝大多数实验都可通过电路仿真进行验证。电路仿真是以电路分析理论为基础，通过建立元件数学模型，借助数值计算方法在计算机上对电路性能指标进行分析运算，然后以文字、表格、图形等方式在屏幕上显示出来。不需要实际的元件和仪器仪表设备，电路设计者就可以用电路仿真软件对电路性能进行分析和校验。采用电路仿真可以提高电子线路设计质量和可靠性，降低开发费用，减轻设计者的劳动强度，并缩短产品开发周期。

电路设计者设计完电路后，可以用电气法则测试(Electrical Rules Check，ERC)检查电路编辑中是否有错误缺陷，但不能对电路的性能做出判断。Protel DXP 内嵌的仿真软件与 PSPICE 电路仿真软件基本兼容，可以综合分析电路性能，如采用瞬态分析法观察测试点的波形，采用交流小信号分析法分析电路的幅频特性等。仿真结果以数值或波形显示的方式表达，清晰直观。

8.1.2 仿真操作步骤

在 Protel DXP 中进行电路仿真的操作步骤如下。

(1) 建立原理图文件。可以在工程项目中建立原理图文件，也可以建立自由的原理图文件。

(2) 装入所需的元件库。元件库中拟使用的元件要包含仿真信息，即该元件具有

Simulation 属性。

Protel DXP 自带的 Altium\Library\Simulation 目录下的 5 个元件库的元件都具有仿真属性，它们分别是 Simulation Math Function.IntLib(数学函数模块元件库)、Simulation Sources.IntLib(激励源元件库)、Simulation Special Function.IntLib(特殊功能模块元件库)、Simulation Transmission Line.IntLib(传输线元件库)和 Simulation Voltage Source.IntLib(电压源元件库)。另外 Miscellaneous Devices.IntLib(常用元件库)中包含的元件都有仿真属性，只有具有 Simulation 属性的元件才能进行电路仿真。

(3) 在电路图上放置元件，并设置元件的仿真参数。

(4) 绘制仿真电路原理图。其绘制方法与绘制普通电路原理图的方法相同。

(5) 放置仿真激励源。仿真过程中要使用的激励源可从 Simulation Sources.IntLib(激励源元件库)或 Simulation Voltage Source.IntLib(电压源元件库中)提取，常用的信号源也可以从仿真激励源工具栏中选取。放置后还要设置激励源的仿真参数，如直流电源电压大小，正弦交流信号的幅值、频率、相位等。

(6) 设置电路的仿真节点。通常通过放置网络标号的方法来设置要分析的电路节点。

(7) 启动仿真器。打开仿真参数设置对话框即启动仿真器。

(8) 选择仿真方式并设置仿真参数。

(9) 运行电路仿真，获得仿真结果。

(10) 根据仿真结果对电路原理图进行改进。

8.2　常用仿真元件与激励源

Miscellaneous Devices.IntLib 元件库中包含的常用元件和 Altium\Library\Simulation 目录下的 5 个元件库的元件都能进行电路仿真，其他元件库里凡具有 Simulation 属性的元件也能进行电路仿真。若不知道元件所在的元件库，可以利用查找功能进行快速搜索。找到所需要的元件后，还要进行元件仿真参数设置，这样才能满足仿真的要求。具体的设置方法将在本节详细介绍。

仿真电路图绘制完毕，还要添加所需的仿真激励源，仿真激励源可以视为一个特殊的元件，其放置、属性设置、位置调整等操作方法与一般元件相同。

对无稳态电路或双稳态电路进行仿真分析时，常需要设置电路的初始值，本节中还要介绍两类特殊的元件，即.NS 元件和.IC 元件，它们常用来设置电路的初始状态。

8.2.1　常用仿真元件

1. 电阻

电阻仿真元件在 Miscellaneous Devices.IntLib 元件库中，常用的有如图 8.1 所示的几种，其中第一行电阻图形符号为国际标准，第二行电阻图形符号为美国标准。

图 8.1 中的电阻均具有 Simulation(仿真)属性，都可用于进行电路仿真。以固定电阻为例说明仿真参数的设置。双击固定电阻的原理图符号即可进入 Component Properties(元件

仿真属性)对话框,在这个电阻元件对话框中包括4个选项组:Properties(属性)、Graphical(图形)、Parameters list for R? -Res2(参数列表)和Models list for R? -Res2(模式列表),如图8.2所示。

图8.1　常用的电阻仿真元件

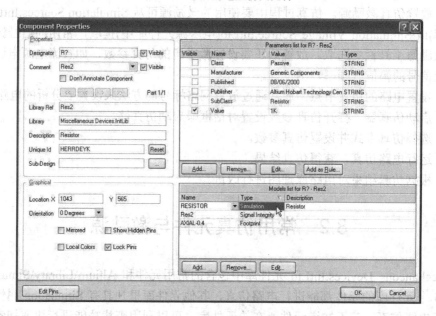

图8.2　设置电阻仿真属性

Properties(属性)选项组和Graphical(图形)选项组的相关设置不再赘述,具体可参见第2章图2.24进行类似操作。

参数列表选项组显示元件的制造商、出版者等信息,用于仿真的一些参数也在其中显示。其中该选项组中最后一行显示的是电阻阻值大小、电阻的数值类型等,可通过在相应位置上单击进行设置。

模式列表选项组对元件所具有的属性予以说明,包括 Simulation(仿真属性)、Signal Integrity(信号完整性分析属性)以及 Footprint(元件的封装形式)等,此处关注仿真属性的设置。将鼠标移到模式列表选项组中,单击 Simulation 选项后再单击 Edit 按钮,将弹出 Sim Model-General/Resistor(固定电阻常规设置)对话框,如图8.3所示。

在该对话框中,可以对 Model Kind(模式类别)、Model Sub-Kind(模式子类别)、Spice Prefix(Spice 前缀)、Model Name(模式名称)、Description(属性说明)和 Model Location(模式位置)进行设置,此处采用默认设置。单击 Parameters 标签,切换到固定电阻仿真参数设置选项卡如图8.4所示。

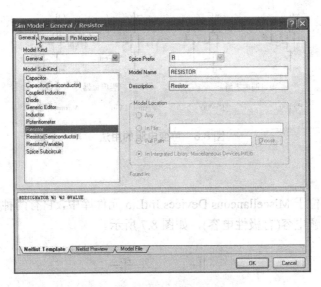

图 8.3　固定电阻常规设置对话框

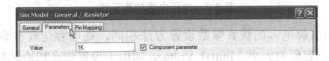

图 8.4　固定电阻仿真参数设置对话框

在该对话框中可对电阻阻值大小进行设置，如 1K，单位无需输入。设定完成后选中
Component parameter 复选框，可在参数列表区显示其内容，单击 OK 按钮，返回如图 8.2
所示对话框，至此，固定电阻仿真参数设置结束。

其他类型电阻仿真参数的设置与固定电阻参数设置方法类似，对不同的地方予以说明。
对于可变电阻的仿真参数设置对话框如图 8.5 所示。

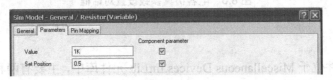

图 8.5　可变电阻的仿真参数设置对话框

其中 Value 文本框中显示的是可变电阻的最大阻值，Set Position 文本框设置可调系数，
输入范围为 0～1，而且对电位器和中心抽头电阻的仿真参数设置同样有效。可变电阻的实
际电阻值为 Value 文本框中的数值乘以 Set Position 文本框中的数值，如在 Value 文本框中
输入 1K，而 Set Position 文本框中输入 0.5，那么该可变电阻的实际电阻值为 500Ω。

对于电位器，上述的计算值是指元件引脚 2 和 3 之间的电阻值，在电位器元件属性设
置对话框的 Graphical 选项组中，选中 Show Hidden Pins 复选框就可以看到隐藏的引脚和编
号。在图 8.5 的设置中，可变电阻的用法如图 8.6 所示。

在以下的元件介绍中，仅对仿真参数设置予以说明。

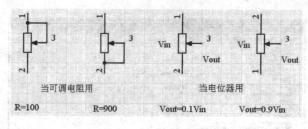

图8.6　可变电阻的用法

2. 电容

电容仿真元件位于 Miscellaneous Devices.IntLib 元件库中，它有两种类型，一种是无极性电容，一种是电解电容(有极性电容)，如图 8.7 所示。

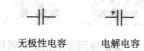

图8.7　常用电容仿真元件

无极性电容和电解电容的仿真参数设置方法相同，在电容仿真参数设置对话框里，Value 项用于设置电容值的大小，Initial Voltage 项用于设置仿真初始时刻电容两端的电压值，默认值为 0，如图 8.8 所示。

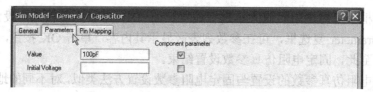

图8.8　电容仿真参数设置对话框

3. 电感

电感仿真元件位于 Miscellaneous Devices.IntLib 元件库中，主要有两种类型，一种是空芯电感，一种是铁芯电感，如图 8.9 所示。

图8.9　常用的电感仿真元件

空芯电感和铁芯电感的仿真参数设置方法相同，在电感仿真参数设置对话框里，Value 项用于设置电感值的大小，Initial Current 项用于设置仿真初始时刻流过电感的电流值，默认值为 0，如图 8.10 所示。

4. 二极管

在 Miscellaneous Devices.IntLib 元件库中有多种可用于仿真的二极管，常用的有以下几种，如图 8.11 所示。

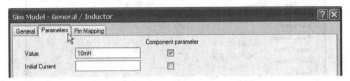

图 8.10　电感仿真参数设置对话框

普通二极管　　发光二极管　　光电二极管　　齐纳二极管　　肖特基二极管　　变容二极管

图 8.11　常用的二极管仿真元件

所有二极管的仿真参数设置方法相同，在二极管仿真参数设置对话框中：

- Area Factor：用于设置面积因子；
- Starting Condition：用于设置初始条件，在静态工作点分析中，若选择 OFF，在仿真开始时，二极管两端的电压为 0；
- Initial Voltage：用于设置二极管的初始电压值，即仿真开始时二极管两端的电压；
- Temperature：用于设置二极管的工作温度，默认值为 27℃，如图 8.12 所示。

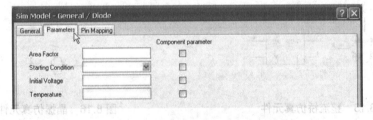

图 8.12　二极管仿真参数设置对话框

5. 三极管

在 Miscellaneous Devices.IntLib 元件库中或其他生产商的*BJT.IntLib 元件库中含有多种可以用于仿真的三极管，常用的有以下两种，如图 8.13 所示。

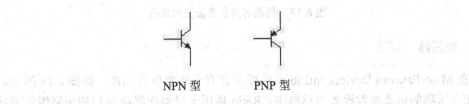

NPN 型　　　　　PNP 型

图 8.13　常用的三极管仿真元件

三极管的仿真参数设置与二极管类似，在仿真参数设置对话框中 Initial B-E Voltage 项用于设置仿真初始时刻三极管基极–发射极上的电压值，Initial C-E Voltage 项用于设置仿真初始时刻三极管集电极–发射极上的电压值，如图 8.14 所示。

第 3 章

图 8.14　三极管仿真参数设置对话框

6. 整流桥

整流桥的作用是把交流信号变成直流信号，在 Miscellaneous Devices.IntLib 元件库中有两种形式的整流桥，其功能相同，使用时不要接错，2、4 端接输入的交流信号，1、3 端接输出的直流信号，如图 8.15 所示。

7. 晶振

在 Miscellaneous Devices.IntLib 元件库中含有晶振仿真元件，如图 8.16 所示。

在晶振元件的仿真参数设置对话框中，FREQ 项用于设置晶振频率，单位为 Hz，默认值为 2.5MHz；RS 项用于设置等效串联电阻值；C 项用于设置等效电容值；Q 项用于设置品质因数，如图 8.17 所示。

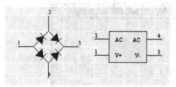

图 8.15　整流桥仿真元件

图 8.16　晶振仿真元件

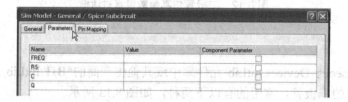

图 8.17　晶振仿真参数设置对话框

8. 变压器

在 Miscellaneous Devices.IntLib 元件库中含有变压器仿真元件，如图 8.18 所示。

在变压器的仿真参数设置对话框中，Ratio 项用于设置次级绕组与初级绕组的变比，如图 8.19 所示。

9. 集成仿真元件

在各个生产商的元件库中，存放有多种 74 系列的 TTL 和 4000 系列 CMOS 集成元件，凡是具有 Simulation 属性都可以进行电路仿真，可利用查找功能搜索所需要的元件。

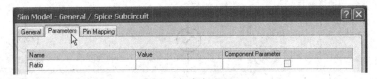

图 8.18　变压器仿真元件　　　　　　　图 8.19　变压器仿真参数设置对话框

8.2.2　常用仿真激励源

仿真电路绘制结束后，必须添加仿真激励源，才能进行电路仿真。常用的仿真激励源有以下几种。

1. 直流电源

直流电源有两种，即直流电压源和直流电流源，如图 8.20 所示，都位于 Simulation Sources.IntLib 元件库中。

直流电压源　　　　　　　直流电流源

图 8.20　直流电源仿真元件

在直流电源的仿真参数设置对话框中：

* Value：用于设置直流电源输出电压或电流的大小；
* AC Magnitude：用于设置交流信号的幅值，此处是指当进行交流小信号分析来获得电路的频率特性时，输入信号的幅值，典型值为1(当不进行小信号分析时，可任意设置)；
* AC Phase：用于设置进行交流小信号分析时输入电压或电流的相位，单位为"度"，如图 8.21 所示。

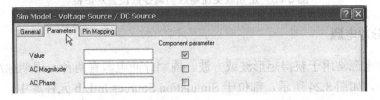

图 8.21　直流电源仿真参数设置对话框

2. 正弦波交流电源

正弦波交流电源有两种，即正弦波交流电压源和正弦波交流电流源，如图 8.22 所示，都位于 Simulation Sources.IntLib 元件库中。

正弦波交流电压源   正弦波交流电流源

图 8.22 正弦波交流电源

在正弦波交流电源的参数设置对话框中：

- DC Magnitude：用于设置直流幅值，默认值为 0，一般无需更改；
- AC Magnitude 和 AC Phase：用于设置交流幅值和交流相位，进行交流小信号分析时必须正确设置；
- Offset：用于设置直流偏移量，即叠加在正弦波信号上的直流电压或直流电流分量；
- Amplitude：用于设置正弦波电压或电流的峰值，瞬态分析时要正确设置，注意要与 AC Magnitude 项区分开；
- Frequency：用于设置正弦波电源的频率；
- Damping Factor：用于设置衰减因子，即正弦波幅值每秒下降的百分比，正值时为衰减，负值时为增大，默认值为 0，即输出为等幅正弦波；
- Phase：用于设置正弦波的初始相位，如图 8.23 所示。

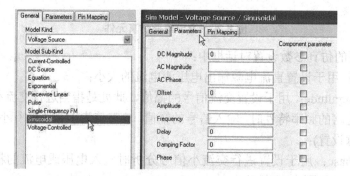

图 8.23 正弦波交流电源仿真参数设置对话框

3. 周期脉冲电源

周期脉冲电源常用于获得矩形波或方波。周期脉冲电源有两种，周期脉冲电压源和周期脉冲电流源，如图 8.24 所示，都位于 Simulation Sources.IntLib 元件库中。

周期脉冲电压源   周期脉冲电流源

图 8.24 周期脉冲电源

在周期脉冲电源仿真参数设置对话框中：

- DC Magnitude 的设置含义与正弦波交流电源相同；
- AC Magnitude 的设置含义与正弦波交流电源相同；
- AC Phase 的设置含义与正弦波交流电源相同；
- Initial Value：用于设置仿真初始时电源电压值或电流值的大小；
- Pulsed Value：用于设置电源电压或电流的幅值；
- Time Delay：用于设置电源从初值变化到脉冲值的延迟时间；
- Rise Time：用于设置电压或电流脉冲的上升时间，此项设置不能为 0，其值越小，波形越陡；
- Fall Time：用于设置电压或电流脉冲的下降时间；
- Pulse Width：用于设置脉冲宽度，单位为"秒"；
- Period：用于设置脉冲周期，单位为"秒"；
- Phase：用于设置正弦波的初始相位，如图 8.25 所示。

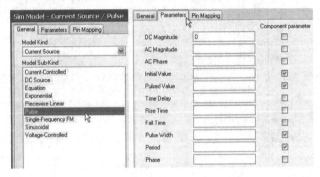

图 8.25　周期脉冲电源仿真参数设置对话框

4. 分段线性电源

分段线性电源有两种，分段线性电压源和分段线性电流源，如图 8.26 所示，都位于 Simulation Sources.IntLib 元件库中。

分段线性电压源　　　　　　　　分段线性电流源

图 8.26　分段线性电源

在分段线性电源仿真参数设置对话框中：
- DC Magnitude 的设置含义与正弦波交流电源相同；
- AC Magnitude 的设置含义与正弦波交流电源相同；
- AC Phase 的设置含义与正弦波交流电源相同；
- Time/Value Pairs：用于设置时间/幅值对，每对数据的前一个是时间，后一个是电压或电流幅值，通过 Add 或 Delete 按钮可增加或删除时间/幅值对。

进入属性设置中的参数对话框后，设置结果如图 8.27 所示。

根据图 8.27 中的设置，60μs 以后的电压或电流幅值将保持 60μs 时的值，通过分段线性电源的合理配置可方便地获得任意形状的电压或电流波形，分段线性电源波形如图 8.28 所示。

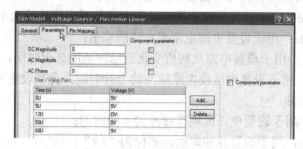

图 8.27　分段线性电源仿真参数设置对话框

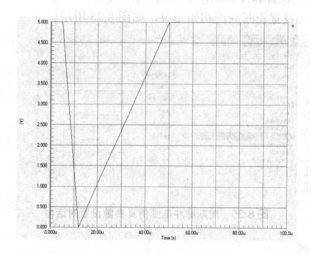

图 8.28　分段线性电源波形

💡 **注意：** 在 Time/Value Pairs 选项组中至少输入两对数据，第一对数据的时间值应设定为 0，且后一对数据的时间必须大于前一对数据的时间。

在 Simulation Sources.IntLib 元件库中还有其他仿真激励源，如指数激励源、单频调频源、线性受控源和非线性受控源等。

另外，在原理图编辑状态下，通过选择 View | Toolbars | Simulation Sources 命令显示仿真激励源工具栏，可以很方便地放置直流电压源、正弦交流电压源和周期脉冲电压源。仿真激励源工具栏如图 8.29 所示。

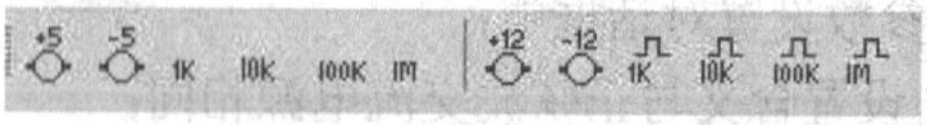

图 8.29　仿真激励源工具栏

8.2.3　初始状态的设置

为了计算电路的偏置点，有时需要在电路中设定一个或多个电压(或电流)初始值，这些工作就是设置电路的初始状态。在对非线性电路、振荡电路和触发器电路进行直流或瞬态仿真分析时，常会出现解不收敛问题，表现为无仿真结果，当然实际电路是有解的。导致这种现象的原因是偏置点发散，或收敛的偏置点不能适应多种情况，而设置初始值通常能够稳定工作点，使仿真顺利进行。

在 Protel DXP 的 Simulation Sources.IntLib 元件库中有两种特殊的元件，可用于设置电路的初始状态。

1. .NS 元件

.NS 元件用于设置节点电压，使指定的节点固定在所给定的电压下，仿真器根据这些节点电压求得直流或瞬态的初始解。节点电压设置对双稳态电路或非稳态电路收敛性的计算是必要的，它可使电路摆脱"停顿"状态，如图 8.30 所示。

.NS 元件仿真参数设置对话框 Initial Voltage 项用于设置节点电压的初始幅值，如图 8.31 所示。

图 8.30　.NS 元件　　　　　图 8.31　.NS 元件仿真参数设置对话框

2. .IC 元件

.IC 元件用于设置瞬态分析的初始条件，它要和如图 8.32 所示的瞬态分析/傅里叶分析参数设置对话框中的 Use Initial Conditions 复选框结合使用。

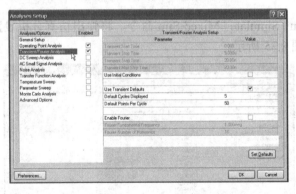

图 8.32　瞬态分析/傅里叶分析仿真参数设置对话框

在瞬态分析中，若 Use Initial Conditions 复选框没有选中，那么在瞬态分析时会先进行直流分析，将计算出的直流解作为瞬态分析的初始值。而.IC 元件设置的节点电压仅作为求解时相应节点电压初始值使用，然后，在后面的瞬态分析时将取消这些节点的电压限制。

如果选中了 Use Initial Conditions 复选框，那么在瞬态分析中，.IC 元件中所设置的数值就将作为瞬态分析时该节点的初始电压值，如图 8.33 所示。

在.IC 元件仿真参数设置对话框中 Initial Voltage 项用于设置节点电压的初始幅值，如

图 8.34 所示。

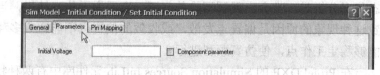

图 8.33 .IC 元件　　　　　　　　　　**图 8.34 .IC 元件仿真参数设置对话框**

综上所述，仿真电路初始状态有 3 种设置方法，即元件属性项设置、.NS 设置和.IC 设置。在电路仿真中，如有三种或两种设置方法共存时，那么元件属性项设置的优先级最高，其次是.IC 设置，.NS 设置最低。

8.3　仿真器的设置与运行

仿真电路图绘制结束后，对仿真元件进行参数设置并添加激励源，经过电气规则检查无误后就可以进行电路仿真了。在运行电路仿真之前，设计者还需要选择仿真分析方法，如采用瞬态分析，还是交流小信号分析等，并对所选用的仿真分析方法进行参数设置。运行电路仿真后，可得到以数据或波形显示方式的仿真结果，若不能进行仿真，系统会给出错误提示，设计者可根据错误提示进行电路改进。

8.3.1　启动仿真器

仿真准备工作完成之后，可启动仿真器进行电路仿真。可采用以下的方法来启动仿真器。

● 选择 Design | Simulate | Mixed Sim 命令，将弹出仿真分析设置对话框，仿真器启动，如图 8.35 所示。

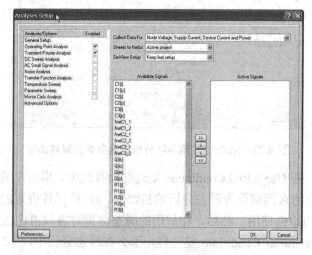

图 8.35　仿真分析设置

● 通过仿真工具栏启动仿真器。选择 View | Toolbars | Mixed Sim 命令显示仿真工

具栏，再单击 ，也可以打开仿真器，如图 8.36 所示。

图 8.36　利用仿真工具栏启动仿真器

8.3.2　设置仿真器

在如图 8.35 所示的仿真器中，Analyses/Options 选项组显示的是 Protel DXP 能进行的仿真分析类型。

设置的方法是，在 Enabled 中选中该选项，表示要进行该项仿真。单击该选项的名称，在右边出现相应的 Analyses Setup (分析设置) 区域里，可以自定义仿真参数，也可以采用系统默认的参数。在下面分别介绍对各种仿真分析方法的设置。

1. Operating Point Analysis(静态工作点分析参数设置)

静态工作点分析的仿真结果以具体数据进行显示，它主要用于判断电路的静态工作点设置是否合理，如对共射放大电路中的静态工作点的设置进行分析。

在进行瞬态分析和交流小信号分析之前，仿真程序将自动地先进行静态工作点分析。

2. Transient/Fourier Analysis(瞬态分析/傅里叶分析参数设置)

瞬态分析是时域分析，用于获得电路中节点电压、支路电流或元件功率等的瞬时值，即被测信号随时间变化的瞬态关系，它类似于用示波器观察波形。

瞬态分析是最基本、最常用的仿真分析方式。在进行瞬态分析之前，仿真程序将自动进行直流分析，并用直流解作为电路初始状态(前提条件是没有进行.IC 设置)。

傅里叶分析属于频域分析，主要用于获取非正弦信号的频谱。通过计算瞬态分析结果的一部分(一般取最后一个周期)，可以得到基频、直流分量和谐波成分。

瞬态分析/傅里叶分析的仿真参数设置对话框如图 8.32 所示。

瞬态分析/傅里叶分析的仿真参数设置对话框中：

- Transient Start Time：用于设置瞬态分析的开始时间；
- Transient Stop Time：用于设置瞬态分析的结束时间，默认值为 5.000m，当被测信号频率为 1kHz 时，可观测 5 个周期的信号，默认设置是合理的，当信号频率远离 1kHz，就要重新设置结束时间，以便获得最适宜观察的波形；
- Transient Step Time：用于设置瞬态分析的步长，步长越长，仿真过程越快，但精度差；
- Transient Max Step Time：用于设置瞬态分析的最大步长；
- Use Initial Conditions 的含义是使用初始条件，若选中此项，瞬态分析将不进行直流工作点分析，应在.IC(初始条件)中设定仿真节点的直流电压；
- Use Transient Defaults 的含义是使用默认设置，当选中此项时，Transient Start Time、Transient Stop Time、Transient Step Time 和 Transient Max Step Time 的

内容将不能更改；

- Default Cycles Displayed：用于设置默认的显示波形周期个数，默认值为 5；
- Default Points Per Cycle：用于设置每个周期采集点的个数，默认值为 50，此值越高，显示精度越高，曲线越光滑，但仿真过程越慢；
- Enable Fourier：用于设置是否进行傅里叶分析；
- Fourier Fundamental Frequency：用于设置傅里叶分析的基频；
- Fourier Number of Harmonics：用于设置谐波分量的数目；

在对话框的右下角，Set Defaults 按钮用于将所有参数设为默认值。

3. DC Sweep Analysis Setup(直流扫描分析参数设置)

直流扫描分析的主要功能是对电源的电压和电流进行扫描，即当电源的电压或电流变化时，对各个节点的电压或电流变化进行测试。

直流扫描分析仿真参数设置对话框如图 8.37 所示。

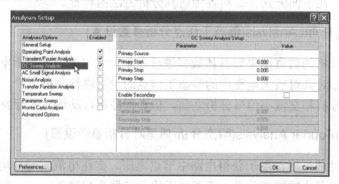

图 8.37 直流扫描分析仿真参数设置对话框

直流扫描分析仿真参数设置对话框中：

- Primary Source：用于选择主电源，若有多个电源，可在 Value 列选择进行扫描的电源；
- Primary Start：用于设置主电源的扫描起始值；
- Primary Stop：用于设置主电源的扫描终止值；
- Primary Step：用于设置主电源的扫描步长；
- Enable Secondary：用于启用从电源进行直流扫描分析；
- Secondary Name：用于选择从电源的名称；
- Secondary Start：用于设置从电源的扫描起始值；
- Secondary Stop：用于设置从电源的扫描终止值；
- Secondary Step：用于设置从电源的扫描步长。

4. AC Small Signal Analysis(交流小信号分析参数设置)

交流小信号分析常用于获得放大器、滤波器等电路的幅频特性和相频特性等。使用时输入信号的幅值保持不变，测试输出信号的幅值或相位与输入信号频率变化之间的关系。交流小信号分析属于典型的频域分析，类似于用扫频仪观察电路的幅频特性或相频特性。

交流小信号分析也是一种很常用的仿真分析方法。

交流小信号分析仿真参数设置对话框如图 8.38 所示。

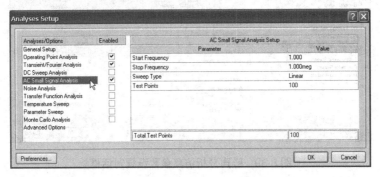

图 8.38　交流小信号分析仿真参数设置对话框

交流小信号分析的仿真参数设置对话框中：

● Start Frequency：用于设置扫描起始频率，默认值为 1Hz，此项不能为 0；

● Stop Frequency：用于设置扫描终止频率(1.000meg=10^6)，终止频率的大小与电路性质以及输入信号可能包含的最大谐波分量有关；

● Sweep Type：用于设置频率扫描方式，有 3 种扫描方式可供选择：线性扫描方式(Linear)、对数扫描方式(Decade)和 8 倍频扫描方式(Octave)；

● Test Points：用于设置测试点的个数，测试点个数少，测试精度低；测试点个数多时，精度高，但仿真过程慢。在对话框右下角显示总测试点(Total Test Points)的个数。

5. Noise Analysis (噪声分析参数设置)

噪声分析主要用来测量电阻或半导体产生的噪声，而把电容、电感和受控源看做理想的无噪声的元件。其原理是对每个元件的噪声源，在交流小信号分析的每个频率上计算出相应的噪声，并传送到一个节点，对所有传送到该节点的噪声进行均方根值相加，就可得到指定输出端的等效输出噪声。

在对话框右下角显示总测试点的个数(Total Test Points)。噪声分析仿真参数设置对话框如图 8.39 所示。

噪声分析仿真参数设置对话框中：

● Noise Source：用于设置噪声源；

● Start Frequency：用于设置起始频率；

● Stop Frequency：用于设置终止频率；

● Sweep Type：用于设置扫描方式；

● Test Points：用于设置测试点个数；

● Points Per Summary：用于选择所计算的节点数目；

● Output Node：用于设置噪声输出节点；

● Reference Node：用于设置噪声参考点。

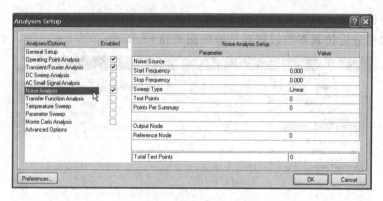

图 8.39　噪声分析仿真参数设置对话框

6. Transfer Function Analysis (传递函数分析参数设置)

传递函数分析主要用来计算电路输入阻抗、输出阻抗以及直流增益。

传递函数分析仿真参数设置对话框如图 8.40 所示。

传递函数分析仿真参数设置对话框中：

● 　Source Name：用于选择激励电源；

● 　Reference Node：用于设置参考节点。

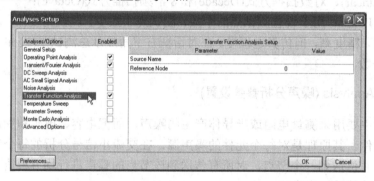

图 8.40　传递函数分析仿真参数设置对话框

7. Temperature Sweep (温度扫描分析参数设置)

仿真元件的参数都假定是常温值，但电路中的元件的参数随温度变化而变化，温度扫描分析就是模拟环境温度变化时电路性能指标的变化情况。在进行瞬态分析、交流小信号分析和直流扫描分析时，启用温度扫描分析即可获得电路中有关性能指标随温度变化的情况。

温度扫描分析仿真参数设置对话框如图 8.41 所示。

温度扫描分析仿真参数设置对话框中：

● 　Start Temperature：用于设置扫描起始温度；

● 　Stop Temperature：用于设置扫描终止温度；

● 　Step Temperature：用于设置温度扫描步长。

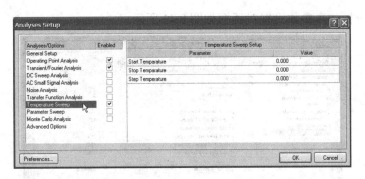

图 8.41　温度扫描分析仿真参数设置对话框

8. Parameter Sweep (参数扫描分析设置)

参数扫描分析用来分析电路中某一元件参数变化时对电路性能的影响，常用于确定电路中某些关键元件的取值。在进行瞬态特性分析、交流小信号分析或直流扫描分析时，同时启动参数扫描分析，即可获得电路中特定元件参数对电路性能的影响。

参数扫描分析设置对话框如图 8.42 所示。

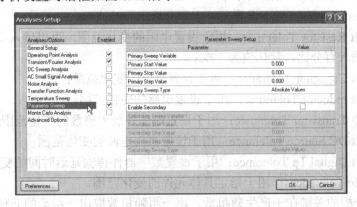

图 8.42　参数扫描分析设置对话框

参数扫描分析仿真参数设置对话框中：

● Primary Sweep Variable：用于选择主扫描对象；

● Primary Start Value：用于设置主扫描对象的扫描初始值；

● Primary Stop Value：用于设置主扫描对象的扫描终止值；

● Primary Step Type：用于设置主扫描对象的扫描步长；

● Primary Sweep Type：用于设置主扫描对象的扫描方式，有 Absolute Values (绝对增量式)和 Relative Values (相对增量式)两种方法；

● Enable Secondary：用于设置是否启用从对象扫描。

9. Monte Carlo Analysis (蒙特卡罗分析)

蒙特卡罗分析是使用随机数发生器根据元件值的概率分布来选择元件，然后对电路进行模拟分析，它常与瞬态分析、交流小信号分析结合使用来预算出电路性能的统计分布规律以及电路合格率、生产成本等。

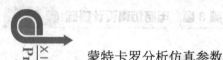

蒙特卡罗分析仿真参数设置对话框如图 8.43 所示。

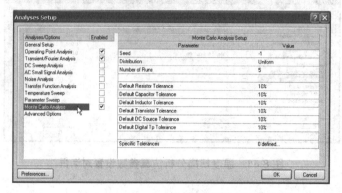

图 8.43　蒙特卡罗分析仿真参数设置对话框

蒙特卡罗分析仿真参数设置对话框中:

- Seed:用于设置随机数,默认值为-1;
- Distribution:用于设置容差分布形式,其分布规律有 3 种,即 Uniform (均匀分布)、Gaussian (高斯曲线分布)和 Worst Case (最坏情况分布);
- Number of Runs:用于设置蒙特卡罗分析运行的次数;
- Default Resistor Tolerance:用于设置电阻的变化范围,可以输入具体的数值,也可输入百分比,默认值为 10%;
- Default Capacitor Tolerance:用于设置电容的变化范围;
- Default Inductor Tolerance:用于设置电感的变化范围;
- Default Transistor Tolerance:用于设置晶体管放大倍数的变化范围;
- Default DC Source Tolerance:用于设置直流电源的变化范围;
- Default Digital Tp Tolerance:用于设置数字器件传输延迟时间的变化范围;
- Specific Tolerances:用于指定具体元件的变化范围。

蒙特卡罗分析的关键在于产生随机数,用一组随机数取出一组新的元件值,之后对指定的电路进行模拟分析,只要进行的次数足够多,就可以得出满足一定分布规律、一定变化范围的元件在随机取值下整个电路的统计分析。

10. General Setup(常规设置)

在仿真分析的 General Setup (常规设置)对话框中,Collect Data For 为数据收集类型选项,在下拉列表框中有 5 种类型:

- Node Voltage and Supply Current 的含义是收集节点电压和电源电流;
- Node Voltage,Supply and Devices Current 的含义是收集节点电压、电源和元件上电流;
- Node Voltage,Supply Current,Devices Current and Power 的含义是收集节点电压、电源和元件上的电流以及功率;
- Node Voltage,Supply Current and Subcircuit VARS 的含义是收集节点电压、电源电流以及子电路上的电压或电流;
- Active Signal 的含义是收集激活信号,主要包括元件上的电流、功耗、阻抗及添加网络标号的节点上的电压等。

要收集的参数越多，仿真运行时间越长。数据收集类型选项如图 8.44 所示。

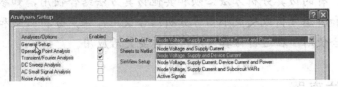

图 8.44　数据收集类型列表

在 Sheets to Netlist 下拉列表中，可以选择生成网络表的原理图范围。

● Active sheet 仅对激活状态下的原理图有效；

● Active project 对处于激活状态下的整个工程项目都有效，如图 8.45 所示。

在 SimView Setup 下拉列表框中，可以对信号的显示选项进行设置。

● Keep last setup 的功能是保持最近的设置进行仿真并显示，如果对一个电路原理
图已经进行一次仿真分析了，那么该分析的仿真设置将会自动保存，在以后的
仿真中，将使用此分析设置进行仿真并显示；

● Show active signals 选项用来显示激活信号，如图 8.46 所示。

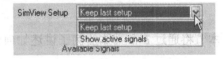

图 8.45　选择生成网络表的原理图范围　　　**图 8.46　设置显示信号选项**

Available signals 列表框中显示的是可以进行仿真分析的有效信号；

Active signals 列表框中显示的是激活的信号，仿真时自动显示该区域中的信号。

其中⟫是把有效信号列表框内的所有信号移到激活信号列表框内，而⟪的作用与之
相反；

在有效信号列表框内，单击某一信号进行选择后，再单击⟩，即可把此信号添加到激
活信号列表框内(也可直接双击信号进行添加)，而按钮⟨的功能与之相反。有效信号和激
活信号列表如图 8.47 所示。

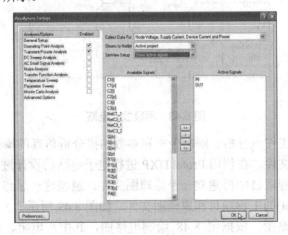

图 8.47　有效信号和激活信号列表

注意： 有的仿真方法可以单独进行，如静态工作点分析、瞬态分析或交流小信号分析。有的仿真分析方法必须和其他仿真方法结合使用，如参数扫描分析，必须和瞬态分析或交流小信号分析结合使用，噪声分析必须和交流小信号分析结合使用。在进行仿真方法选择时要灵活应用。

8.3.3 运行仿真器

仿真电路图绘制并检查结束，进行仿真参数设置后，单击 OK 按钮就可以运行电路仿真了。仿真完成后，将产生一系列的文件，如进行瞬态分析或交流小信号分析后，将产生后缀名为.sdf 的文件，该文件为输出波形的显示文件，借助仿真波形，设计者就可对所设计的电路进行分析，可以很方便地发现设计中的问题，对电路进行改进。如果仿真电路中存在错误，电路仿真不能正常进行，仿真器就会自动生成错误报告，设计者可查看发生的错误，返回到原理图中进行修改，重新仿真。

8.4 上 机 指 导

本节将通过 3 个具体的例子讲述如何在 Protel DXP 环境下进行电路仿真。

8.4.1 带直流偏置的两级共射放大电路

一个带直流偏置的两级共射放大电路如图 8.48 所示。

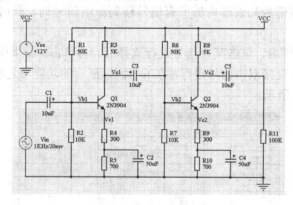

图 8.48 两级放大电路

对电路进行静态工作点分析、瞬态分析和参数扫描分析仿真的操作步骤如下。

(1) 建立原理图文件。在使用 Protel DXP 进行电子电路的设计过程中，一般要先建立一个工程项目，在工程项目中再建立一个原理图文件。遵循这一思路，建立并保存在指定文件夹下(如 D:\student)的工程项目和原理图文件，如图 8.49 所示。

(2) 绘制仿真电路图。依据图 8.48 绘制电路图，其中，电阻、电容和三极管元件从 Miscellaneous Devices.IntLib 库中提取，直流电压源和正弦波电压源从 Simulation

Sources.IntLib 库中提取，也可直接从如图 8.29 所示的仿真激励源工具栏选取，并对上述三种元件的参数进行设置，其中正弦波电压源的幅值为 20mV，频率为 1kHz，其他设置项内容为默认设置。

图 8.49　建好的工程项目和原理图文件

（3）放置网络标号。在两个三极管的基极、发射极和集电极分别放置网络标号 vb1、ve1、vc1、vb2、ve2、vc2，用来测试这几个点的仿真数据，原理图绘制结束后保存文件。

注意： 网络标号一定要放在元件的管脚外端点或导线上，否则在仿真分析设置对话框的 Available Signals 列表框内将不显示。

（4）进行静态工作点分析仿真参数设置。单击仿真工具栏中的 Setup Mixed-Signal Simulation，打开静态工作点分析仿真参数设置对话框。选中 Operating Point Analysis 复选框对静态工作点仿真参数进行设置，其中，在 Collect Data For 下拉列表框中选择 Node Voltage，Supply Current，Devices Current and Power，Sheets to Netlist 下拉列表框中选择 Active sheet，SimView Setup 下拉列表框中选择 Show active signals。同时把 Available Signals 列表框内的 VB1、VB2、VC1、VC2、VE1 和 VE2 添加到 Active Signals 列表框内，最终设置结果如图 8.50 所示。

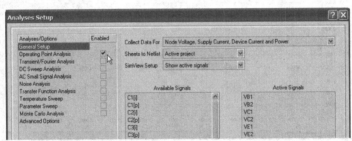

图 8.50　静态工作点分析仿真参数设置对话框

（5）运行静态工作点分析仿真。设置结束后单击 OK 按钮，运行电路仿真，仿真结果以后缀名为.sdf 的文件保存在设计数据库文件中，为区分其他的仿真方法生成的文件，把文件名保存为"两级放大电路静态工作点.sdf"。对数据进行分析可知，集电极电压 vc1 与发射极电压 ve1 之差约为 5.3V，接近电源电压值的一半，静态工作点的设置是合理的，生成的仿真结果如图 8.51 所示。

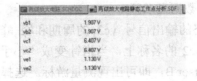

图 8.51　静态工作点分析仿真结果

(6) 进行瞬态分析仿真参数设置。静态工作点分析保持选中状态，从 Active Signals 列表框内取消测试点 VE1、VE2，进行瞬态分析仿真的常规设置：VB1 和 VC1 用来测试第一级放大电路的输入信号和输出信号，VB2 和 VC2 用来测试第二级放大电路的输入信号和输出信号。瞬态分析的仿真参数设置采用默认设置(因信号频率为 1kHz，默认设置是合理的)，设置如图 8.52 所示。

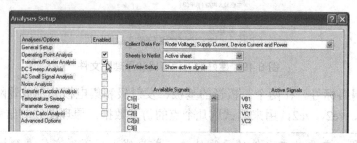

图 8.52 瞬态分析常规设置对话框

(7) 运行瞬态分析仿真。设置结束后单击 OK 按钮，运行电路仿真，把仿真结果保存为"两级放大电路瞬态分析.sdf"。从仿真结果可判断，此电路实现了信号的无失真放大功能，各观测点 vb1、 vc1 、vb2、 vc2 仿真波形如图 8.53 所示。

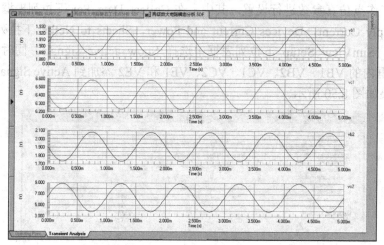

图 8.53 瞬态分析仿真波形

(8) 对仿真波形的精确测量。从图 8.53 可大致判断此电路放大时无失真，但无法计算放大电路的准确放大倍数，可以使用仿真器所带的测量游标对仿真波形进行精确测量。

在当前的"两级放大电路瞬态分析.sdf"文件窗口，把鼠标移到窗口右下角标签栏，单击 Panels 标签，选择 SimDataPanel 选项，如图 8.54 所示，可调出仿真数据面板，它由 3 部分组成，分别为 Waveforms(波形名称列表区)、Measurement Cursors (游标测量视图区)和 Waveform Measurements(波形数据显示区)。

现在以测量两级放大电路的输出信号 vc2 的周期和峰-峰值为例来说明如何使用测量游标。把鼠标指针放在信号 vc2 的名称上，当指针变成"小手"形状时右击，在弹出的快捷菜单中选择 Cursor A 和 Cursor B，即可出现测量游标。选择 Cursor A 后再选择 Cursor B 的操作，如图 8.55 所示。

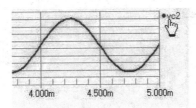
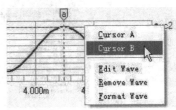

图 8.54　调用仿真数据面板　　　　　图 8.55　调出测量游标

接着再介绍测量两级放大电路输出信号 vc2 周期的方法。把游标和分别放在相邻波峰处，如图 8.56 所示。

在仿真数据面板内的游标测量视图区即可显示测量游标与波形相交点的坐标，其中 X 值为测量点的时间(单位为秒)，Y 值为测量点的电压值(单位为伏特)，并且给出了 B-A 的值，其中 X 值为两个测量点的时间差，即信号周期，其值为 1.0000m(单位为秒)，如图 8.57 所示。

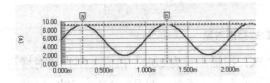

图 8.56　利用测量游标测量信号 vc2 周期　　图 8.57　信号 vc2 周期测量结果

最后讲述如何测量信号 vc2 峰-峰值。把测量游标和分别放在波峰和波谷处，如图 8.58 所示。

在仿真数据面板内的游标测量视图区显示了 B-A 的值，其中 Y 值为两个测量点的电压差，即为信号的峰-峰值，其值为 7.3287V，由于输入信号的幅值为 20mV，由此可以得出两级放大电路的电压放大倍数为 A=7.3287/0.04=183 倍，如图 8.59 所示。

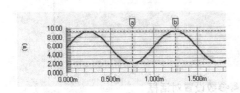
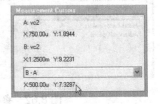

图 8.58　利用测量游标测量信号 vc2 峰-峰值　　图 8.59　信号 vc2 峰-峰值测量结果

(9)　进行参数扫描分析仿真参数设置。对如图 8.48 所示的两级放大电路中的电阻 R6 进行参数扫描仿真，以观察 R6 的变化对输出波形的影响。

单击仿真工具栏 Setup Mixed-Signal Simulation 的，对参数扫描分析仿真参数进行设置。把参数扫描分析与静态工作点分析和瞬态分析同时选中，激活电路输出信号 VC2，即观察电路输出信号与 R6 阻值变化之间的关系。参数扫描分析的常规设置如图 8.60 所示。

选中图 8.61 中的 Parameter Sweep 复选框，即可打开参数扫描分析仿真参数设置对话框。设置主参数扫描选项为 R6，即对 R6 进行参数扫描，如图 8.61 所示。

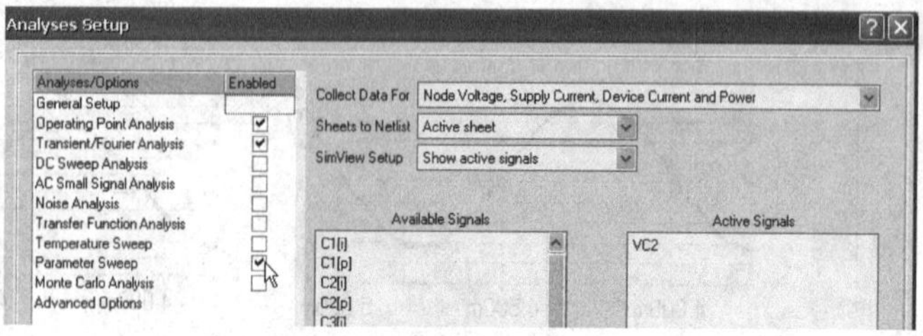

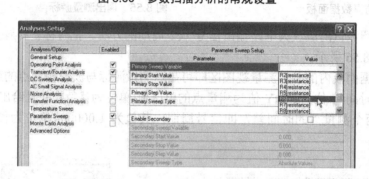

图 8.60　参数扫描分析的常规设置

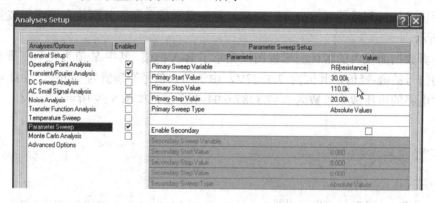

图 8.61　设置参数扫描对象

　　设置扫描起始值为 30K，扫描终止值为 110K，扫描步长为 20K，扫描类型为绝对增量方式，不启用从参数扫描。由此可以计算出共设置 5 个测试点，即 R6 分别为 30K、50K、70K、90K 和 110K。最终设置结果如图 8.62 所示。

图 8.62　参数扫描分析仿真参数设置对话框

　　(10) 运行参数扫描分析仿真。设置结束后单击 OK 按钮，运行参数扫描分析仿真，将生成的文件保存为"两级放大电路参数扫描分析.sdf"，仿真波形如图 8.63 所示。

　　图 8.63 上面的波形为 R6=50K 时的输出信号 vc2 的仿真波形。下面的波形从下到上分别为 vc2-p1、vc2-p2、vc2-p3、vc2-p4 和 vc2-p5，分别代表 R6 分别为 30K、50K、70K、90K 和 110K 时的输出信号 vc2 的仿真波形，由图示可以看出，当 R6 阻值较小时，输出波形出现饱和失真，当 R6 阻值增加到适当值时，电路可实现无失真放大功能，当 R6 的值继续增大时，会出现截止失真。因此常利用参数扫描分析来确定某一元件在电路中工作的最佳参数。

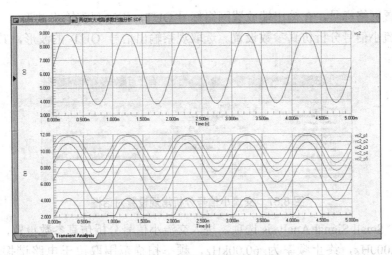

图 8.63 参数扫描分析仿真波形

8.4.2 RLC 并联谐振电路

下面讲述如何对 RLC 并联谐振电路进行交流小信号分析，从而获得电路的谐振频率值。RLC 并联谐振电路如图 8.64 所示。具体操作步骤如下。

(1) 建立原理图文件。建立并保存在指定目录下的原理图文件如图 8.65 所示。

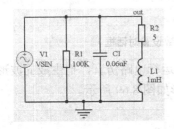

图 8.64 RLC 并联谐振电路

图 8.65 建好的工程项目和原理图文件

(2) 绘制仿真电路图。其中电阻、电容和电感元件从 Miscellaneous Devices.IntLib 库中提取，正弦波电压源从 Simulation Sources.IntLib 库中提取，并对上述元件的参数进行设置，其中正弦波电压源仿真参数设置如图 8.66 所示。

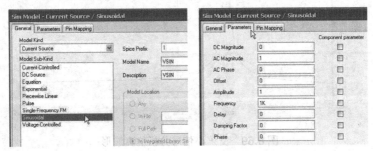

图 8.66 正弦波电压源仿真参数设置

(3) 放置网络标号。在输出端放置网络标号 OUT，用来观察输出波形。

(4) 交流小信号分析仿真参数设置。选取观察输出信号 OUT 的波形，其常规设置如图 8.67 所示。

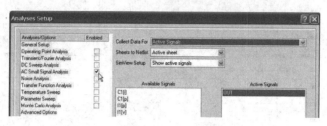

图 8.67 交流小信号分析常规设置对话框

单击 AC Small Signal Analysis 选项，进入交流小信号分析仿真参数设置，设置扫描起始频率为 1.000Hz，终止频率为 60.00kHz，频率扫描范围取决于电路谐振频率的大小（$f = 1/2\pi\sqrt{LC} = 20.557$kHz），采用线性扫描方式，测试点个数为 1000 个，设置结果如图 8.68 所示。

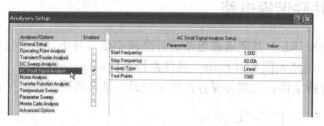

图 8.68 交流小信号分析仿真参数设置对话框

(5) 运行电路仿真。设置结束后单击 OK 按钮，运行电路仿真，把生成的波形文件保存为"并联谐振电路交流小信号分析.sdf"，仿真波形如图 8.69 所示。

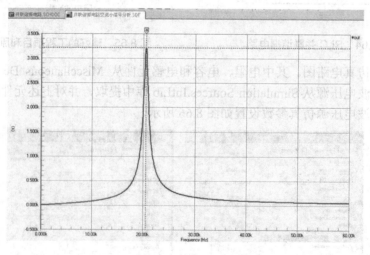

图 8.69 交流小信号分析仿真波形

(6) 获取测量结果。在图 8.69 中使用测量游标对谐振点的谐振频率进行测量，通过仿真数据面板的游标测量视图区可读出测量结果，谐振频率为 20.557kHz，如图 8.70 所示。

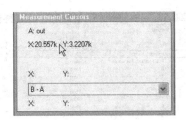

图 8.70　谐振频率测量结果

将仿真结果与理论计算结果进行对比，可以看出二者数据完全吻合。

8.4.3　数字电路仿真

前面介绍了两个模拟电路的仿真实例，下面再以一个计数与译码显示电路为例，讲解数字电路仿真，电路如图 8.71 所示。

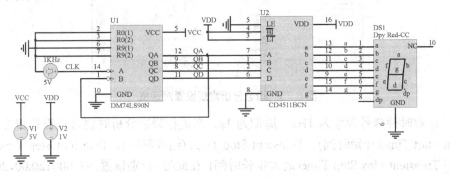

图 8.71　计数与译码显示电路

对电路工作原理进行简要说明如下。

在计数器芯片 DM74LS90N 中，A、B 为 CLK 输入端，QA、QB、QC、QD 为计数器输出端，将 QA 与 B 端相连实现十进制计数功能，R0(1)、R0(2)、R9(1)、R9(2)为置数端，此处接地，使芯片具有计数功能，该芯片电源电压 VCC 为 5V；CD4511BCN 为 7 段显示译码器，A、B、C、D 为输入端，a、b、c、d、e、f、g 为输出端，BI 端为消隐控制端，低电平时无显示，LT 为测试控制端，低电平时显示"8"，此处这两个信号接 VDD，LE 为锁定控制端，此处接地实现译码输出功能，VDD 为电源输入端，此处设定为 1V；Dpy Red-CC 为 7 段显示数码管，用来显示计数结果。

对此数字电路进行瞬态分析的操作步骤如下。

(1) 绘制原理图，设置网络标号。建立独立的原理图文件；查找到所需的芯片，并放置到合适位置上；连接电路，放置网络标号；设置直流电压源 V1、V2，分别为 5V 和 1V；设置计数时钟 CLK 信号，频率为 1Hz 的方波，幅值为 5V，电路绘制完成后保存。CLK 信号仿真参数设置如图 8.72 所示。

(2) 瞬态分析仿真参数设置。打开仿真参数设置对话框，这里选择静态工作点分析和瞬态分析，其中要观察的信号有：计数时钟信号 CLK、计数器输出信号 QA、QB、QC、QD 和译码器输出信号 a、b、c、d、e、f、g。瞬态分析常规设置对话框如图 8.73 所示。

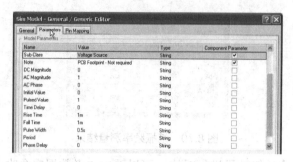

图 8.72　CLK 信号仿真参数设置

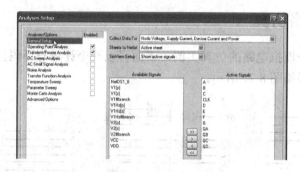

图 8.73　瞬态分析常规设置对话框

由于计数时钟信号频率为 1Hz，周期为 1s。在进行瞬态分析时要合理设置瞬态分析的 Transient Start Time(开始时间)、Transient Stop Time (结束时间)、Transient Step Time (步长时间) 和 Transient Max Step Time(最大步长时间)。在此处，分别设置为 0.000、20.00、20.00m、20.00m，即观察 20 个周期时钟信号 CLK 输入时，各输出点的波形情况。瞬态分析时间参数设置对话框如图 8.74 所示。

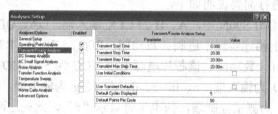

图 8.74　瞬态分析时间参数设置对话框

(3) 运行电路仿真。选择菜单命令 Design | Simulate | Mixed Sim，在打开的分析设置对话框中单击 OK 按钮即可运行电路仿真。

为更好地理解计数——译码电路信号变换过程，对仿真波形的显示顺序进行了调整，最上面是时钟信号 CLK 波形，然后是计数器输出信号 QA、QB、QC、QD 的波形，最后面的是译码器输出信号 a、b、c、d、e、f、g 的波形。

仿真波形的显示顺序进行调整的操作方法：将鼠标指针放在波形名称上(如 CLK)，按住鼠标左键不松开并拖动鼠标即可移动波形位置。

对仿真波形进行分析可知，此电路实现了十进制计数，并对计数器输出结果进行 7 段显示译码。计数译码电路各观测点 CLK、QA、QB、QC、QD、a、b、c、d、e、f、g 的仿真波形如图 8.75 所示。

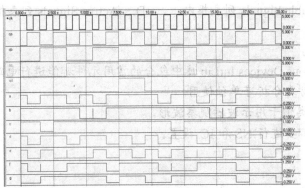

图 8.75　计数译码电路瞬态分析仿真波形

8.5　习　题

填空题

(1) 要进行电路仿真的元件须具有_____属性；常用的仿真元件位于_____元件库中；常用的仿真激励源位于_____文件夹下。

(2) 在正弦波电压源仿真参数设置对话框中，Amplitude 项用于设置电压源的_____；Frequency 项用于设置电压源的_____；若进行交流小信号分析时须设置交流幅值 AC Magnitude 项，其典型值为_____V。

(3) 交流小信号分析的主要用途是获取电路的_____或_____。

(4) 瞬态分析仿真参数设置中，Transient Start Time 用于设置瞬态分析的_____；Transient Stop Time 用于设置瞬态分析的_____；Transient Step Time 用于设置瞬态分析的_____；当被测信号频率为 20kHz，且要观测 5 个周期的波形，Transient Start Time 的值为 0，则 Transient Stop Time 应为_____。

选择题

(1) 对一电位器进行如下仿真参数设置：Value 项输入 10K，Set Position 项设置为 0.4，则此电位器 1、3 引脚之间的电阻值为_____Ω。

　　A.　10k　　　　　B.　4k　　　　　C.　6k　　　　　D.　5k

(2) 若要设置频率为 1kHz 的方波，则在如图 8.25 所示的周期脉冲电源仿真参数设置对话框中，Pulse Width 的值应为_____。

　　A.　0.5ms　　　　B.　1ms　　　　C.　2ms　　　　D.　10ms

(3) 要测试电路电源电压的变化对电路性能的影响情况，需采用_____仿真。

　　A.　参数扫描分析　　　　　　　　B.　直流扫描分析

　　C.　温度扫描分析　　　　　　　　D.　传递函数分析

(4) 运行仿真分析时，仿真结果中显示的是_____的信号。

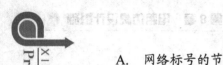

A. 网络标号的节点　　　　　　B. 所有电路节点
C. Available Signals 列表框内　　D. Active Signals 列表框内

判断题

(1) Miscellaneous Devices.IntLib 库中包含的常用元件都能进行电路仿真。（　　）

(2) 参数扫描仿真分析可单独使用。（　　）

(3) 瞬态分析类似于用示波器观察波形。（　　）

(4) 所有电路都要进行.NS 和.IC 设置。（　　）

简答题

(1) 说明仿真的定义。

(2) 简要说明电路仿真的步骤。

(3) 如何在仿真原理图中放置电路仿真节点，其目的是什么？

(4) Protel DXP 能进行的仿真分析方法有哪些？

操作题

用瞬态分析的方法研究如图 8.76 所示的同相比例放大电路，显示输入/输出信号的波形。其中输入信号为正弦信号，电压幅值为 0.01V，频率为 10kHz(注意瞬态分析开始时间和结束时间的合理设置)。操作题电路如图 8.76 所示。

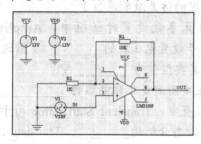

图 8.76　同相比例放大电路

仿真波形如图 8.77 所示。

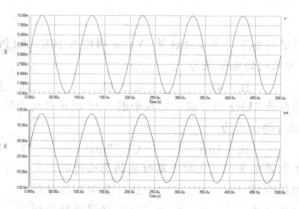

图 8.77　同相比例放大电路

第 9 章　PCB 设计基础

教学提示：本章介绍 PCB 的基础知识、工作层、封装和图件的概念，这些概念应该准确把握，设计 PCB 流程可以先简单介绍，在第 10 章结合实例再加强印象。在演示操作中尽量使用快捷键。在完全手工方式设计中强调网络表的作用。学习效果在上机操作中检验。

教学目标：通过学习，熟悉 PCB 板设计环境，了解 PCB 基本元素并掌握基本绘图工具的使用；熟练掌握工作层和图件的相关操作；能用手工方式设计简单的 PCB 并在操作中有意识地使用快捷键，进一步提高制作速度。

9.1　PCB 基础知识

9.1.1　PCB 的结构

在进行 PCB 设计前，了解一些 PCB 的结构，理解一些基本概念和专业术语，对后面章节的学习将有很大的帮助。

PCB 根据其结构可以分为 Signal Layer (单面板 PCB)、Double Layer (双面板 PCB)和 Multi Layer (多层板 PCB)三种。

单面板也称单层板，即只有一个导电层，在这个层中包含焊盘及印制导线，这一层也被称做焊接面，另外一面则称为元件面。单面板的成本较低，但由于所有导线集中在焊接面中，所以很难满足复杂连接的布线要求。单面板适用于线路简单及对成本敏感的场合，如果存在一些无法布通的网络，通常可以采用导线跨接的方法。

双面板也叫双层板，是一种包括 Top Layer (顶层)和 Bottom Layer (底层)的电路板，双面都有覆铜，都可以布线。通常情况下，元器件一般处于顶层一侧，顶层和底层的电气连接通过焊盘或过孔实现，无论是焊盘还是过孔都进行了内壁的金属化处理。相对于单面板而言，两面板布线极大地提高了布线的灵活性和布通率，可以适应高度复杂的电气连接的要求，双面板在目前的应用最为广泛。

多层板是在顶层和底层之间加上若干中间层构成。中间层包含电源层或信号层。各层间通过焊盘或过孔实现互连。多层板适用于制作复杂的或有特殊要求的电路板。多层板包括 Top Layer (顶层)、Bottom Layer (底层)、MidLayer (中间层)、Internal Plane (电源/接地层)等。层与层之间是绝缘层，绝缘层用于隔离电源层和布线层，绝缘层的材料要求有良好的绝缘性、可挠性、耐热性等。

通常在 PCB 上布上铜膜导线后，还要在上面印上一层 Solder Mask (阻焊层)，阻焊层留出焊点的位置，而将铜膜导线覆盖住。阻焊层不粘焊锡，甚至可以排开焊锡，这样在焊接时，可以防止焊锡溢出造成的短路。另外，阻焊层有 Top Solder Mask (顶层阻焊层)和 Bottom Solder Mask (底层阻焊层)之分。

有时还要在 PCB 的正面或反面印上一些必要的文字，如元件标号、公司名称等，能印这些文字的一层为 Silkscreen Layers(丝印层)，该层又分为 Top Overlay(顶层丝印层)和Bottom Overlay(底层丝印层)。

9.1.2 PCB 的基本元素

1. 铜膜导线

铜膜导线是覆铜板经过加工后在 PCB 上的铜膜走线，又简称为导线，处于所有的导电层，用于连接各个焊点，是印制电路板重要的组成部分。导线的主要属性为宽度，它取决于承载电流的大小和铜箔的厚度。

值得指出的是，导线与布线过程中出现的飞线(又称预拉线)有本质的区别：飞线只是形式上表示出网络之间的连接，没有实际的电气连接意义。网络和导线也有所不同，网络上还包括焊点，因此提到的网络不仅包括导线，还包括与导线连接的焊盘。

2. 焊盘

焊盘用于焊接元件，实现电气连接并同时起到固定元件的作用。焊盘的基本属性有形状、所在层、外径及孔径。双层板及多层板的焊盘都经过了孔壁的金属化处理。对于插脚式元件，Protel DXP 将其焊盘自动设置在 MultiLayer 层；对于表面贴装式元件，焊盘与元件处于同一层。Protel DXP 允许设计者将焊盘设置在任何一层，但只有设置在实际焊接面才是合理的。

Protel DXP 中焊盘的标准形状有三种：即 Round (圆形)、Rectangle (方形)和 Octagonal (八角形)，允许设计者根据需要进行 Customize (自定义)设计。焊盘主要有两个参数：Hole Size (孔径大小)和 X- Size，Y- Size (焊盘大小)的尺寸，如图 9.1 所示。

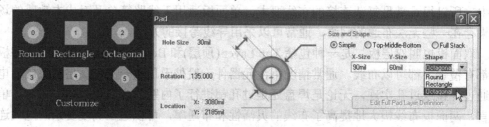

图 9.1　焊盘形状和尺寸

3. 过孔

过孔用于实现不同工作层间的电气连接，过孔内壁同样做金属化处理。应该注意的是，过孔仅是提供不同层间的电气连接，与元件引脚的焊接及固定无关。过孔分为三种：从顶层贯穿至底层的称为穿透式过孔；只实现顶层或底层与中间层连接的过孔为盲孔；只实现中间层连接，而没有穿透顶层或底层的过孔称为埋孔。过孔可以根据需要设置在任意导电层之间，但过孔的起始层和结束层不能相同。过孔只有圆形，主要有两个参数：Hole Size (孔径大小)和 Diameter (过孔直径)，如图 9.2 所示。

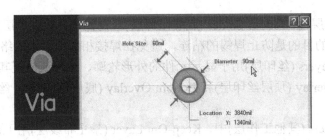

图 9.2 过孔的形状和尺寸

4. 元件的图形符号

元件的图形符号反映元件外形轮廓的形状及尺寸，与元件的引脚布局一起构成元件的封装形式。印制元件图形符号的目的是显示元件在 PCB 上的布局信息，为装配、调试及检修提供方便。在 Protel DXP 中，元件的图形符号被设置在丝印层。

5. 其他辅助性说明信息

为了阅读 PCB 或装配、调试等需要，可以加入一些辅助信息，包括图形或文字。这些信息一般应设置在丝印层，但在不影响顶层或底层布线的情况下，也可以设置在这两层。

> 提示： 和原理图中元件属性设置一样，在放置焊盘和过孔的过程中，也可以按 Tab
> 键进入其属性设置对话框，进行属性设置。

9.1.3 PCB 工作层与管理

1. 工作层

在 Protel DXP 的 PCB 编辑器中，采用层管理模式，无论是多层板、双面板还是单面板都包含多个工作层，不同的工作层有不同的用途并采用不同的颜色加以区分。设计时，设计者应合理配置工作层。从比较实用和够用的角度出发，对于初学者而言，单层板和双层板的配置应重点掌握。

Signal Layers (信号层)用于布线，分为顶层、底层和中间层。单面板的信号层为底层，双面板的信号层为顶层和底层，多层板的情况相对复杂。简单情况下只用到顶层和底层，当这两层仍然不能满足设计需要时再增加中间信号层。顶层的默认颜色为红色，底层的默认颜色为蓝色，系统为每个中间层设置了彼此不同的颜色。

Internal Plane(电源/接地层)也称内电层，专门用于系统供电，信号层内需要与电源或地线相连接的网络通过焊盘或过孔实现连接，这样可以大幅度缩短供电线路的长度，降低电源阻抗。同时，专门的电源层在一定的程度上隔离了不同的信号层，有助于降低不同信号层间的干扰。只有多层板才用到该层。

Mechanical Layers(机械层)用于放置电路板的物理边界、关键尺寸信息、电路板生产过程中所需要的对准孔等，它不具备导电性质。

Mask Layers(防护层)分为 Top Paste (顶层助焊层)、Bottom Paste (底层助焊层)、Top

Solder (顶层阻焊层)和 Bottom Solder (底层阻焊层)。设置 Paste (助焊层)是为了安装贴片元件。设置阻焊层的目的是防止焊锡的粘连，避免在焊接相邻但不同网络焊点时发生短路。

Silkscreen Layers (丝印层)用于显示元件的外形轮廓、编号或放置其他的文本信息。丝印层分为 Top Overlay (顶层丝印层)和 Bottom Overlay (底层丝印层)，丝印层的默认颜色为黄色。

在 Other Layers (其他工作层)中，Keep-Out Layer (禁止布线层)用于定义 PCB 的电气边界，即限制印制导线的布线区域。设计时，电气边界应不超出 PCB 的物理边界。Multi-Layer (多层)则为贯穿每一个信号层的工作层，在多层上放置的焊盘或过孔将会自动添加到所有的信号层中。禁止布线层的默认颜色为粉红色，多层的默认颜色为灰色。

💡 **注意**：中间层和内层是两个容易混淆的概念。中间层是指用于布线的中间板层，该层中布的是导线；内层是指电源层或地线层，该层一般情况下不布线，由整片铜膜构成。

2. 工作层的设置

按快捷键 D/Y，弹出 Board Layers(工作层设置)对话框，如图 9.3 所示。

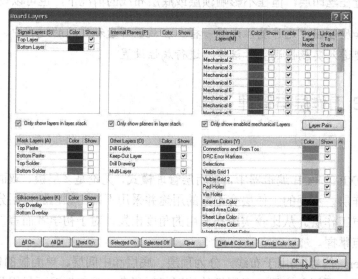

图 9.3　Board Layers 对话框

在 Board Layers 对话框中，有 6 个区域分别设置在 PBC 编辑区要显示的工作层及其颜色。在每个区域中有一个 Show 复选框。选中工作层，在 PCB 编辑区中将显示该层标签页。单击 Color 下的颜色块，弹出 Choose Colors 对话框，在该对话框中可以对电路板层的颜色进行编辑。

在 System Colors (系统颜色)栏中，可以对 Connections and From Tos (网络连接预拉线)、DRC Error Markers (DRC 错误标记)、Selections(选择目标后的颜色)、Visible Grid(可视栅格)、Pad Holes (焊盘内孔)、Via Holes (过孔内孔)、Board Line Color (PCB 边框颜色)、Board Area Color (PCB 区域颜色) 、Sheet Line Color (图纸边框颜色)、Sheet Area Color (图纸区域

颜色)、Workspace Start Color (工作窗口起始颜色)、Workspace End Color (工作窗口结束颜色)等内容进行颜色及是否显示的设置。

💡 **注意:** Protel DXP 允许设计者修改各个工作层的颜色，建议除了编辑区的底色外，不要轻易修改系统的默认颜色，尤其当同一设计者使用了不同的机器或不同的设计者共用一台机器时，这样做会增加出错的机会。

3. 工作层的管理

按快捷键 D/K，弹出 Layer Stack Manager(板层管理器)对话框。在该对话框中，可以添加 Top Dielectric、Bottom Dielectric (顶层、底层绝缘层);可以添加 Add Layer (添加信号层)、Add Plane (添加内部电源层/接地层);将选中的工作层 Move Up (上移)、Move Down (下移)、Delete (删除当前层)、Properties (设置属性参数)、Configure Drill Pajrs (配置放孔属性)。板层管理器对话框如图9.4所示。

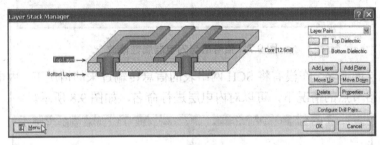

图9.4 板层管理器

(1) 添加信号层。选定 Top Layer (顶层)，单击 Add Layer 按钮，单击一次，完成一层的添加，添加的工作层将位于顶层下面，如图9.5所示。

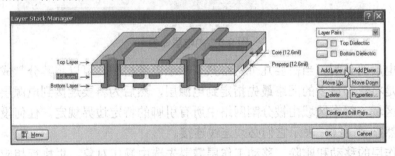

图9.5 添加信号层

(2) 添加内部电源/接地层。选定 Top Layer (顶层)，单击 Add Plane 按钮，单击一次，完成一层的添加，和添加信号层一样都是添加在顶层的下面。添加的内部电源层和接地层如图9.6所示。

(3) 添加工作层的属性修改。单击 Properties 按钮，打开内部工作层的 Edit Layers 对话框。对信号层可以设置该层的 Name (名称)、Copper Thickness (印制铜的厚度);对内电层可以设置工作层的名字、印制铜的厚度、Net Name(节点名称)和定义去掉 Pullback (边铜宽度)。这两个工作层的属性编辑项目是不完全相同的，如图9.7所示。

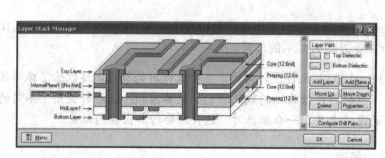

图9.6 添加内部电源/接地层

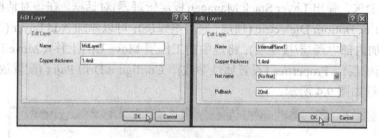

图9.7 信号层与内电层属性修改

(4) 内电层的命名。在没有将SCH网络表的信息传输过来的情况下,内电层是不能命名的。在有网络节点的情况下,可以对内电层进行命名,如图9.8所示。

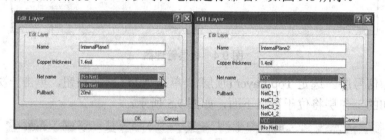

图9.8 内电层命名

(5) 内电层的分割。当需要几个网络共享一个电源层时,可以将其分割成几个区域。通常的做法是将管脚最多的网络最先指定到电源层,然后为将要连接到电源层的其他网络定义各自的区域,每个区域由被分割网络中所有引脚的特定边界规定。任何没有在边界线中的管脚仍然显示飞线,表示它们必须连线连接。

(6) 工作层的移动和删除。移动工作层需要先选中操作对象,再执行相应的命令,包括Move Up(向上移动一层)、Move Down(向下移动一层)和Delete(删除一层)。

9.1.4 元件封装

元件封装是指实际的电子元器件或集成电路的外形尺寸、引脚的直径及引脚的距离等,它是使元件引脚和PCB上焊盘一致的保证。元件封装只是元件的外观和焊盘的位置,纯粹的元件封装只是一个空间的概念,不同的元件有相同的封装,同一个元件也可以有不同的封装。所以在取用焊接元件时,不仅要知道元件的名称,还要知道元件的封装。

1. 元件封装的分类

元件的封装可以分成针脚式封装和 SMT (表面粘贴式)封装两大类。

1) 针脚式元件封装

针脚式元件封装是针对针脚类元件的，针脚类元件焊接时先要将元件针脚插入焊盘导孔中，然后再焊锡。由于焊点导孔贯穿整个电路板，所以其焊盘的属性对话框中，Layer 板层属性必须为 Multi Layer。针脚类元件封装如图 9.9 所示。

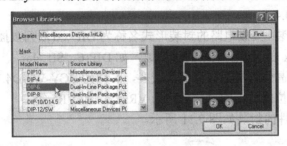

图 9.9 针脚类元件封装

2) 表面粘贴式封装

SMT (表面粘贴式)元件封装的焊盘只限于表面板层，即 Top Layer(顶层)或 Bottom Layer (底层)在其焊盘的属性对话框中，Layer 板层属性必须为单一表面，SMT 元件封装如图 9.10 所示。

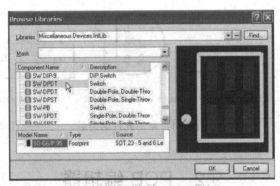

图 9.10 SMT(表面粘贴式)封装

2. 元件封装的编号

元件封装的编号原则为：元件类型＋焊盘距离(焊盘数)＋元件外形尺寸。可以根据元件的编号来判断元件封装的规格。例如，电阻的封装为 AXIAL-0.4，表示此元件封装为轴状，两焊盘间的距离为 400mil(100mil=2.54mm)；RB7.6-15 表示极性电容类元件封装，引脚间距为 7.6mm，元件直径为 15mm；DIP-24 表示双列直插式元件封装，24 个焊盘引脚。

3. 常用元件的封装

常用的分立元件封装有 DIODE-0.5～DIODE-0.7 (二极管类)、RB5-10.5～RB7.6-15(极性)和 RAD-0.1～RAD-0.4 (非极性电容类)、AXIAL-0.3～AXIAL-1.0 (电阻类)、VR1～VR5

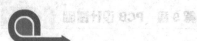

(可变电阻类)等，这些封装在 Miscellaneous Devices PCB.PcbLib 元件库中。常用的集成电路有 DIP-xxx 封装和 SIL-xxx 封装等。

- 二极管类。二极管常用的封装名称为 DIODE-xx，xx 表示二极管管脚间的距离，例如 DIODE-0.7。
- 电容类。电容分为有极性电容和无极性电容，与其对应的封装形式也有两种，有极性电容的封装名称为 RB.5-10.5 等，无极性电容封装形式名称为 RAD-xx。
- 电阻类。电阻类常用的封装形式名称为 AXIAL-xx，xx 表示两个焊盘间的距离，如 AXIAL-0.4。
- 集成电路封装。集成电路的封装形式名称为 DIP-xx(双列直插式)或 SIL-xx(单列直插式)，xx 表示集成电路的引脚数，如 DIP-6、SIL-4。
- 晶体管类。晶体管类封装形式比较多，名称为 BCY-W3/D4.7。
- 电位器。电位器常用的封装名称为 VRxxx，如 VR5 等。

以上各种常用元件的封装如图 9.11 所示。

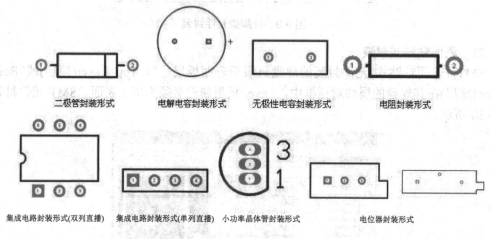

二极管封装形式　　电解电容封装形式　　无极性电容封装形式　　电阻封装形式

集成电路封装形式(双列直播)　集成电路封装形式(单列直播)　小功率晶体管封装形式　　　电位器封装形式

图 9.11　常用元件的封装

9.2　PCB 编辑器

在 Protel DXP 中创建或打开 PCB 文件，即可启动 PCB 编辑器，其初始界面包括菜单栏、工具栏、工作区、命令栏、状态栏和各种工作面板按钮，如图 9.12 所示。

1. 主菜单栏

PCB 编辑器的菜单栏和原理图编辑器的菜单栏基本相似，操作方法也类似。绘制原理图主要是对元件的操作和连线，而进行 PCB 设计主要是针对元件封装的操作和布线工作。二者很多的操作编辑方法都相同。与 SCH 不同的是，各种对齐命令通过选择 Tools | Interactive Placement 命令而不通过 Edit | Align 命令。PCB 编辑器的菜单栏如图 9.13 所示。

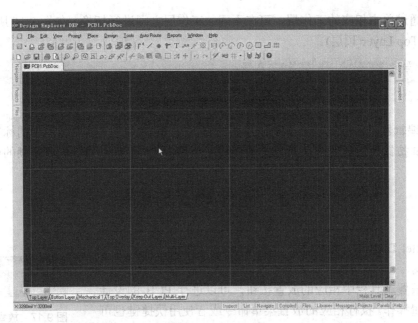

图 9.12 PCB 编辑器

图 9.13 PCB 编辑器菜单栏

2. 工具栏

PCB 编辑器中的工具栏有以下几种: 分别是 PCB Standard (标准工具栏)、Placement (放置工具栏)、Project (工程工具栏)、Filter (过滤器工具栏)、Dimensions (尺寸工具栏)、Component Placement (元件排列工具栏)、Find Selection (寻找选择对象工具栏)、Rooms (间距设置工具栏)和 SI (仿真工具栏)。所有的工具栏都可在编辑区内任意浮动,并固定放在任何适当的位置,也可以根据使用习惯,将不同的工具栏按一定顺序摆放。在真正进行 PCB设计时,并不是所有的工具栏都会用到。关闭不使用的工具栏,可以使工作界面更加清晰整洁。一般情况下,都会把标准工具栏、工程工具栏和放置工具栏打开,如图 9.14 所示。

3. 文档标签

每个打开的文档都会在设计窗口顶部有自己的标签,右击标签可以使弹出的快捷菜单命令关闭、修改或平铺打开的窗口,如图 9.15 所示。

图 9.14 PCB 工程工具栏、放置工具栏、标准工具栏 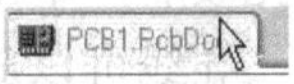　　　图 9.15 文档标签

4. 工作层标签

在 PCB 编辑器中,工作区主要用于设计者绘制电路板。在工作区的下方有工作层面切

换标签，通过单击相应的工作层，可在不同的工作层之间进行切换。如图 9.16 所示为当前工作层是 Top Layer(顶层)。

图 9.16　工作层面切换标签

PCB 编辑器里的标签栏位于工作桌面的右下方,其使用方法同原理图中的标签栏相似。Mask Level 按钮允许改变屏蔽对象的模糊程度,单击 Clear 可以清除当前模糊的屏蔽。

9.3　图件放置与编辑

在 Protel DXP 中，提供了一个 Placement (放置)工具栏，如图 9.17 所示。

单击放置工具栏中相应的放置按钮，可以进行 PCB 的设计和图形编辑操作。执行相应的放置菜单命令或者使用快捷键也可以放置与编辑元件。

图 9.17　放置工具栏

9.3.1　导线的绘制与编辑

1. 导线的绘制

按快捷键 P/T，鼠标指针变成十字形光标，将光标移到绘制导线的起始位置，单击确定导线的起始点，若移动过程中要改变导线绘制的方向，在拐点处双击，最后移动鼠标指针到适当的位置确定导线终点，单击完成当前导线的绘制。完成上述操作之后，鼠标指针仍处于放置导线命令状态，按 Esc 键结束当前导线绘制，转到工作区其他位置进行导线绘制。

导线绘制完毕后，按 Esc 键退出导线绘制状态。

2. 导线属性的编辑

双击已绘制导线弹出 Track 对话框(导线属性编辑对话框)，如图 9.18 所示。

在该对话框中，可以设置导线的 Start(X, Y)：(起点坐标)和 End(X,Y)：(终点坐标)、Width (导线的宽度)、Locked (放置后是否将导线锁定)、Keepout (是否屏蔽该导线)、Net (导线的网络标号)、Layer (导线放置的工作层面)，在右边的下拉列表框选择不同的工作层。设置完成后，单击 OK 按钮即完成相应的属性设置。

导线可以放置在任意一层。放置在信号层所做布线连接；放置在机械层所做定义板轮廓；放置在丝印层用做绘制元件轮廓。在 PCB 编辑区中任何需要布线的地方都可以放置导线。

Line(线段)与 Track (导线)不同，线段是用来布放没有电气特性的连线，属性中没有网络特性，即使从带有网络信息的焊盘上引出，系统也会显示错误标记。

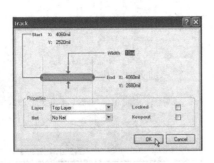

图 9.18　Track 对话框

9.3.2　圆弧的绘制与编辑

在 PCB 中 Arc (绘制圆弧)有四种方法可供选择：Center (中心法)、Edge (边缘法)、Any Angle (任意角度边缘法)和 Full Circle (整圆法)。

1. 中心法

按快捷键 P/A，鼠标指针变成十字形，移动鼠标指针到适当位置，单击确定圆弧的中心，移动鼠标到适当位置，单击确定圆弧的半径。然后将鼠标指针移动到所需要的位置，单击确定圆弧的起点。再次移动鼠标指针到适当位置，单击确定圆弧终点，圆弧绘制完成。

2. 边缘法

按快捷键 P/E，鼠标指针变成十字形，移动鼠标指针到适当位置，单击确定圆弧的起点，然后将鼠标指针移动到圆弧的终点位置，单击"确定"按钮，这样就绘制好 90°圆弧。

3. 任意角度边缘法

按快捷键 P/N，鼠标指针变成十字形，将鼠标指针移动到适当位置，单击确定圆弧的起始点，再次移动鼠标指针到适当位置，单击确定圆弧的半径，最后将鼠标指针移动到圆弧的终点位置，单击"确定"按钮，圆弧绘制完成。

4. 整圆法

圆可看成特殊的圆弧。按快捷键 P/U，鼠标指针变成十字形，移动鼠标指针到适当位置单击确定圆的中心，再移动鼠标指针到适当位置，单击确定圆的半径，圆绘制完成。

利用上述四种方法绘制圆弧的图形如图 9.19 所示。

图 9.19　绘制圆弧的不同方法

5. 圆弧的属性编辑

Arc 对话框(圆弧属性编辑对话框)如图 9.20 所示。

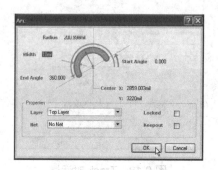

图 9.20　Arc 对话框

在该对话框中，可以设置 Center(X, Y)：(圆弧中心位置的坐标)、Start Angle (起始角度)和 End Angle (终点角度)、Width (宽度)、Locked (锁定)、Keepout (屏蔽)、Net (网络标号)、Layer (工作层面)等。设置完成后，单击 OK 按钮即完成相应的属性设置。

9.3.3　焊盘和过孔的放置与编辑

1. 焊盘的放置

按快捷键 P/P，鼠标指针呈十字形且中间带有一焊盘，移动鼠标指针到适当位置后单击即放置焊盘在当前位置。焊盘能被放在多层或单独一层，第一次放置的编号为 0，以后每次放置，其编号自动加 1，如图 9.21 所示。

图 9.21　焊盘自动编号

自由焊盘(指没有被编进元件库的焊盘)能被放在 PCB 的任何地方。贯穿焊盘(和过孔盘)是多层实体，不管当前层的设置如何，都能穿过 PCB 的每一个信号层。

2. 焊盘的属性编辑

双击自由焊盘或元件焊盘，弹出的 Pad 对话框(焊盘属性编辑对话框)如图 9.22 所示。

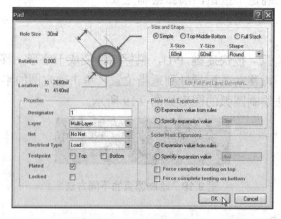

图 9.22　Pad 对话框

在该对话框中，可以设置 Hold Size (焊盘孔径大小)、Rotation (焊盘的旋转角度)、Location(X, Y)：(焊盘的坐标)、Designator (焊盘的序号)、Layer (焊盘放置的工作层面)、Net (焊盘的网络标号)、Electrical Type (焊盘的电气类型)、Testpoint (测试点所在的工作层面)、Top (选择顶层)、Bottom (选择底层)、Plated (镀锡)、Locked (焊盘放置后锁定)、Size and Shape (焊盘的尺寸和外形)、Simple (焊接的简单形式)、Top-Middle-Bottom (包括顶层和中间层及底层)、Full Stack (整体堆叠)、Paste Mask Expansions (阻粘层的尺寸参数)、Solder Mask Expansions (阻焊层尺寸和焊盘凸起参数)。设置完成后，单击 OK 按钮即完成相应的属性设置。

3. 过孔的放置与属性编辑

按快捷键 P/V，鼠标指针呈十字形，并带有一过孔，将鼠标指针移到适当的位置，单击"确定"按钮，过孔放置完成。此时，鼠标指针仍然处于放置过孔命令状态，可继续放置过孔或右击退出放置状态。

双击过孔即弹出过孔属性编辑对话框(Via)，如图 9.23 所示。

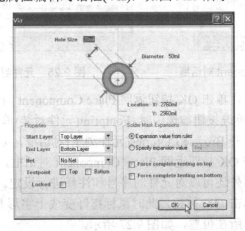

图 9.23　Via 对话框

在该对话框中，可以设置 Hold Size (过孔的孔径大小)、Diameter (过孔的直径)、Start Layer (过孔的起始工作层)和 End Layer (结束工作层)、Net (过孔的网络标号)、Testpoint (测试点所在的工作层面)、Top (选择顶层)、Bottom (选择底层)、Locked (焊盘放置后是否锁定)、Solder Mask Expansions (阻焊层尺寸和焊盘凸起参数)。设置完成后，单击 OK 按钮即完成相应的属性设置。

前面已经介绍过，过孔有三种形式：通孔、盲孔和埋孔。在属性设置中，设定过孔的起始层和结束层即可以实现对过孔的形式选择，如顶层到底层的过孔为通孔等。在过孔的属性设置中起始层和结束层的工作层不能相同。

9.3.4　元件的放置与编辑

放置元件有两种方法：利用网络表载入元件和直接手动放置元件。此处介绍手动放置元件。

Protel DXP电路设计基础教程(第2版)

1. 元件的放置

按快捷键 P/C 打开 Place Component(元件放置) 对话框，如图 9.24 所示。

在对话框中 Placement Type 区域，可以选择 Footprint (封装)和 Component (元件)。在 Component Details 区域，有四个对话可选栏目：Lib Ref(元件库) 、Footprint(元件封装形式)、Designator(序号)、Comment(注释)等 。

当选中 Footprint(元件封装)单选按钮时，Component(元件)单选按钮无效，Lib Ref(库文件) 栏目也处于无效状态。可以在 Footprint 栏目右侧单击浏览按钮，打开 Browse Libraries(元件封装库浏览)对话框，如图 9.25 所示。

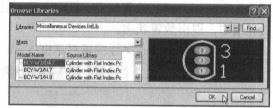

图 9.24　Place Component 对话框　　　　图 9.25　元件封装库浏览对话框

选定所需要的封装后，单击 OK 按钮返回 Place Component 对话框。

当 Component(元件)单选按钮被选中时，Footprint(元件封装)单选按钮无效，单击 LibRef 栏目左侧的浏览按钮，打开 Browse Libraries(元件浏览)对话框，如图 9.26 所示。

当元件被选中后单击 OK 按钮返回 Place Component 对话框，在 Footprint 项将自动出现元件默认封装形式。另外还可以对元件的序号和注释进行设定。

全部设置完成后，单击 OK 按钮，此时鼠标指针变成十字形并带有选定的元件，单击即可把元件放在鼠标指针所在位置，如图 9.27 所示。

放置完成后，鼠标指针仍处于元件放置命令状态，按 Esc 键退出。

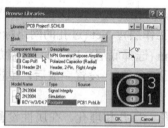

图 9.26　Browse Libraries 对话框　　　　图 9.27　放置元件

💡 **注意：** 各个工作层的颜色设置不同，显示的图像也不完全相同。如果某些选项没有选中，将不会显示出元件的轮廓，甚至不显示已放置的元件，这时就要重新进行板层的设置了。

2. 元件的属性编辑

双击元件打开 Component (元件属性编辑) 对话框，如图 9.28 所示。

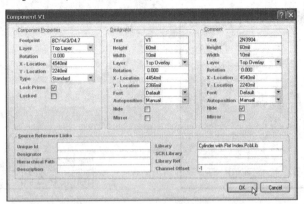

图 9.28　元件属性编辑对话框

在该对话框中，可以设置 Component Properties (元件的属性)、Designator (元件序号)、Comment (元件注释)和元件的其他相关参数。其中包括元件的封装形式、所处的工作层面、坐标位置、旋转方向、锁定、文本及文本高度与宽度等。设置完成后，单击 OK 按钮即完成设置。

9.3.5　字符串和尺寸标注的放置与编辑

字符串和尺寸标注都是没有电气特性的图件，对电路的连接没有任何影响，与原理图中的 Text Frame (文本框)的作用类似，只是起提醒的作用。

字符串主要用于必要的文字注释，尺寸标注常用于各种不同类型的标注尺寸。

1. 字符串的放置与属性编辑

按快捷键 P/S 可以放置一个 Var(字符)，双击字符串弹出 String(字符串属性)对话框，如图 9.29 所示。

在该对话框中，可以设置字符串的 Height (高度)、Width (宽度)、Rotation (旋转角度)、Location(X, Y)：(坐标位置)、Text (文本)、Layer (所处的工作层面)、Font (字体)等，还可以选定 Mirror (镜像)、Locked (锁定)等功能。有下拉列表的项可以直接输入，也可以从下拉列表中选择。设置完成后，单击 OK 按钮即完成相应的属性设置。

2. 尺寸标注的放置与属性编辑

执行菜单命令 View | Toolbars | Dimension，弹出 Dimension(尺寸标注)工具栏，如图 9.30 所示。

利用该工具栏里可以进行各种类型的尺寸标注，从左自右分别为：Place linear dimension(直线)、Place angular dimension(角度)、Place radial dimension(半径)、Place leader dimension(前导字符)、Place datum dimension(数据)、Place baseline dimension(基准线)、Place

center dimension(中心线)、Place linear diameter dimension(直线型直径)、Place radial diameter dimension(射线型直径)、Place standard dimension(标准尺寸)。使用方法比较简单,直接取用后放置即可。

图 9.29 String 对话框

图 9.30 Dimension 工具栏

双击标准尺寸标注后弹出 Dimension(属性设置)对话框,如图 9.31 所示。

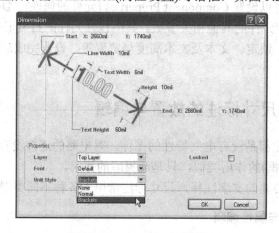

图 9.31 Dimension 对话框

在该对话框中,可以设置 Start(X, Y):(尺寸起点坐标)和 End(X, Y):(终点坐标)、Line Width(标注线宽度)和 Height(高度)、Text Height(文本高度)和 Text Width(宽度)、Layer(所处的工作层面)、Unit Style(类型)等,可以选择 Locked(锁定)等功能。有下拉列表的项可以直接输入,也可以从下拉列表中选择。设置完成后,单击 OK 按钮即可

💡 注意: 各种尺寸标注的形状不同,其属性设置的界面和设置参数也不相同。

9.3.6 矩形和多边形填充区的绘制与编辑

在 PCB 的设计过程中,为了提高系统的抗干扰能力和考虑通过大电流等因素,通常需要放置大面积的电源、接地区域。Protel DXP 提供了绘制填充区来实现这一功能。通常的填充方式有两种:Fill(矩形填充)和 Polygon Plane(多边形填充)。

1. 矩形填充区的放置与属性编辑

按快捷键 P/F，鼠标指针呈十字形，移动鼠标指针到需要放置矩形填充区的位置，单击确定矩形填充区的一个坐标，继续移动鼠标指针到合适的位置，单击确定另外一个位置，完成矩形填充区的绘制并按 Tab 键弹出 Fill(矩形填充区)属性编辑对话框，如图 9.32 所示。

在该对话框中，可以设置 Corner1(X, Y): (矩形填充区的起点坐标)和 Corner2(X, Y): (终点坐标)、在 PCB 图中的 Rotation(放置角度)、Layer(所处的工作层面)等。设置完成后，单击 OK 按钮即完成相应的属性设置。

2. 多边形填充区的放置及属性编辑

按快捷键 P/G，弹出 Polygon Plane(多边形填充区)对话框，如图 9.33 所示。

在该对话框中，可以设置 Surround Pads With(环绕焊盘形式)、Hatching Style(填充方式)、Grid Size(多边形填充区的网格宽度)、Track Width(导线宽度)、Layer(所处的工作层面)、Pour Over Same Net(是否在相同网络上覆铜)、Remove Dead Copper(是否去除孤立的覆铜区)等参数。

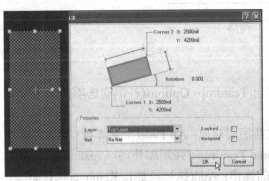

图 9.32　Fill 对话框

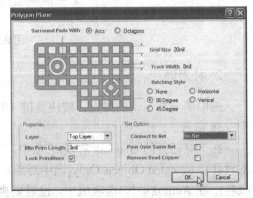

图 9.33　Polygon Plane 对话框

Surround Pads With(环绕焊盘)有两种形式的单选框，分别为 Arcs(弧形)和 Octagons(八角形)，如图 9.34 所示。

Hatching Style(多边形填充)有 5 种形式的单选按钮，分别为 None(不填充)、90 Degree(90°填充)、45 Degree (45°填充)、Horizontal(水平填充)和 Vertical(垂直填充)，如图 9.35 所示。

设置完成后，单击 OK 按钮确认，鼠标指针变成十字形，移动鼠标指针到适当位置，单击确定多边形的起点，然后移动鼠标指针到另外一个适当位置，单击确定第二个点，依照同样的方法确定多边形的其他点，在绘制多边形终点处右击，程序自动会将起点和终点连接成一个多边形在该区域完成填充，如图 9.36 所示。

图 9.34　焊盘环绕方式

图 9.35　多边形填充的几种形式

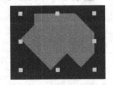

图 9.36　绘制多边形填充

9.3.7 包络线与补泪滴编辑

在电路设计中，经常需要对某些网络或某些线段进行包络线屏蔽，也可以根据电路的特殊需要将包络线与接地的填充区相连，提高抗干扰能力，这种操作又称包地。

在 PCB 设计中，为了防止钻孔定位误差或者为了提高焊盘、过孔与网络的连接的可靠性，可以在焊盘和过孔与走线相连的位置上进行增大线径，由于连接的形状像水滴，这种操作又称补泪滴。

1. 包络线

按住 Shift 键，逐个单击焊盘和连线，选中需要包围的对象。选中结束后，按快捷键 T/J 即实现了在选中对象的外围用包络线，如图 9.37 所示。

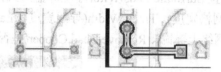

图 9.37 包络线

2. 补泪滴

选中需要补泪滴的焊盘，按快捷键 T/E 弹出 Teardrops Options(补泪滴选项)对话框，如图 9.38 所示。

在该对话框的 General(常规)选项中，设置补泪滴对象：All Pads(全部焊盘)、All Vias(全部过孔)、Selected Objects Only(选中对象)、Force Teardrops(强制加补)和 Create Report(建立报告)；在 Action(动作)选项组中，设置要执行的操作：Add(执行添加)、Remove(执行删除)；在 Teardrops Style(泪滴类型)选项组中，设置泪滴形状：Arc(圆弧)、Track(线形)。设置后按 OK 结束设置，补泪滴的效果如图 9.39 所示。

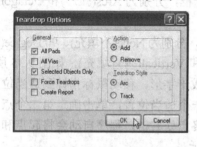

图 9.38 Teardrop Options 对话框

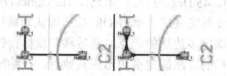

图 9.39 补泪滴操作

9.4 PCB 设计流程

利用 Protel DXP 设计印制电路板分为以下几个步骤，如图 9.40 所示。

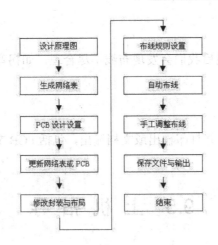

图 9.40　印制电路板设计流程

1. 设计的先期工作

电路板设计的先期工作主要是利用原理图设计工具绘制原理图，并且生成网络表。当然，在有些特殊情况下，例如电路比较简单，可以不进行原理图设计而直接进入 PCB 设计，在 PCB 系统中手工布线或者利用网络管理器创建网络表后进行半自动布线。

2. 设置 PCB 设计环境

设置 PCB 设计环境是 PCB 设计中非常重要的步骤。主要内容有：规定电路板的结构及其尺寸，设置板层参数、格点大小、格点形状、布局参数。大多数参数可以用系统的默认值。

3. 更新网络表和 PCB

网络表是 PCB 自动布线的灵魂，也是原理图和 PCB 设计的接口，只有将网络表引入 PCB 后，Protel DXP 才能进行电路板的自动布线。

4. 修改封装与布局

在原理图设计的过程中，ERC 检查不会涉及元件的封装问题。因此，原理图设计时，元件的封装可能被遗忘或使用不正确，在引入网络表时可以根据实际情况来修改或补充元件的封装。正确装入网络表后，系统自动载入元件封装，并根据规则对元件自动布局并产生飞线。自动布局不够理想，还需要手工调整元件布局。

5. 布线规则设置

布线规则是设置布线时的各个规范，如安全间距、导线宽度等，这是自动布线的依据。布线规则设置也是印制电路板设计的关键之一，需要一定的实践经验。

6. 自动布线

Protel DXP 自动布线的功能比较完善，也比较强大，它采用最先进的无网格设计，如果参数设置合理，布局妥当，一般都会很成功地完成自动布线。

7. 手动调整布线

很多情况下，自动布线后我们会发现布线不尽合理，如拐弯太多等问题，这时必须进行手工调整布线。

8. 保存文件与输出

保存设计的各种文件，并打印输出或文档输出，包括 PCB 文档、元件清单等。设计工作结束。

9.5 上 机 指 导

本章介绍了 PCB 的基本知识，在上机指导中，将以一个 NE555N 电路组成的发光显示型逻辑笔为例，人为的设置为异形 PCB 形状，结合本章的知识进行图件的编辑和 PCB 的简单制作练习。练习项目有：设置工作层、人工定义 PCB 外形(用各种方法画圆弧)、更新网络表和 PCB、布局元件、放置焊盘、修改元件封装、布线设置、自动布线、调整线宽、补泪滴、包地、覆铜、放置尺寸标注等。

新建一个名为"异型 PCB.PrjDOC"的项目文件，在这个项目下新建一个同名的 PCB 文件和一个同名的原理图文件，以上三个文件均保存在 D:\student 目录下。

为了使原理图美观，在绘制原理图前可按第 6 章介绍的"6.4.2 电气符号的修订"中介绍的方法，对 NE555N 的引脚进行适当的调整。方法如下：先摆放所需要的所有元件，然后选择 Design | Make Project Library 命令生成当前原理图元件库，在元件库列表中选择 NE555N，对元件编辑区中的元件电气符号进行编辑，隐藏第 7 脚和其余所有的管脚名，只显示管脚编号，最后单击 Tools | Update Schematic 命令，对原理图中的电气符号进行更新。原理图文件的电路如图 9.41 所示。

1. 设置工作层

在 PCB 编辑区，按快捷键 D/Y 弹出 Board Option(工作层设置)对话框，进行如下设置：取消顶层，Board Area Color(底板颜色)改为白色，其余均按系统默认设置。

按快捷键 D/R 弹出 PCB Rules and Constraints Editor (PCB 规则和约束编辑)对话框，单击左侧 Design Rules(设计规则)中的 Routing(布线)类，顶层只放置元件不布线，将 Top Layer 改为 Not Used(不使用)，设置 Bottom Layer 为 Any(任意)。

按快捷键 O/G 弹出 Board Option(环境参数设置)对话框，按系统默认设置。如图 9.42 所示。

2. 人工定义 PCB 外形

传统的 PCB 定义有两种方法：利用向导和手工绘制。为了练习的需要，这里采用后一种方法，并将 PCB 的形状定义为非标准型。PCB 外形的定义在禁止布线层中进行。

(1) 按快捷键 P/A，利用中心法画出一个半圆，复制半圆并将其放置在对称的位置。

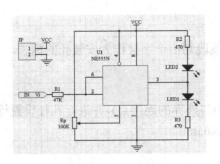
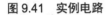

图 9.41　实例电路

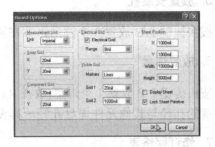

图 9.42　Board Option 对话框

(2) 按快捷键 P/N，利用任意角度边缘法画出一个圆弧并与两个半圆的下部相接。

(3) 按快捷键 P/E，利用边缘法画出圆弧并与上面两个半圆上部相接。

(4) 对上面四个圆弧进行属性设置。在 Arc 对话框中的 Properties 区域中，保持默认设置。四条圆弧的设置参数如表 9.1 所示。自定义后的外形如图 9.43 所示。

表 9.1　四条圆弧的设置参数

属性设置	左侧圆弧参数	上圆弧参数	右侧圆弧参数	下圆弧参数
Radius(半径)	600mil	600mil	600mil	1240mil
Width(线宽)	15mil	15mil	15mil	15mil
Start Angle(起点角度)	58.000	44.000	326.000	168.000
End Angle(终点角度)	221.000	138.000	117.000	14.000
Center X：　(X 坐标)	3235.000mil	4000.000mil	4705.000mil	4000.000mil
Center Y：　(Y 坐标)	3715.000mil	3820.000mil	3695.000mil	3060.000mil

3. 更新网络表和 PCB

将原理图中的信息传送到 PCB 中，如图 9.44 所示。

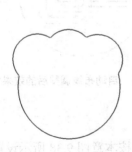

图 9.43　定义外形

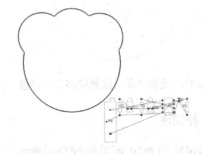

图 9.44　传送原理图中信息

4. 元件布局

用手工的方法进行元件布局练习。选择 Tools| Interactive Placement 命令将元件进行对齐排列，在操作过程中，还要练习旋转和翻转操作。

5. 放置安装孔

按快捷键 P/U 放置 3 个圆形，并在圆形中用线段划出十字架作为安装孔的标志。

6. 放置焊盘

按快捷键 P/P 放置 1 个焊盘(放在 R1 旁边作为与外界的连接点)，并进行孔径设置练习，将焊盘的孔径与其他元件焊盘孔径一样设置为 33.465mil。

7. 修订网络表

按快捷键 D/N/N，在弹出的 Netlist Manager(网络表管理器)对话框中，增加一个新的网络名 NetR1-1，将 R1-1 引脚设为属于该网络，同时修改新增加的焊盘属性，也将其设为属于该网络，此时新增焊盘与 R1-1 引脚之间出现飞线。元件布局、放置安装孔和焊盘及修订网络表(注意：新放的焊盘与 R1-1 引脚之间出现了飞线)的操作结果如图 9.45 所示。

8. 布线设置

按快捷键 D/R，在弹出的 PCB 板布线设计规则编辑器中，拉出布线板层规则 Routing 下的 RoutingLayers 选项，选中右下角的 Constraints(约束)区域，将 Bottom Layer(底层)的布线方式设置为 Any(任意)。

9. 自动布线

框选所有元件，按快捷键 A/A 执行自动布线操作。按 End 键刷新界面并对布线进行人工调整，调整后的结果如图 9.46 所示。

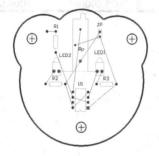

图 9.45　元件布局与放置安装孔和焊盘

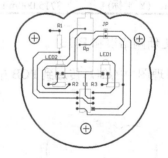

图 9.46　自动布线调整后的效果

10. 补泪滴

对编辑后的 PCB 可以进行补泪滴练习，按快捷键 T/E，按本章图 9.38 所示设置，取消 Selected Objects Only(选中对象)选项后，进行补泪滴操作。补泪滴后的效果如图 9.47 所示。

11. 覆铜

对编辑后的 PCB 可以进行覆铜练习，按快捷键 P/G，弹出 Polygon Plane(多边形填充区)属性编辑对话框，按本章图 9.33 设置进行覆铜练习(按 Shift 键+Space 空格键可以改变多边形边界连线的放置模式，比如任意角度或者圆弧走线)。

12. 放置尺寸标注

对编辑后的 PCB 可以在 Machanical1(机械层)进行尺寸标注练习，在 Place linear dimension(尺寸标注工具栏)中选用直线对 PCB 的水平长度和垂直高度进行标注，用快捷键 P/D/D 进行尺寸标注。覆铜和放置尺寸标注后的效果如图 9.48 所示。

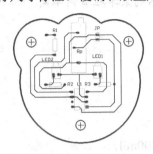

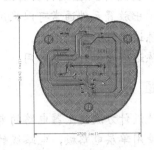

图 9.47　调整线宽和补泪滴与包地后的效果　　　图 9.48　覆铜和尺寸标注后的效果

9.6　习　　题

填空题

(1) 按照电路板结构来分，可把电路板分为三种，即＿＿＿＿、＿＿＿＿和＿＿＿＿。

(2) 生成 PCB 文件有两种方法，分别是＿＿＿＿＿＿ 和＿＿＿＿＿＿。

(3) 常用元件的封装位于＿＿＿＿＿＿＿＿＿＿元件库中，常用连接类元件封装位于＿＿＿＿＿＿＿＿＿＿元件库中。

(4) 在双面板的工作层设置中，印制导线位于＿＿＿层；SMT 元件的焊盘位于＿＿＿层；元件的外形轮廓位于＿＿＿层。

选择题

(1) 用于连接顶层信号层和底层信号层的导电图形为＿＿＿。

　A 焊盘　　　　　B 过孔　　　　　C 导线　　　　　D 元件封装

(2) 用于定义电路板的电气边界工作层是＿＿＿。

　A 机械层　　　　B 丝印层　　　　C 禁止布线层　　　D 信号层

(3) AXIAL0.4 属于＿＿＿类元件的封装。

　A 电阻　　　　　B 电容　　　　　C 三极管　　　　D 插接

(4) 在双面板中，不使用＿＿＿层。

　A 多层　　　　　B 信号层　　　　C 丝印层　　　　D 电源/接地层

判断题

(1) 单面板中可以使用过孔。　　　　　　　　　　　　　　　（　　）

(2) 边缘法绘制圆弧的主要作用是快速绘制 90° 圆弧。　　　　（　　）

(3) 在 PCB 设计中，电源线和接地线的宽度通常超过信号线。 （ ）

(4) 在 PCB 设计中，放置大面积的矩形填充可以提高系统的抗干扰能力。 （ ）

简答题

(1) 简要说明 PCB 编辑器的菜单栏和原理图编辑器的菜单栏有何不同。

(2) 举出放置元件通常可以采用的几种方法。

(3) 陈述元件封装的概念。

(4) 陈述焊盘和过孔的作用。

操作题

(1) 试设计方波发生器电路的电路板。设计要求如下。

① 使用单层电路板，电路板的尺寸为 1000mil×1000mil。

② 电源地线的铜膜线的宽度为 25mil。

③ 一般布线的宽度为 10mil。

④ 人工放置元件封装。

⑤ 人工布线。

⑥ 布线时考虑只能单层走线。

该方波发生器电路如图 9.49 所示。

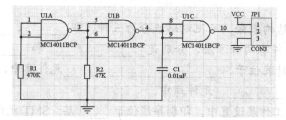

图 9.49　方波发生器电路原理图

(2) 试设计振荡分频电路的电路板。设计要求如下。

① 使用双层电路板，电路板的尺寸为 2240mil×1680mil。

② 电源地线的铜膜线的宽度为 25mil。

③ 一般布线的宽度为 20mil。

④ 手工放置元件封装，并排列元件封装。

⑤ 手工布线。

⑥ 布线时考虑顶层和底层都走线，顶层走水平线，底层走垂直线。

⑦ 尽量不用导孔。

该振荡分频电路如图 9.50 所示。

💡 **提示：** 在绘制原理图时，可以先生成元件库，然后对 U2 进行修订，将第 8 脚和第 16 脚隐藏，将第 10 脚和第 11 脚进行位置微调，同时将 Y1 的引脚编号隐藏，以保证电路的美观。

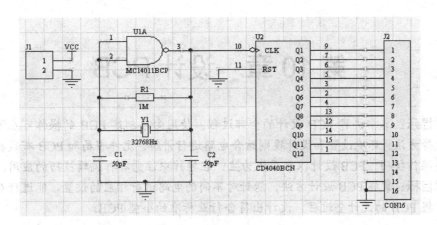

图 9.50　振荡分频电路原理图

第 10 章 设计 PCB

教学提示：本章讲解 PCB 设计的全部过程。使用向导创建 PCB 的操作可在演示中介绍参数选择方法；环境设置和设计规则结合电路进行讲解；元件布局和 PCB 布线在演示中介绍相关操作技巧；PCB 设计以双层板为主。在操作中注意各种编辑技巧的应用。

教学目标：掌握 PCB 设计方法，能针对不同的电路进行相应的设置，能进行双面板的设计，掌握 PCB 的设计全过程，设计出符合行业标准的小型 PCB。

10.1 新建 PCB 文档

利用 Protel DXP 进行 PCB 设计之前，必须建立一个 PCB 文件。本节首先介绍一个自由文档的建立方法，然后讲述创建项目的 PCB 文档步骤。

10.1.1 创建新的 PCB 文件

在 Protel DXP 中新建一个 PCB 文件或设计，一种方法是选择 File | New | PCB 命令，启动 PCB 编辑器，同时在 PCB 编辑区出现一个带有栅格的空白图纸，然后进行人工定义 PCB 的尺寸。另一种方法是使用 PCB 向导创建新的文档，这种方法既选择了各种工业标准板的轮廓又定义了电路板的尺寸，其操作步骤如下。

(1) 单击底部工作区面板中的 File 按钮，弹出如图 10.1 所示的 Files 面板。

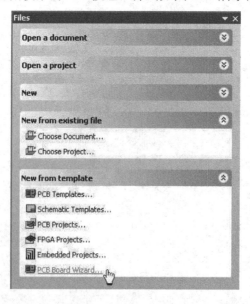

图 10.1 Files 控制面板

(2) 在面板底部的 New from template 选项组内单击 PCB Board Wizard 命令,启动向导。在出现的对话框中单击 Next 按钮显示度量单位对话框,默认的度量单位为 Imperial (英制),1000mil=1in。也可以选择 Metric (公制),注意二者之间的换算关系:1in=25.4mm。选用默认设置,如图 10.2 所示。

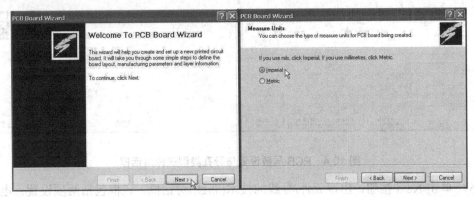

图 10.2　PCB 向导和度量单位对话框

(3) 单击 Next 按钮,出现电路板轮廓选择对话框,在该框中给出了多种工业标准板的轮廓或尺寸,可根据设计的需要选择。由于是自定义电路板的轮廓和尺寸,因此,在列表中选择自定义模式,即 Custom 选项。单击 Next 按钮显示自定义电路板对话框,其中 Outline Shape 确定 PCB 的形状,其中包括 Rectangular (方形)、Circular (圆形) 和 Custom (自定义形)3 种;Board Size 定义 PCB 的尺寸,在 Width 和 Height 栏中输入尺寸即可。本例中 PCB 为 2×2in 的电路板,如图 10.3 所示。

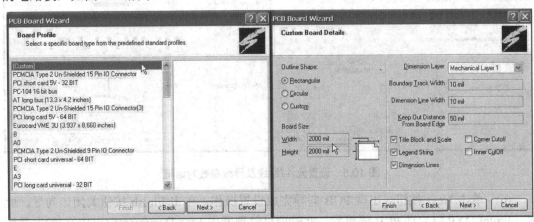

图 10.3　电路板轮廓选择和自定义电路板选项

(4) 单击 Next 按钮,显示 PCB 层数设置对话框,设置 Signal Layers (信号层数)和 Power Planes (电源层数)。本例设置了两个信号层,不需要电源层,可在 Power Planes(电源层数)中设为 0。单击 Next 按钮显示导孔类型选择对话框,有两种类型选择,即 Thruhole Vias only (穿透式导孔)和 Blind and Buried Vias only (隐藏导孔)。本例选择 Thruhole Vias only (穿透式导孔),如图 10.4 所示。

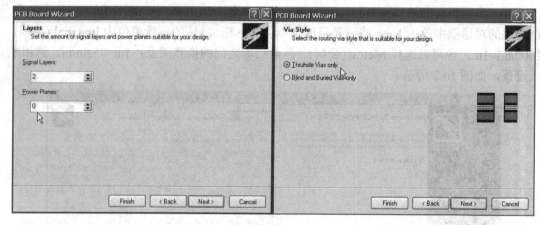

图 10.4　PCB 层数设置与导孔类型选择对话框

(5) 单击 Next 按钮，出现元件/导线的技术(布线)对话框。该框包括两项设置：电路板中使用的元件是 Surface-mount components(表面安装元件)还是 Through-hole components(穿孔式安装元件)。本例选择 Through-hole components 选项，相邻焊盘之间的导线数设为 One Track(一根)。单击 Next 按钮，显示导线/导孔属性设置对话框。主要设置导线的最小宽度、导孔的尺寸和导线之间的安全距离等参数，如图 10.5 所示。

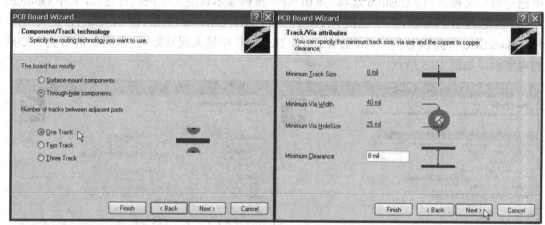

图 10.5　设置元件/导线及导线参数对话框

(6) 单击 Next 按钮，出现 PCB 向导完成设置操作，单击 Finish 按钮关闭该向导。此时，Protel DXP 将启动 PCB 编辑器。此时项目管理器中 Free Documents (自由文档)下显示一个名为 PCB1.PcbDoc 的自由文件，编辑区中显示一个默认尺寸的白色图纸和一个 1900mil ×1900mil 的 PCB(由于在图 10.3 中设置了 Keep Out Distance From Board Edge=50mil)，如图 10.6 所示。

(7) 选择 File | Save As 命令，将新的 PCB 文件重新命名为"皮尔斯电路.PcbDoc"并进行保存。到目前为止，完成了创建 PCB 新文档的步骤。

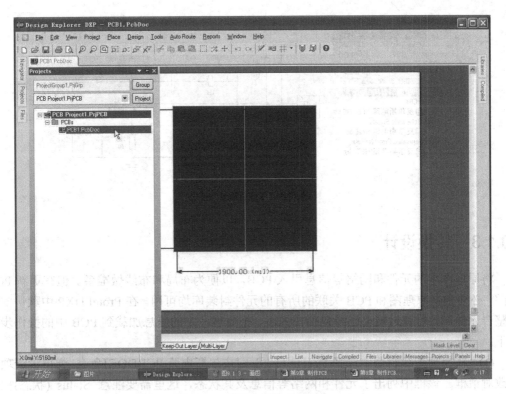

图 10.6 利用向导生成的 PCB

10.1.2 将 PCB 文档添加到设计项目

在 Protel DXP 中，一个设计项目包含所有设计文件的连接和有关设置。例如，当项目被编辑后，项目中的原理图或 PCB 都会很方便地进行更新。所以，一般情况下总是将 PCB 文档与原理图同放在一个设计项目中。如果在项目中创建 PCB 文档，当 PCB 文档创建完成后，该文档将会自动地添加到项目中，并列表在 Projects 标签中紧靠项目名称的 PCBs 文件夹下面。

如果创建或打开的是自由文档，则将文档添加到项目的操作步骤如下。

(1) 选择 File | New | PCB Project 命令，新建一个项目，保存的项目名为"皮尔斯电路.PRJPCB"。

(2) 在 Projects 面板中右击"皮尔斯电路.PCBDOC"，选择添加到设计项目命令(Add to Project[皮尔斯电路.PRJPCB])，将其添加到新建的"皮尔斯电路.PRJPCB"项目中。

(3) 打开"皮尔斯电路.SchDoc"文件，同样将其添加到新建的"皮尔斯电路.PRJPCB"项目中。

(4) 选择 Design|Netlist|Protel 命令或者按快捷键 D/N/P，即可生成当前项目的网络表，如图 10.7 所示。

这时，在"皮尔斯电路.PRJPCB"设计项目下有 3 个文档：原理图文档"皮尔斯电路.SchDoc"、网络表文档"皮尔斯电路.NET"和刚创建的 PCB 文档"皮尔斯电路.PCBDOC"。

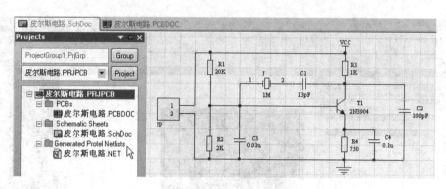

图 10.7 皮尔斯电路

10.1.3 转换设计

将原理图中的元件和网络等信息引入 PCB，以便为布局和布线做准备。但在更新 PCB 之前，必须确认原理图和 PCB 关联的所有的元件封装库均可用。在 Protel DXP 中默认安装了整合元件库，所有封装也已经包括在内了。把原理图中的信息加载到 PCB 中的操作步骤如下。

(1) 在原理图编辑器中选择 Design | Update[皮尔斯电路.PCBDOC]命令，弹出设计项目修改对话框。该框中列出了元件和网络等信息及其状态，这里需要注意 Status (状态)栏中 Check 和 Done 的变化。

(2) 单击 Validate Changes 按钮，如果所有的改变有效，Check 处于选中状态，说明网络表中没有错误，否则，在 Messages (信息)面板中将给出原理图中的错误信息，双击错误信息自动回到原理图中的位置上，就可以修改错误了。本例中的电路没有电气错误，如图 10.8 所示。

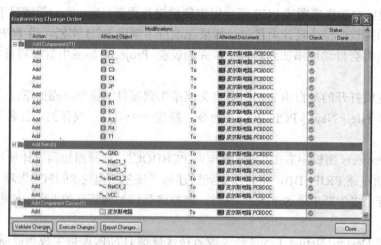

图 10.8 确认修改

(3) 单击 Execute Changes 按钮开始执行所有的元件信息和网络信息。完成后，Done 处于选中状态。单击 Close 按钮，关闭对话框。所有的元件和飞线已经出现在 PCB 文档中的元件盒内，如图 10.9 所示。

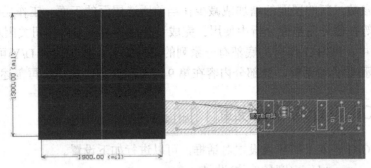

图 10.9　接收原理图信息

10.2　电路板设计的规划和环境设置

本节主要介绍设置 PCB 工作板层、格点等电路板设计和规划环境。

10.2.1　定义 PCB 工作板层

在第 9 章中已经介绍了电路板的知识，PCB 有单面板、双面板和多层板，所有这些板都是由层面构成的，这些层面包含在 Protel DXP 提供的 3 种类型中。

- 电气层：包括 32 个信号层和 16 个平面层。
- 机械层：有 16 个用途的机械层，用来定义 PCB 的轮廓、放置厚度，包括制造说明或其他需要的机械说明。这些层在打印和底片文件的产生时都可选择。
- 特殊层：包括顶层和底层丝印层、阻焊层和助焊层、钻孔层、禁止布线层(用于定义电气边界)、多层(用于多层焊盘和导孔)、连接层、DRC 错误层、栅格层和孔层。

PCB 的工作层面在 Layer Stack Manager (板层管理器)中设置。有 3 种方法启动板层管理器：执行菜单命令，在右击菜单中选择相应的命令或使用快捷键(以下均采用快捷键操作)。按快捷键 D/K 进入板层管理器对话框，如图 10.10 所示。

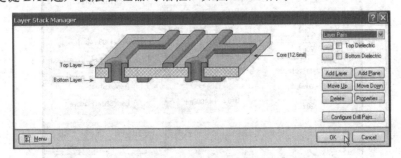

图 10.10　板层管理器对话框

图中给出两个工作层，即顶层和底层工作层，作为一个简单的设计，使用单面板或双面板就可以了。对于复杂的设计，使用图中右侧的指令按钮来添加或减少工作层面或电源层和调整层的参数。新的层面的增加或减少在当前所选层面的下面。工作层的参数，如铜厚和非电参数等在信号完整性分析中使用。完成设置后，单击 OK 按钮关闭对话框。

在图 10.6 中，PCB 工作区的底部有一系列的层标签页。按快捷键 D/Y 可显示如图 9.3 所示的板层显示/颜色对话框，此部分内容在第 9 章已经介绍，这里不再复述。

10.2.2　PCB 设计的环境设置

按快捷键 O/G 进入工作环境设置对话框，可以进行如下设置。

- Measurement Unit (度量单位)设置

  Measurement Unit 选项组设置 PCB 工作中的度量单位。单击选项右侧的下三角按钮可选择英制单位(Imperial)或公制单位(Metric)。

- Snap Grid (捕获栅格)设置

  Snap Grid (捕获栅格)是指光标每次移动的最小距离。单击选项右侧的下三角按钮可设置其大小。一般将捕获栅格设置为 5mil 的整数倍，如 50mil、25mil 等，这样所有的元件引脚焊盘可以很容易地放在栅格上。

- Visible Grid (可见栅格)设置

  在 Visible Grid 选项组中，Markers 设置栅格显示类型，其中有两种选择，即 Lines (线状)和 Dots (点状)；Grid1 和 Grid2 分别设置可见栅格 1 和可见栅格 2，通常将 Grid1 设置为 50mil(1.27mm)，Grid2 设置为 100mil(2.54mm)，单击选项右侧的下三角按钮对其设置或直接输入数值。

- Electrical Grid (电气栅格)设置

  Electrical Grid (电气栅格)是系统在给出的范围内自动搜索电气节点。在该选项组中选中是否允许 Electrical Grid (电气栅格捕获)和 Range(捕获的范围)两项设置。设置方法同上。

另外，还有图纸属性设置等，均可选择默认值，各项设置如图 10.11 所示。

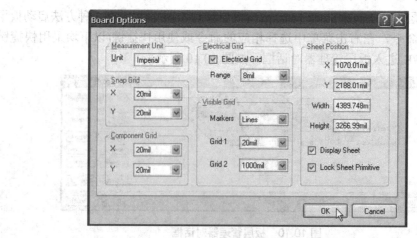

图 10.11　工作环境设置对话框

10.3 设计规则设置

Protel DXP 的 PCB 编辑器是一个规则驱动环境，在电路板的设计过程中执行的任何一个操作，如放置导线、移动元件、自动布线或手动布线等，都是在设计规则允许的情况下进行的。设计规则是否合理将直接影响布线的质量和成功率。设计规则的合理性在很大程度上依赖于用户的设计经验。

Protel DXP 中分为 10 个类别的设计规则，并进一步分为设计类型。设计规则很多，覆盖了电气、布线、制造、放置、信号完整性要求等，但其中大部分都可以采用系统默认的设置，而用户真正需要设置的规则并不多。至于需要设置哪些设计规则，必须根据具体的电路板的要求而定。如果要求设计一般的双面 PCB，就没有必要自己去设置布线板层规则了，因为系统对于布线板层规则的默认设置就是双面布线。当然，PCB 的线宽、线距等通常还是要根据实际设计情况进行调整或修改。

下面以"皮尔斯电路.PCBDOC"设置为单面板布线，并将电源 VCC 和 GND 网络的导线宽度设置为 0.5mm 为例，介绍设计规则的设置方法(在 Board Layers 设置中，取消 Top Layer，设置 Board Area Color 为白色)。

在 PCB 为当前文档时，按快捷键 D/R 进入 PCB Rules and Constraints Editor (PCB 规则和约束编辑)对话框，所有的设计规则和约束都在这里设置。界面的左侧显示设计规则的类别，右侧显示对应规则的设置属性，如图 10.12 所示。

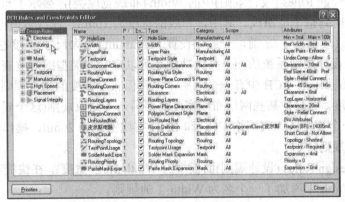

图 10.12 PCB 规则和约束编辑对话框

1. 单面布线设置

单击左侧 Design Rules(设计规则)中的 Routing(布线类)，该类所包含的布线规则以树型结构展开，单击 RoutingLayers (布线层规则)选项，右侧顶部区域显示所设置规则的使用范围，底部区域显示规则的约束特性设置，在对话框中给出了 32 个信号层的使用和走线形状。单击右边的下拉按钮，对其进行设置。对于单面电路板，Top Layer(顶层)只放置元件不布线，因此设置为 Not Used (不布线)，将 Bottom Layer(底层)设置为 Any(任意)。如图 10.13 所示。

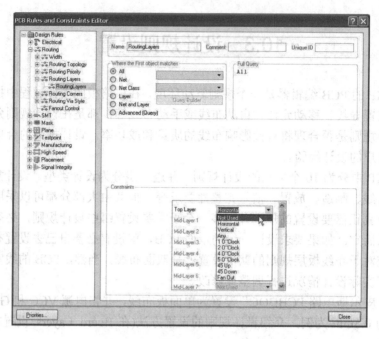

图 10.13　布线层规则设置对话框

2. 导线宽度规则设置

单击左侧 Design Rules (设计规则)中的 Width (布线宽度类)，显示了布线宽度约束特性和范围，规则应用到整个电路板。其中，布线的宽度为 10mil，修改数值可改变线宽约束。在修改 Minimum (最小尺寸)之前，一般先设置 Maximum (最大尺寸)宽度栏。

Protel DXP 设计规则系统的一个强大功能是可以定义同类型的多重规则，而每个目标对象又不相同。例如，在 PCB 中有一个对整个电路板布线宽度的约束规则，即所有的导线都必须是这个宽度，而其中某些网络布线宽度需要另一个约束规则(这个规则忽略前一个规则)。下面添加一个规则，约束网络 VCC 和 GND 布线宽度为 20mil，操作步骤如下。

(1) 添加新规则。

右击左侧 Design Rules (设计规则)面板中的 Width (布线宽度)，在快捷菜单中选择 New Rule 命令，在 Width 中添加了一个名为 Width_1 的规则。

(2) 设置布线宽度。

单击 Width_1，在布线宽度约束特性和范围设置对话框的顶部的 Name (名称)栏里输入网络名称 Power，在底部的宽度约束特性中将宽度修改为 20mil，两次操作的结果如图 10.14 所示。

(3) 设置约束范围。

在图 10.14 所示的对话框中，选中右侧 Where the First object matches 选项组中的 Net 单选按钮，在 Full Query 选项组中出现 InNet()。单击 All 单选按钮旁的下三角按钮，从显示的有效网络列表中选择 VCC，Full Query 选项组中更新为 InNet('VCC')。此时表明布线宽度为 20mm 的约束应用到了电源网络 VCC。

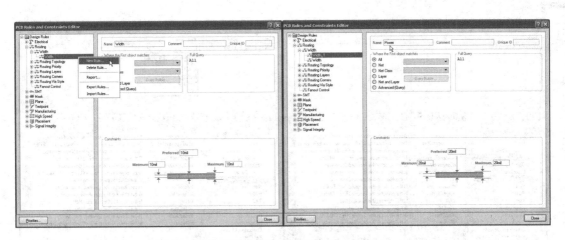

图 10.14   添加新规则设置布线宽度

使用 Query Builder 命令将约束范围扩大到 GND 网络。选中 Where the First object matches 选项组的 Advanced(Query)单选按钮，然后单击 Query Builder 按钮，如图 10.15 所示。

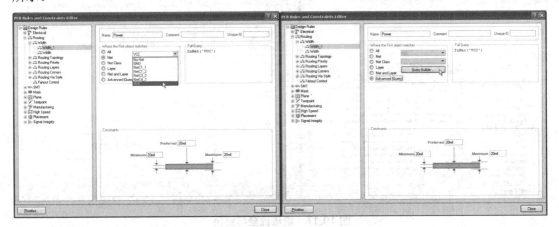

图 10.15   约束范围设置对话框

在对话框的上部是网络之间的关系设置栏，将光标移到 InNet('VCC')的右边，然后单击下面一排按钮中的 Or 按钮，此时 Query 单元的内容为 InNet('VCC')or。

单击 Categories 列表框中的 PCB Functions 类的 Membership Checks 项，再双击 Name 列表框中的 InNet，此时 Query 单元的内容为 InNet('VCC') Or InNet( )，同时出现一个有效的网络列表，选择 GND 网络，此时 Query 单元的内容更新为 InNet('VCC') Or InNet(GND)，如图 10.16 所示。

单击 Check Syntax (语法检查)按钮，出现信息框，如果没有错误，单击 OK 按钮关闭结果信息，否则应予修改。

单击 OK 按钮，关闭 Query Helper 对话框，在 Full Query 单元的范围更新为新内容，如图 10.17 所示。

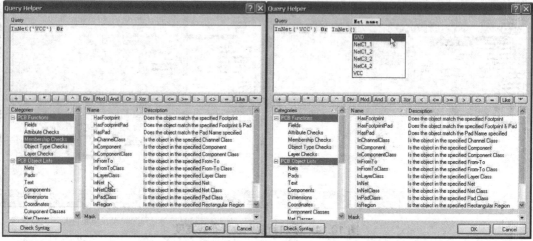

图 10.16　约束范围设置对话框

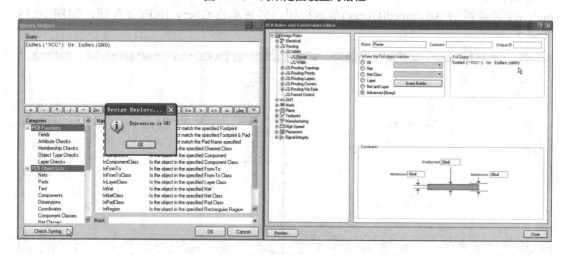

图 10.17　语法检查与更新

(4)　设置优先权。

通过以上的规则设置，在对整个电路板进行布线时就有名称分别为 Power 和 Width 的两个约束规则。因此，必须设置二者的优先权，决定布线时约束规则使用的顺序。单击图 10.17 中右图左下角的 Priorities (优先权)按钮，弹出 Edit Rule Priorities(编辑规则优先权)对话框。该框中显示了 Rule Type (规则类型)、规则优先权、范围和属性等，优先权的设置通过 Increase Priority (提高优先权)按钮和 Decrease Priority (降低优先权)按钮实现。

至此，新的布线宽度设计规则设置结束，单击 Close 按钮关闭对话框或选择其他规则时，新的规则予以保存。

按照以上设置的规则，在对"皮尔斯电路.PCBDOC"布线时，将以 Bottom Layer (底层)进行单面任意方式布线，布线宽度除了 VCC 和 GND 的宽度为 20mil 以外，其余导线宽度均为 10mil。布线时约束规则使用的顺序为：Power 约束规则优先于 Width 约束规则，如图 10.18 所示。

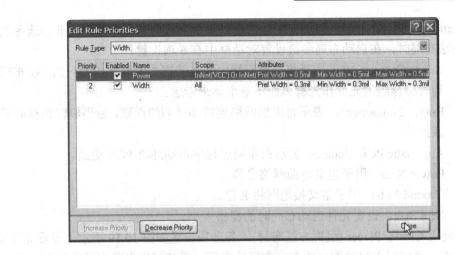

图 10.18　编辑规则优先权对话框

10.4　元件的布局

把元件封装放置在 PCB 上的过程称为元件布局。本节先介绍 Protel DXP 中的两种布局方法：自动布局和手动布局。接着讲述元件对齐工具的使用方法。

10.4.1　自动布局

Protel DXP 提供了强大的自动布局功能，只要定义合理的规则，系统就会按照规则将元件自动地在 PCB 上布局。采用自动布局，将大大地提高工作效率。

自动布局的启动方法：选择 Tools | Auto Placement | Auto Place 命令或按快捷键 T/L/A，系统弹出自动布局参数设置对话框，如图 10.19 所示。

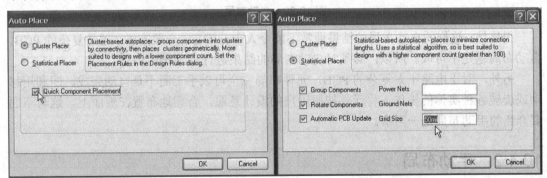

图 10.19　群组方法与统计方法布局参数设置对话框

通过此对话框可以设置两种自动布局方法。

● Cluster Placer (组群方法布局)：它是以布局面积最小方法为标准，同时可以将元件名称和序号隐藏。还有一个加快布局速度选项，即 Quick Component Placement，如果选中此项，将加快系统的布局速度。

- Statistical Placer (统计方法布局)：它是以使得飞线的长度最短为标准。选择该方法布局时，在自动布局参数设置对话框中有 6 项设置。
  - ◆ Group Components：表示将当前网络中的连接密切的元件作为一组，在布局排列时将该组的元件作为群体而不是个体来考虑。
  - ◆ Rotate Components：表示将根据网络连接和排列的需要，适当旋转和移动元件或封装。
  - ◆ Automatic PCB Update：表示在布局过程中自动地将 PCB 更新。
  - ◆ Power Nets：用于定义电源网络名称。
  - ◆ Ground Nets：用于定义接地网络名称。
  - ◆ Grid Size：设置元件自动布局时的栅格大小。

在这里使用 Cluster Placer (组群方法布局)，各选项设置如图 10.19 所示，设置完毕后，单击 OK 按钮，系统进入自动布局状态。布局结束后，系统弹出自动布局结束对话框，提示自动布局结束。

整理网络，在 PCB 上将显示飞线，单击 OK 按钮，系统完成自动布局，如图 10.20 所示。

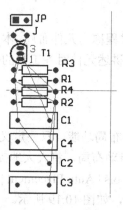

图 10.20　自动布局

很显然，这样的自动布局的结果通常不能令人十分满意，一般来讲，越是复杂的 PCB，自动布局越是不可取。所以，必须对自动布局的结果进行手工布局调整。

另外，对于电路不太复杂的 PCB，元件布局完全可以手工而不是自动完成，即利用移动或旋转各种实体的操作，将元件按照用户的设计意愿，合理地布置在板面上，这与下面要介绍的手动布局是一回事。

10.4.2　手动布局

手动布局就是将元件从 Rooms (元件盒)中人工布局在 PCB 上。主要操作是移动或旋转元件、元件标号和元件型号参数等实体。操作方法与原理图中的方法类似，除了可以利用菜单操作命令外，最简捷的方法是用鼠标左键激活要移动的实体，按下左键拖动即可。实体激活后按键盘上的 Space 键、X 键或 Y 键，即可调整实体的方向。在移动过程中，元件上的飞线不会断开，一起移动。

10.4.3　元件对齐

为了使设计的电路板比较整齐美观，在元件的布局中常常需要对元件进行对齐。在 Protel DXP 中具有强大而灵活的元件对齐放置工具，单击 View | Toolbars | Component Placement 调用元件对齐放置工具栏；也可以通过菜单项 Tools | Interactive Placement 命令启动，选择对齐工具执行操作。本例以 C2 和 C4 对齐操作来说明元件对齐工具的应用。

(1)　按下 Shift 键，分别单击 C2 和 C4 两个电容，使之变为选取状态。

(2)　单击元件放置工具栏中的右对齐(Align Right)按钮，C2 就以 C4 的右边为准对齐。按照类似的方法，使用该工具将元件布局进行调整后的电路板如图 10.21 所示。

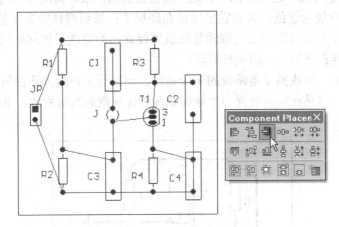

图 10.21　手动调整布局后的 PCB

10.5　PCB 的布线

在 PCB 设计中，布线是一项非常重要的工作，布线质量决定设计质量。Protel DXP 提供了容易而强大的布线方法：手动布线和自动布线。自动布线效率高，但有时不尽如人意；手动布线虽然效率低，但能根据需要或设计风格去控制导线放置的状态。无论哪一种布线方法都是在设置的设计规则下进行的。

10.5.1　手动布线

手动布线是根据飞线的引导将导线放置在电路板上。在 Protel DXP 中，PCB 的导线是由一系列的直线段组成的，每次方向改变时，新的导线段也会改变。在默认情况下，Protel DXP 初始时会使导线走向为 Vertical (垂直)、Horizontal (水平)或 Start45°(45°角)，这些方法的定义或修改具体请参见 3.2 对 PCB 进行修订中的放置导线一节。本节使用默认值，将完成布局的 PCB 作为单面板来进行手动布线，所有导线都布置在 Bottom Layer (底层)，手动布线的过程如下。

(1) 启动导线放置命令。

按快捷键 P/T 启动导线放置命令后，光标变成十字形状，表示处于导线放置模式。

(2) 检查布线的层标签。

因为这里进行的是单面板布线设计，即布线在底层上，所以检查文档工作区的底部的层标签，确认当前层为 Bottom Layer (底层)，若不是底层，按数字键上的*键切换到底层而不需要退出导线放置模式。这个键仅在可用的信号层之间切换。

(3) 利用 Protel DXP 的 look-ahead (先行)特性完成第一条网络布线。将十字光标放在连接器的上面的焊盘上，单击确定导线的第一个点；移动光标到 R1 的上面的焊盘，导线有两段，第一段是蓝色实线(来自起点)，是正在放置的导线，第二段是空心线，称为 look-ahead (先行段)导线，连在光标上，这一段位置灵活，很容易绕开障碍物；单击固定第一段导线，该段导线为蓝色，表明它已经放在底层了；按照同样的方法把导线连接到 R3 的上面的焊盘上，右击或按 Esc 键取消导线放置模式，即完成了该网络的布线。在整个布线过程中，飞线连在光标上，随光标移动。

按照以上步骤，完成整个电路板的剩余布线，电路板上连接到连接器的两条线稍粗，其余导线比较细，这是在规则设置中的导线宽度设计规则的约束所致，手动布线后的 PCB 如图 10.22 所示。

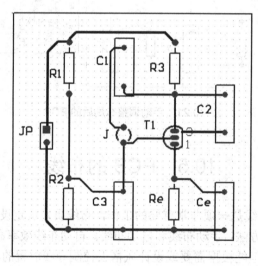

图 10.22 手动布线后的 PCB

布线时应注意以下几点。

- 单击或按 Enter 键，放置实心颜色的导线段。空心线段表示导线的 look-ahead (先行)部分。放置完成的导线段应该是层颜色显示。
- 要删除一段导线，则单击要删除的导线，该导线出现编辑操作点，按 Delete 键即可删除；要取消整个电路板的布线，选择 Tools | Un-Route | All 命令即可。
- 需要重新布线时，只布新导线即可，在完成新的布线后，原来的多余导线会自动被移除。
- 在任何时候，按 End 键可以刷新板面。

10.5.2 自动布线

对设计规则设置完成以后，也可以对布局结束后的 PCB 进行自动布线。一般来说，用户先是对电路板的布线提出某些要求，设计者按这些要求设置布线规则。在自动布线前，除了设置规则以外，还需要设置系统进行自动布线时采取的策略。使用 Protel DXP 自动布线非常容易、快捷。自动布线的操作在菜单 Auto Route 中执行相应的命令可以完成。

1. 自动布线策略设置

自动布线策略设置的操作步骤如下。

(1) 选择 Auto Route|Setup 命令，打开自动布线策略对话框，如图 10.23 所示。

(2) 在 Available Routing Strategies(有效布线策略设置)选项组中设置布线策略，主要设置自动布线的走线模式或方法。单击 Add 或 Duplicate 按钮，启动布线策略修改对话框。在这个对话框里一般情况下使用默认设置。

(3) 单击左下角 Routing Rules(布线规则设置)按钮，进入图 10.12 所示的布线规则设置对话框。此对话框在前面已经介绍，这里不再复述。

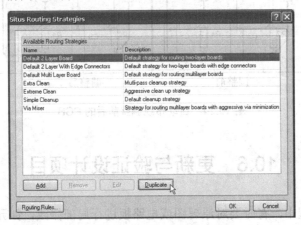

图 10.23 自动布线策略对话框

2. 自动布线的实现

在 Auto Route (自动布线菜单)中，除了 Setup 项之外，其余还有 10 个选项，说明如下。

- All：进行整个电路板的布线。
- Net：对指定的网络进行布线。
- Connection：对指定的焊盘进行焊点对焊点布线。
- Component：对指定的元件进行布线。
- Area：对指定的区域进行布线。
- Room：对指定的范围进行布线。
- Stop：使正在布线的电路板停止布线。
- Reset：使已经布线过的电路板采取重新布线。

● Pause：使正在布线的电路板暂停布线。
● Restart：在使用过 Pause 命令之后再恢复正常布线。

在前面所讲的各种设置都设置好的基础上，对图 10.21 所示的 PCB 进行自动布线，选择 Auto Route | All 命令，看到 PCB 上开始了自动布线，同时弹出信息显示框，自动布线完成后，按 End 键刷新 PCB 画面。

3. 布线调整

自动布线速度快、效率高，特别对比较复杂的电路板更能体现出 Protel DXP 的优越性能，但也有一些不尽如人意的地方，例如电容 C1 左侧、电容 C4 右侧的导线离焊盘太近，容易造成短路，所以，自动布线完成后，需要手工对电路板进行布线调整。布线调整后的 PCB 如图 10.24 所示。

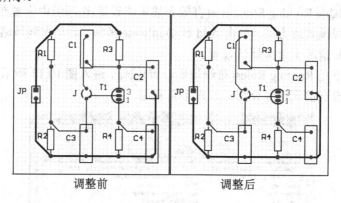

调整前   调整后

图 10.24   自动布线调整前后的 PCB

10.6   更新与验证设计项目

在项目设计过程中，有时要对原理图或电路板进行局部修改，如元件的标号、标称值等，同时希望将修改的情况也反映到电路板或原理图中去。Protel DXP 提供了可以很方便实现这一操作的命令。

10.6.1   由 PCB 更新 SCH

由 PCB 更新 SCH 就是对 PCB 局部修改后再更新 SCH。原来的皮尔斯设计项目的局部 SCH 和 PCB 如图 10.25 所示。

在 PCB 的编辑区内将 PCB 中的 R3 修改为 Rc，更新 SCH 的操作步骤如下。

(1) 在 PCB 设计系统的窗口中，选择 Design | Update Schematic in [皮尔斯电路.PRJPCB] 命令，启动工程更改文件 Engineering Change Order(ECO)对话框，如图 10.26 所示。

(2) 在 ECO 对话框中列出了所有的更改内容。单击 Validate Changes 按钮，检查改变是否有效，如果所有的改变均有效，Status 栏中的 Check 列出现对号，否则出现错误符号。

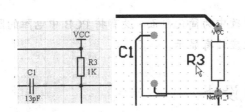

图 10.25　修改前的 SCH 和 PCB

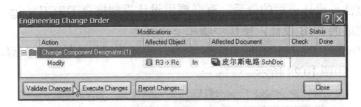

图 10.26　ECO 对话框

（3）单击 Execute Changes 按钮将有效的修改发送到 SCH 文档完成后，Done 列出现完成状态显示。

（4）单击 Report Changes 按钮系统生成更改报告文件。

（5）单击 Close 按钮关闭 ECO 对话框，实现了由 PCB 到 SCH 的更新。更新后的 PCB 和 SCH 如图 10.27 所示。

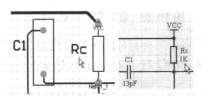

图 10.27　修改后的 PCB 和 SCH

10.6.2　由 SCH 更新 PCB

由 SCH 更新 PCB 就是对 SCH 局部修改后更新 PCB。在 SCH 编辑区内将 R4 改为 Re，将 C4 改为 Ce，选择 Design |"Update PCB 皮尔斯电路.PCBDOC"命令，系统自动启动 ECO，按照与上一节类似的方法和步骤就可以将修改信息更新到 PCB 中，更新后的 PCB 如图 10.28 所示。

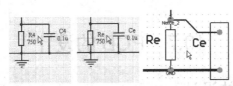

图 10.28　修改前后的 SCH 和修改的 PCB

更新 PCB 后，有时需对 PCB 进行调整，特别是在更改元件封装形式的情况下，必须对其手动调整布线。

💡 **注意：** 在以上的更改中为简化画面，没有将 PCB 中电阻的阻值和电容的容量显示出来。实际上应该有显示。

10.6.3 验证 PCB 设计

Protel DXP 提供一个规则驱动环境来设计 PCB，并允许设计者定义各种设计规则来保证电路板的完整性。设计进程的最后，有必要用设计规则检查 DRC(Design Rule Checker) 来验证设计者完成的 PCB 设计，操作步骤如下。

(1) 选择 Tools | Design Rule Check 命令，或者使用快捷键 T/D，启动 Design Rule Checker 对话框，如图 10.29 所示。

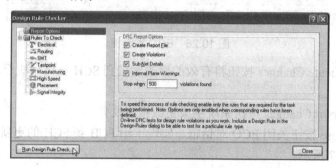

图 10.29 设计规则检查对话框

(2) 对话框中的具体内容将在后面详细介绍，在这里保留所有选项为默认值。单击 Run Design Rule Check 按钮，系统开始运行 DRC，显示结果的信息面板如图 10.30 所示中。

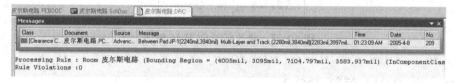

图 10.30 Messages 面板框

在信息面板中显示了违反设计规则的类别、位置等信息，同时在设计的 PCB 中以绿色标记标出违反规则的位置。双击信息面板中的错误信息，系统会自动跳转到 PCB 中违反规则的位置，分析查看当前的设计规则并对其进行合理的修改，直到符合设计规则为止，才能结束 PCB 的设计任务。

10.7 PCB 的设计

10.7.1 双层 PCB 的设计

双层电路板一般包括元件面、焊接面和丝印层。在元件面和焊接面都有铜膜线，布线容易，价格适中，因此双面板是电子设备中常用的一种板型。前面已经介绍了单层电路板设计的过程，在此基础上，下面简单介绍双层电路板的设计。

双层电路板的设计过程与单面电路板的设计过程基本上一样，所不同的是设计规则的设置有所区别。

选择 Design | Rules 命令，启动前面介绍的图 10.12 设计规则编辑对话框，在约束特性栏里，将 Top Layer 中的走线模式设置为 Horizontal (水平方法)，Bottom Layer 中的走线模式设置为垂直方法(Vertical)，如图 10.31 所示。关闭对话框，即可对电路板进行双面布线。在皮尔斯电路为例设计的双面电路板中，红色铜膜线为顶层走线，蓝色铜膜线为底层走线，如图 10.32 所示。

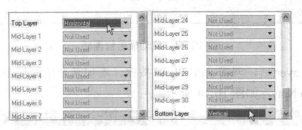

图 10.31　设置走线模式对话框

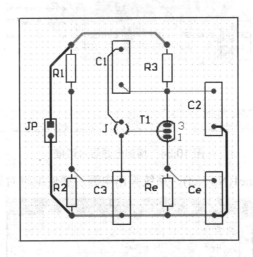

图 10.32　双层 PCB 设计

10.7.2　多层 PCB 的设计

Protel DXP 提供了 32 个信号布线层、16 个电源地线布线层和多个非布线层，可以满足多层电路板设计的需要。但随着电路板层的增加，制作工艺更复杂，在一些高级设备中，有的用到了四层板、六层板等。这里以四层电路板设计为例介绍多层电路板的设计。

四层电路板原理是在双面板的基础上，增加电源层和地线层。其中电源层和地线层各用一个覆铜层面连通，而不是用铜膜线。由于增加了两个层面，所以布线更加容易。

设计方法和步骤与前面设计单面电路板和双面电路板类似，所不同的是在电路板层规划中必须增加两个内层。操作步骤如下。

(1) 选择 Design|Layer Stack Manager 命令，或者按快捷键 D/K，启动板层管理器，如

图 10.33 所示。

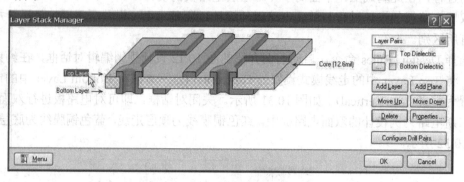

图 10.33　启动板层管理器

(2)　单击 Top Layer 后，双击 Add Plane 按钮，增加两个电源层 InternalPlane1(No Net) 和 InternalPlane2(No Net)，如图 10.34 所示。

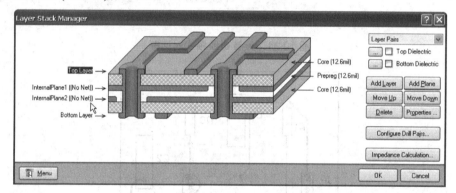

图 10.34　增加电源层对话框

(3)　双击 InternalPlane1(No Net)，系统弹出电源层属性编辑对话框，如图 10.35 所示。

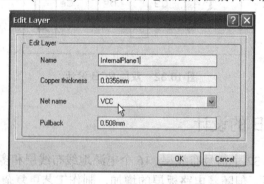

图 10.35　电源层属性编辑对话框

(4)　单击对话框中 Net name 对话框右边的下三角按钮，在弹出的有效网络列表中选择 VCC，即将 InternalPlane1 (电源层 1)定义为电源 VCC。设置结束后，单击 OK 按钮，关闭对话框。按照同样的操作将 InternalPlane2 (电源层 2)定义为电源 GND。如图 10.36 所示。

(5)　设置结束后，单击 OK 按钮，关闭板层管理器对话框。

(6)　将图 10.32 所示的双层 PCB 的所有布线利用 Tools | Un-Route | All 命令删除，恢复

PCB 的飞线状态。选择 Auto Route | All 命令，对其进行重新自动布线，结果如图 10.37 所示。

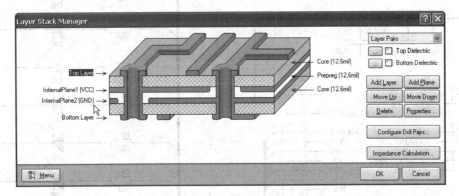

图 10.36　设置电源层所连接的网络

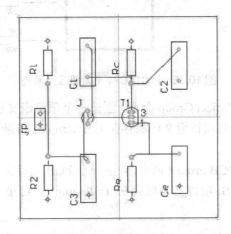

图 10.37　四层 PCB 设计

将图 10.37 与图 10.32 比较，会发现图 10.37 中减少了两条较粗的电源网络铜膜线，取而代之的是在电源网络的每个焊盘上都出现了十字状标记，表明该焊盘与内层电源相连接。

10.8　用多通道电路设计 PCB

10.8.1　设计多通道电路

下面以 PIC16C71 单片机应用系统的电路为例，介绍多通道电路设计的方法。在该电路中，包含 8 个完全相同的发光二极管显示电路，如图 10.38 所示。

1. 创建 PCB 设计项目

多通道电路属于层次电路的一种，因此在创建多通道电路之前首先要创建一个 PCB 设计项目文档，具体操作步骤如下。

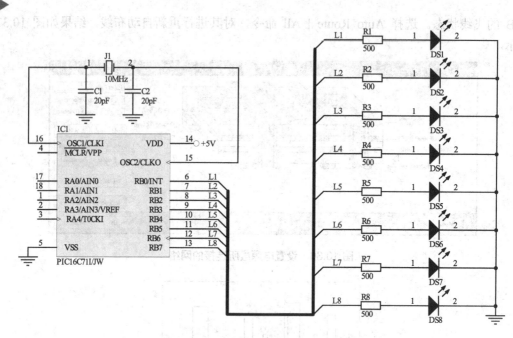

图 10.38   PIC16C71 单片机应用系统

(1) 选择 File | New | Project Group 命令，创建一个项目组文档。选择 File | Save Project Group As 命令，将刚创建的项目组文档保存在 E:\Examples 目录下，并命名为"多通道电路.PrjGrp"。

(2) 选择 File | New | PCB Project 命令，创建一个 PCB 项目文档。选择 File | Save Project As 命令，将刚创建的 PCB 项目文档保存在 E:\Examples 目录下，并命名为"多通道电路.PrjPCB"。

2. 创建父图

本例将按自顶向下的方式创建多通道电路，创建父图的操作步骤如下。

(1) 选择 File | New | Schematic 命令，创建一个原理图文档。选择 File | Save 命令，将刚创建的原理图文档保存在 E:\Examples 目录下，并命名为"多通道电路父图.SchDoc"。

(2) 放置子图符号、子图入口，调整布局，并正确连接导线，结果如图 10.39 所示。

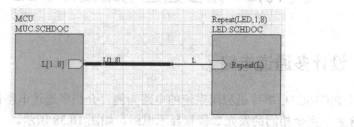

图 10.39   多通道电路父图

按表 10.1 设置各子图符号的属性。设计多通道电路的关键是设置相同子图的重复引用次数，如右边子图符号的符号名为 Repeat(LED,1,8)，该项的含义为：实际的子图符号名为 LED，Repeat 是重复引用命令关键字，数字 1.8 用来设置引用的次数。

表 10.1 各子图符号的属性

位 置	子图符号名(Designator)	子图名(Filename)
左边的子图符号	MCU	MCU.SchDoc
右边的子图符号	Repeat(LED, 1, 8)	LED.SchDoc

重复引用命令的格式为:

Repeat(子图符号名,第一次引用的通道号,最后一次引用的通道号)

如 Repeat(LED,1,8)表示引用子图 LED,从第一次开始一直引用 8 次,与此相对应的电路通道号分别用 LED1、LED2、…、LED8 表示。

设计多通道电路的另一关键是合理设置子图入口,如 Repeat(L),表示该子图入口。在重复引用子图时,该子图入口也会重复连接,分别对应由网络标签 "L[1..8]" 所定义的 L1、L2、…、L8。

(3) 选择 File | Save 命令,保存编辑完成的原理图文档。

3. 由子图符号创建子图

按照前面介绍的方法,分别由子图符号生成子图。由子图符号 MCU 所创建的子图 MCU.SchDoc 如图 10.40 所示。

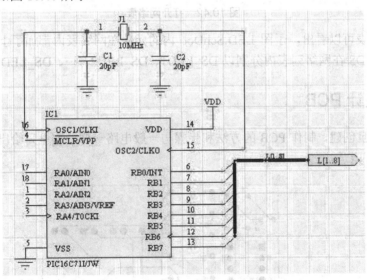

图 10.40 由子图符号 MCU 所创建的子图 MCU.SchDoc

由子图符号 LED 创建的子图 LED.SchDoc 如图 10.41 所示。

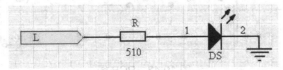

图 10.41 由子图符号 LED 所创建的子图 LED.SchDoc

💡 **注意：** 在设计由子图符号 LED 所创建的子图时，应将输入/输出端口 Repeat(L)的端口名改为 L。

10.8.2　由多通道电路创建网络表

通过 Design | Netlist For Project | Protel 命令，可以由多通道电路创建 Protel 网络表。单击 Projects 标签，在 Projects 面板上单击打开网络表文件"多通道电路.NET"，如图 10.42 所示。

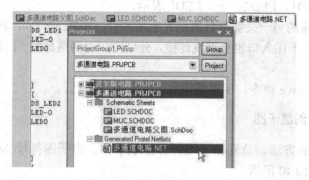

图 10.42　打开网络表

分析网络表可以看出，子图 LED.SchDoc 内的元件在网络表内都加了上不同的后缀。如发光二极管 DS 在网络列表内分别以 DS_LED1、DS_LED2、…、DS_LED8 的形式出现。

10.8.3　设计 PCB

网络表一旦创建，制作 PCB 的方法和步骤与一般电路一样，这里只给出制作结果，如图 10.43 所示。

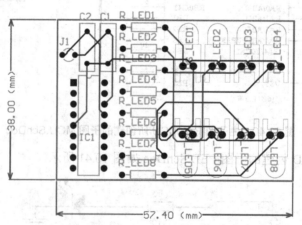

图 10.43　PCB 图

10.9 上 机 指 导

本章介绍了利用向导建立 PCB 的方法。下面以波形发生器为例，讲解制作 PCB 的方法。

要求：

① 使用双面板，板框尺寸为 3000mil×1540mil，四个角放置 5mm 的定位孔。

② 采用插针式元件。

③ 镀铜导孔。

④ 焊盘之间允许走一条铜膜线。

⑤ 最小铜膜线宽度为 10mil，电源地线的铜膜线宽度为 20mil。

⑥ 要求画出原理图，自动布线。

⑦ 电路板参考图如图 10.44 所示。

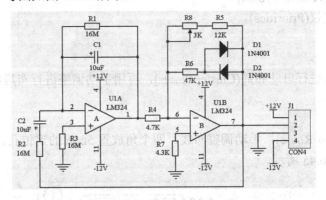

图 10.44 波形发生器电路原理图

利用向导建立 PCB 的过程如下。

1. 创建项目文件

在 D：\student 文件夹下新建项目文件，文件名为"波形发生器.PrjPCB"。

2. 绘制原理图

绘制出波形信号发生器原理图，文件名为"波形发生器.SchDoc"，生成网络表"波形发生器.NET"。

3. 创建 PCB 文件

(1) 使用 PCB 向导创建文件。

(2) 选定英制单位(Imperial)。

(3) 自定义(Custom)板框，板框尺寸为 3000mil×1540mil。

(4) 双面板；两个信号层(Signal Layers)，不需要电源层(Power Planes)。

(5) 双面板选择穿透式导孔(Thruhole Vias)。

(6) 穿孔式安装元件(Through-hole components)。

(7) 相邻焊盘之间的导线数设为 1 根(One Track)。

(8) 最小铜膜线宽度为 10mil(minimum Track Size)。

(9) 保存的文件名为"波形发生器.PcbDoc",并添加到"波形发生器.PrjPCB"项目中。

4. 转换设计

将原理图中的元件和网络等信息引入到 PCB 中。

5. PCB 规划

(1) 添加新规则(Power)。

(2) 设置布线宽度(Width):最小铜膜线宽度为 10mil,电源地线的铜膜线宽度为 20mil。

(3) 设置约束范围 InNet('VCC') Or InNet('GND')。

(4) 语法检查(Check Syntax)。

(5) 设置优先权(Priorities)。

6. 自动布局

利用组群方法进行自动布局(Cluster Placer),再用手动调整进行布局修改。

7. 自动布线

自动布线(Auto Route),手动调整布线,四个角放置 5mm 的定位孔,PCB 制作结束后的参考效果如图 10.45 所示。

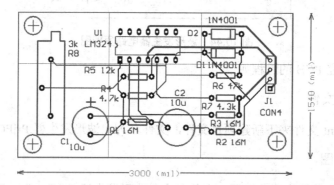

图 10.45　波形发生器 PCB 参考图

10.10　习　　题

填空题

(1) 把元件封装放置在 PCB 上的过程称为_____。

(2)　设置布线策略，主要设置自动布线的_____或_____。

(3)　布线优先权_____布线时约束规则使用的_____。

(4)　设计多通道电路的关键是设置相同子图的_____和合理设置_____。

选择题

(1)　自动布局有_____布局法。

　　A. 快速　　　　　B. 群组　　　　　C. 统计　　　　　D. 最优

(2)　导线宽度规则设置规定：在修改_____尺寸之前，先设置_____。

　　A. 最粗　　　　　B. 最细　　　　　C. 最小尺寸　　　D. 最大尺寸

(3)　在板层管理器中系统默认的工作层有_____。

　　A. 禁止布线层　　B. 顶层　　　　　C. 丝印层　　　　D. 底层

(4)　在使用向导定义 PCB 时，有三种板型可供选择，分别是_____。

　　A. 多边形方形　　B. 方形　　　　　C. 圆形　　　　　D. 自定义形

判断题

(1)　双面板和单面板设计规则的设置完全一样。　　　　　　　　　　　(　　)

(2)　SCH 中的对齐和 PCB 中的对齐作用相同。　　　　　　　　　　　(　　)

(3)　在 PCB 设计中，可以把 SCH 中没有的新元件添加到 PCB 中。　　(　　)

(4)　在双层板中必须要有电源层。　　　　　　　　　　　　　　　　　(　　)

简答题

(1)　在 PCB 设计中，如果此时增加或删除了 SCH 中的元件，要进行什么操作？

(2)　在布线规则设置中，顶层和底层的布线方法都有几种选择？

(3)　简单介绍在 PCB 设计完成后改元件封装的办法。

(4)　解释设计多通道电路时重复引用命令的格式及其含义。

操作题

(1)　试设计图示电路的电路板，设计要求如下。

①　使用单层电路板，尺寸为 2180mil × 1380.145mil。

②　电源地线的铜膜线的宽度为 50mil。

③　一般布线的宽度为 25mil。

④　人工放置元件封装。

⑤　人工布线。

⑥　布线时考虑只能单层走线。

设计电路如图 10.46 所示。

(2)　试设计稳压电源电路的电路板，设计要求如下。

①　使用双层电路板，电路板的尺寸为 4000mil×1320mil。

②　电源地线的铜膜线的宽度为 25mil。

③　一般布线的宽度为 20mil。

④ 人工放置元件封装，并排列元件封装。

⑤ 人工布线。

⑥ 布线时考虑顶层和底层都走线，顶层走水平线，底层走垂直线。

稳压电源电路如图 10.47 所示。

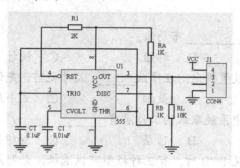

图 10.46　电路原理图

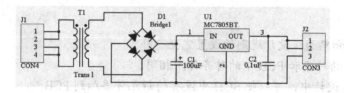

图 10.47　稳压电源电路原理图

(3) 试画出晶闸管电路并设计 PCB，要求如下。

① 使用双面板，板框尺寸为 2560mil×2220mil，四个角放置 5mm 的定位孔。

② 采用插脚式元件。

③ 镀铜导孔。

④ 焊盘之间允许走一条铜膜线。

⑤ 最小铜膜线宽度为 20mil，电源地线的铜膜线宽度为 50mil。

⑥ 要求画出原理图，自动布线。

晶闸管电路如图 10.48 所示。设计的 PCB 参考图如图 10.49 所示。

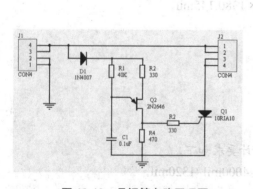

图 10.48　晶闸管电路原理图

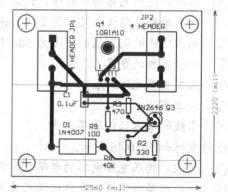

图 10.49　电路板参考图

第 11 章　PCB 元件制作

教学提示：本章介绍 PCB 元件(PCB Component)的基本知识。其中包括：建立 PCB 元件库；使用 PCB 元件编辑器；使用 PCB 元件制作向导；手工制作 PCB 元件；PCB 元件修订方法和步骤以及注意事项。

教学目标：了解 PCB 元件的基本知识，理解 PCB 元件对于设计 PCB 的重要性，对 PCB 元件种类的复杂多样性和选择的正确合理性有充分的领会，认识 PCB 元件制作、修订的必要性，掌握 PCB 元件库、PCB 元件编辑器以及库元件的相关的基本操作。通过上机练习巩固所学知识，为复杂多样的 PCB 设计打下坚实基础。

11.1　对 PCB 元件的基本认知

Protel DXP 的功能非常丰富，集成了原理图绘制、PCB 设计、电路仿真、CPLD/FPGA 设计以及各种相关报表的自动生成等很多功能，但从比较客观的角度上说，借助 Protel DXP 进行 PCB 设计应用更普遍。PCB 元件是 PCB 设计的必要元素，通常我们更习惯于将 PCB 元件称为元件的封装形式(footprint)，简称为封装形式或封装，它包含了元件的外形轮廓及尺寸、引脚数量和布局(相对位置信息)以及引脚尺寸(长短、粗细或者形状)等基本信息。

在 Protel DXP 中，对于封装形式的管理采用库的方式。此前版本中封装形式是以单独的库的形式存在，这种单独的封装库方式在 DXP 中依然存在，同时 DXP 首次引入了集成库的概念，对于大多数电气符号(原理图元件)都有一种推荐的或者首选的封装形式，这样做具有明显的针对性，主要目的是为设计者提供更为体贴的支持并期望因此提高设计效率。这些库中包含的品种数以千计，能满足大多数情况下的需要，但 DXP 毕竟不能领会设计者们彼此不一而又复杂多变的意图，因此总有缺憾。作为一个不可避免的事实，新的元件层出不穷，新的封装工艺日新月异，造成 DXP 的原有封装难以满足设计需要。另外，使这种矛盾更为尖锐的是设计中经常采用大量的非标准元件，以及出于某种实际需要对于标准元件的非标准化应用。

元件的封装形式规划是 PCB 设计的首要任务，采用的封装形式不仅直接反映设计的科学合理性，甚至根本性地决定设计的成败。封装形式的选择往往具有多样性，同一种元件可以有多种不同的封装形式，不同的元件也可以有相同的封装形式，如何解决通常受到对象的电气特性、物理特性、安装或操作方式、PCB 布局及布线要求、性能以及成本等多方面因素的制约。通常，在设计中，除了一些关键性的不可随意变更的元件外，其余部分可以随着设计过程的深入适当修订。这需要设计者有过硬的基础知识和设计经验。而对于 PCB 设计的初学者，尤其是对电子元件了解甚少的初学者而言，通常这是最难以把握和最容易出现问题的环节，也是无法回避的环节。应该清楚地认识到，对 Protel DXP 软件本身的熟练操作固然是我们的期望，而借助它进行的实际设计更是根本目的，因此对实际元件的认知就特别重要。

11.1.1 对封装形式复杂多样性的认知

电子元件的种类繁多，对应的封装形式复杂多样。下面仅展示几种常用的电子元件。客观地说，对于每一类元件，展示品种和实际品种相比依然相差很大，因此，相关的简要阐述也同样具有局限性，应更多地通过其他学习渠道丰富元件知识。

1. 同种元件的封装形式

1) 固定电阻

这里的固定电阻指的是无阻值调节装置的一类电阻元件，如图 11.1 所示。

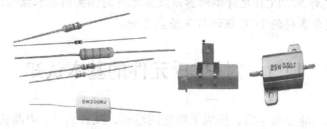

图 11.1　几种常见电阻元件外观

对于此类元件，其封装尺寸主要取决于其额定功率及工作电压等级，这两项指标的数值越大，电阻的体积就越大。一般说来，封装分为表面贴装式、插脚焊接式、引线式等多种外形。在 Protel DXP 中，对于插脚式电阻，现有封装为 AXIAL0.3～AXIAL1.0，对于贴片式电阻，相应的现有封装为 0402～5720 等，这种贴片封装并非从属于特定的元件类属，可以灵活应用于电阻、电容、电感、二极管等多类元件。典型封装形式如图 11.2 所示。

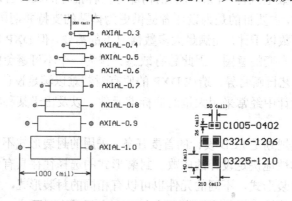

图 11.2　Protel DXP 中电阻的典型封装形式

2) 可调电阻

用于电路中某种参数的调节，视被调节对象的属性、性能要求、成本、操作方式以及安装方式等不同因素而有不同的封装形式，如图 11.3 所示。

图 11.3　几种常见可调电阻外观

在 Protel DXP 中可调电阻的几种封装形式如图 11.4 所示。

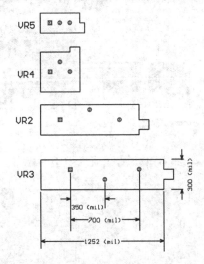

图 11.4　Protel DXP 中可调电阻的几种封装形式

3)　二极管

常见的晶体二极管的尺寸大小主要取决于额定电流和额定电压，从微小的贴片式封装、玻璃封装、塑料封装到大功率的金属封装，形状尺寸相差很大，如图 11.5 所示。

Protel DXP 中有专门的晶体二极管封装库，包含了较多的封装形式，但相比于实际设计要求，仍显得捉襟见肘。DIODE-0.4 和 DIODE-0.7 是基本的两种封装形式，如图 11.6 所示。

4)　电容

电容元件是电子线路中最为常用的一种元件，主要参数为容量及耐压，对于同类电容而言，体积随着二者的增加而增大。通常，电容的外观有圆柱形、扁平形、泪滴形等，包含表面贴装、插脚焊接、导线驳接等多种封装形式，如图 11.7 所示。

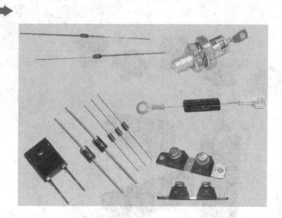

图 11.5　几种常见晶体二极管的外观

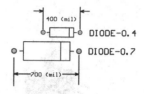

图 11.6　两种常用二极管的封装形式

图 11.7　常见电容元件的外观

　　Protel DXP 中，对于扁平外观插脚式电容，对应的封装形式为 RAD-0.1～RAD-0.4 等，对于圆柱形外观的电容，对应的封装形式有 RB5-10.5、RB7.6-15 等。电容常用的封装形式如图 11.8 所示。

　　5)　三极管/场效应管/晶闸管

　　这 3 类元件同属于三引脚晶体管(光电三极管除外)。与外形尺寸紧密相关的参数主要有额定功率、耐压等级及工作电流等，常见外观如图 11.9 所示。

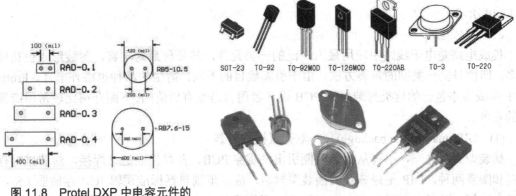

图 11.8　Protel DXP 中电容元件的
　　　　常用封装形式

图 11.9　常见三极管的外观

Protel DXP 中对应的封装形式有数十种之多，常用的几种封装形式如图 11.10 所示。

6）　发光二极管

发光二极管从属于二极管，主要用于状态指示。相对于插脚式封装而言，直径的大小是一种主要的分类标准，如 $\phi 3$、$\phi 5$、$\phi 12$ 等。也有贴片封装形式和阵列封装形式，如图 11.11 所示。

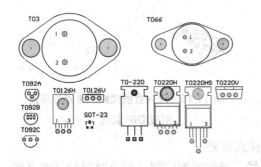

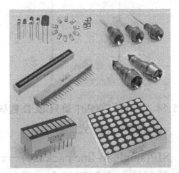

图 11.10　Protel DXP 中对应的常用封装形式　　图 11.11　常见发光二极管及发光二极管阵列外观

在 Protel DXP 中推荐的发光二极管封装形式，相对于实际应用而言几乎没有实际价值，而电气符号库中亦不包含阵列式发光二极管，如图 11.12 所示。

7）　LED 数码管

LED 数码管用来显示数字和一些简单的符号。为适应不同场合对显示字号的不同要求，数码管的封装形式差别也很大。对于一些需要同时显示多位数据的场合，多位一体的封装形式亦应运而生，其引脚的排布方式也多有不同，如图 11.13 所示。

图 11.12　Protel DXP 中推荐的封装形式　　图 11.13　常见 LED 数码管的外观

Protel DXP 推荐的 LED 数码管封装，相对于实际应用而言也几乎没有实际价值，如图 11.14 所示。

8）集成电路

集成电路是电子线路中应用最为广泛的一类元件，其品种最为丰富，封装形式也花样繁多。即便是同一类别的封装方法，由于引脚数目的不同，衍生的品种也格外丰富。Protel DXP 集成库中包含的这类封装对于 PCB 设计者而言是很有价值的。下面介绍比较常用或常见的几种。

（1）DIP(dual in-line package)——双列直插式封装

插装型封装之一，引脚从封装两侧引出，贯穿 PCB，在焊接面进行焊接，封装材料有塑料和陶瓷两种。DIP 是最普及的插装型封装，应用范围包括标准逻辑 IC，存储器 LSI，微机电路等。引脚中心距 2.54mm (100mil)，引脚数从 6～64。封装宽度通常为 15.2mm。有的把宽度为 7.52mm 和 10.16mm 的封装分别称为 skinny DIP 和 slim DIP。但多数情况下并不加区分，只简单地统称为 DIP。另外，用低熔点玻璃密封的陶瓷 DIP 也称为 cer DIP。16脚双列直插式集成电路外观及 Protel DXP 中的对应封装形式如图 11.15 所示。

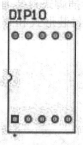

图 11.14　Protel DXP 中单只 LED 数码管的
推荐封装形式

图 11.15　双列直插式集成电路外观及
对应 DIP 封装

（2）SIP(single in-line package)——单列直插式封装

引脚从封装一个侧面引出，排列成一条直线。当装配到印制基板上时封装呈侧立状。引脚中心距通常为 2.54mm，引脚数从 2～23，多数为定制产品，封装的形状各异。9 脚单列直插式集成电路外观及 Protel DXP 中的对应封装形式如图 11.16 所示。

图 11.16　单列直插式集成电路外观及对应 SIP 封装

（3）SOP(small out-line package)——小外形封装

表面贴装型封装之一，引脚从封装两侧引出呈海鸥翼状(L 字形)。材料有塑料和陶瓷两种。SOP 除了用于存储器 LSI 外，也广泛用于规模不太大的 ASSP 等电路。在输入/输出端子不超过 10～40，SOP 是普及最广的表面贴装封装。引脚中心距 1.27mm，引脚数从 8～44。另外，引脚中心距小于 1.27mm 的 SOP 也称为 SSOP；装配高度不到 1.27mm 的 SOP 也称为 TSOP。另外世界上很多半导体厂家选用 SO 作为 SOP 的别称。DSO(dual small out-lint)
——双侧引脚小外形封装，是 SOP 的别称，亦有部分半导体厂家采用此名称。20 脚双列
小外形贴片式封装集成电路外观及 Protel DXP 中的对应封装形式如图 11.17 所示。

图 11.17　双列小外形贴片式封装集成电路外观及对应的 SOP 封装

(4) PLCC(plastic leaded chip carrier)——带引线的塑料芯片载体

表面贴装型封装之一。引脚从封装的四个侧面引出，呈丁字形，是塑料制品。美国德
州仪器公司首先在 64k 位 DRAM 和 256k DRAM 中采用，现在已经普及用于逻辑 LSI、
PLD(可编程逻辑器件)等电路。引脚中心距 1.27mm，引脚数从 18～84。J 形引脚不易变形，
比 QFP 容易操作，但焊接后的外观检查较为困难。PLCC 与 LCC(也称 QFN)相似。以前，
两者的区别仅在于前者用塑料，后者用陶瓷，但现在已经出现用陶瓷制作的 J 形引脚封装
和用塑料制作的无引脚封装(标记为塑料 LCC、PCLP、P－LCC 等)，已经无法分辨。为此，
日本电子机械工业会于 1988 年决定，把从四侧引出 J 形引脚的封装称为 QFJ，把在四侧带
有电极凸点的封装称为 QFN。28 脚 PLCC 封装集成电路及 Protel DXP 中的对应封装形式
如图 11.18 所示。

图 11.18　P—LCC 封装集成电路外观及 Protel DXP 中对应的 P—LCC 封装形式

(5) PGA(pin grid array)——阵列引脚封装

插装型封装之一，其底面的垂直引脚呈阵列状排列。封装基材基本上都采用多层陶瓷
基板。在未专门表示出材料名称的情况下，多数为陶瓷 PGA，其用于高速大规模逻辑 LSI 电
路，成本较高。引脚中心距通常为 2.54mm，引脚数为 64～447。为降低成本，封装基材可
用玻璃环氧树脂印刷基板代替。也有 64～256 引脚的塑料 PGA。另外，还有一种引脚中心
距为 1.27mm 的短引脚表面贴装型 PGA(碰焊 PGA)。PGA 封装类集成电路的外观及 Protel
DXP 中对应的封装形式如图 11.19 所示。

很多微型计算机的 CPU 采用了 PGA 封装形式，通常它不采用直接焊接于 PCB 上的方
式，而是通过与之配套的一种称为零插拔力的芯片座来装配，这种芯片座包含了一只锁紧/
解锁操作柄，可以方便地实现芯片与芯片座的锁紧与解锁。

图 11.19　PGA 封装类集成电路外观及 Protel DXP 中对应的封装

2. 不同的元件的封装形式

电子元件的品种不计其数，但不同的元件可以具有相同的封装形式。相同的封装形式仅仅代表了外观相同，但绝并不意味着可以简单互换。对于 Protel DXP 而言，元件的封装形式不包含元件装配的高度信息，这会导致一些原本有差别的元件出现完全相同的封装形式。对于实际元件而言，由于元件体的装配高度(如采用立式安装的圆柱形电解电容)等原因，实际封装只是比较相近而已。

(1) 晶体三极管/场效应管/晶闸管/集成三端稳压器

对于以下几种具体规格的元件，事实上都有多种不同的封装形式，下面几张插图都展示了 TO-92 这种共同的封装形式。注意，尽管外观相同，但是它们的 3 只引脚功能彼此不同。Protel DXP 中对应的封装形式可以是 TO-92 系列中任意一种，究竟采用哪一种取决于期望的装配方式。

- 晶体三极管 P2N2222A 的封装形式之一如图 11.20 所示。
- 晶闸管 MAC97A6 的封装形式之一如图 11.21 所示。

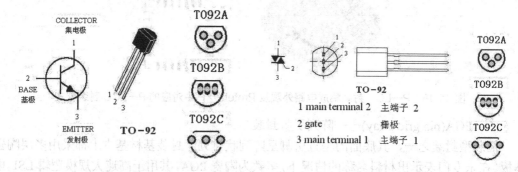

图 11.20　P2N2222A 的外形、引脚分布及　　　图 11.21　MAC97A6 的外形、引脚分布及
　　　　　Protel DXP 中的对应封装　　　　　　　　　　　Protel DXP 中的对应封装

- 场效应管 2SK168 的封装形式如图 11.22 所示。
- 集成三端稳压器 78L05 的封装形式之一如图 11.23 所示。

(2) 集成电路

最能体现不同的元件可以具有相同的封装形式莫过于集成电路。现以 74 系列逻辑电路为例，74LS00(左)、74LS02(中)和 74LS04(右)的实际引脚分布如图 11.24 所示。

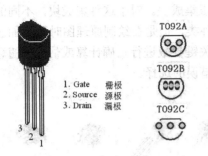

图 11.22　2SK168 的外形、引脚分布及
　　　　　Protel DXP 中的对应封装

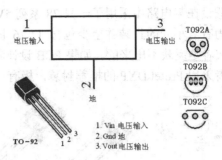

图 11.23　78L05 的外形、引脚分布及
　　　　　Protel DXP 中的对应封装

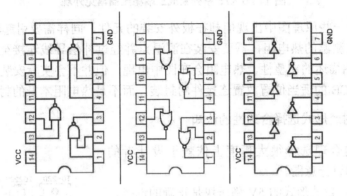

图 11.24　74LS00、74LS02、74LS04 的实际引脚分布

74LS00、74LS02 和 74LS04 的外形和对应封装形式均相同，在设计中可以直接套用 Protel DXP 提供的含集成电路封装 DIP14，如图 11.25 所示。

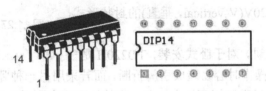

图 11.25　74LS00、74LS02、74LS04 外形和对应封装形式

提示：　元件封装形式的复杂多样性带来了设计的复杂性。多与市场打交道，多接触实际元件给设计带来很大的帮助，而学会借助 Internet 进行元件资料的搜索与收集则会明显提高设计效率并降低设计成本。

11.1.2　对封装形式正确性和合理性的认知

1. 对元件封装形式选择正确性的认知

元件封装的正确选择很大程度上依赖于设计者对元件的熟悉程度和使用经验。

假设在某电路中采用了一只 78 系列 5V 三端稳压集成块。对于这种集成块，不同的负载能力有着不同的封装并至少包含 11.26 图所示的种类，但是在绘制原理图时是不加区分的，或者是反映不出来的。如果 PCB 设计者不能对关键参数进行正确计算或估算，随意选择或者采用 Protel DXP 的推荐封装，极有可能导致错误的选择。

图 11.26　78 系列集成三端稳压器常见外观

另外，对于一些原理图中出现但却在板外安装的元件，同样需要引起注意。比如一个温控系统中用来测温的热电阻，需要安装在测温点并经过补偿导线连接至 PCB(或设备外壳)。为了原理图描述的完整性，热电阻会在图中出现，但并不会实际安装在 PCB 上。通常的做法是在 PCB 的适当位置放置连接件的封装，而不是热电阻本身的封装。

2. 对元件封装形式选择合理性的认知

元件封装的合理选择很大程度上依赖于设计者的 PCB 设计经验和设计意图。

假设 TO-220 封装形式的 5V 稳压块是正确的选择，但确定这一点还不够，还应考虑该元件在 PCB 上的实际装配方式。如果采用卧式安装的话，可以采用 TO220H(H-horizontally，水平)的封装形式，而采用立式安装的话，应采用 TO220V(V-vertical，垂直)的封装形式，这是设计意图的体现。

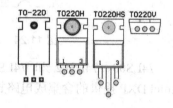

图 11.27　Protel DXP 中 TO-220 系列的几种封装形式

从设计经验角度上讲，对于卧式安装，TO220H 是一种引脚齐根弯折方式，操作时容易造成引脚折断，而若采用另一种卧式的 TO220HS 则可以改善这种情况，同时三只引脚间距加大，在一定的情况下有利于 PCB 布线。Protel DXP 中 TO-220 系列的几种封装形式如图 11.27 所示。

提示： 封装形式的正确选择并不意味着只有一种选择是正确的，而封装形式的合理性更是随机而变，在一种情况下的最合理方案在另外一种情况下也可能会是最不合理的。正确性与合理性二者均重要，但正确性是前提，高于合理性。

11.1.3　对封装形式的重要性及元件制作/修订必要性的认知

1. 对元件封装形式重要性的认知

对于 PCB 设计，从根本上说，是元件的布局与布线，而布局显然是针对 PCB 元件的。对元件封装形式认识不足或把握不准将无法保证 PCB 设计的正确性，合理性更无从谈起。

因此，必须对元件封装形式的重要性有高度的认识。

2. 对元件制作/修订必要性的认知

这里的元件制作/修订指的是 PCB 元件，即封装形式。

至少有两个直接原因需要设计者掌握元件制作的本领：一方面，新的元件与日俱增，层出不穷，在 Protel DXP 中可能并不包含这些元件的封装形式；另一方面，非标准元件的种类和数量亦数不胜数，如 PCB 焊接式继电器、PCB 焊接式变压器、PCB 焊接式开关等，都需要设计者根据实物自行制作。

另外，尽管电子元件从生产线上下来有一个初始的、标准的和统一的外观，但并不意味对这些元件的实际使用总是必须遵从于此。如插脚式小功率电阻元件，在 Protel DXP 中，推荐的封装为 AXIAL0.3～AXIAL1.0，这是一种典型的卧式安装法。如采用 AXIAL-0.3，实际安装结果如图 11.28 左图所示。在实际应用中，可能采用立式安装，如图 11.28 中图所示，此时下面对应的封装形式是比较合适，姑且称之为 AXIAL-0.1。出于布线等原因，还时常可能出现图 11.28 右图的安装方式，尽管也是卧式安装，但此时期望电阻的脚距为 1000mil，如果想当然地选择 AXIAL-1.0 显然是不恰当的，这一点可以参照图 11.28 右图，其中最下侧的封装是恰当的封装，最能反映实际情况，暂且称之为 AXIAL-1.0NEW。

有时，我们还需要对元件的引脚属性进行修改以适应某种需要，如扩大焊盘或将焊盘形状由圆形修改为椭圆形等，这些封装可以通过对现有封装的修改实现(当然，也可以重新制作)。至此，我们应该已经认识到 Protel DXP 推荐封装及现有封装的不足。

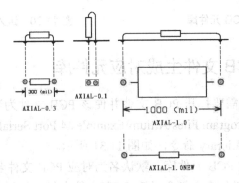

图 11.28　AXIAL 封装电阻的变通应用

> 提示：　Protel DXP 包含丰富的现成封装，随着设计的深入，设计者会越来越多地接触并熟悉这些封装，但同时也会越来越深刻地感受到它的不足。熟练掌握了封装形式的制作/修改技能后，就再也不用苦苦寻找适当的封装形式。值得强调的是，封装形式的修改或制作都是为适应实际元件或装配服务的，必须了解真实元件和实际装配。

11.2　PCB 元件库的生成

制作或修改元件称为对元件的编辑，Protel DXP 软件包集成了 PCB 元件编辑器，提供

对 PCB 元件编辑的所有必要功能。PCB 元件库的扩展名为 PcbLib。

尽管往往是出于现有库中的元件不适用才对元件进行编辑，但建议不要在元件原来所在库中进行编辑。从某种意义上讲，这是对原有库的破坏。无论是对元件进行修改，还是新建(制作)元件，最好在自建库中进行。下面介绍两种新建库的方法。

11.2.1　通过菜单新建元件库

选择 File | New | PCB Library 命令新建元件库，如图 11.29 所示。

Protel DXP 新建 PCB 元件库，默认名为 PcbLib1.PcbLib，并自动打开 PCB 元件编辑器，如图 11.30 所示。

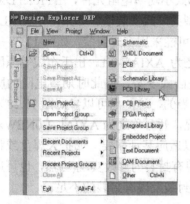
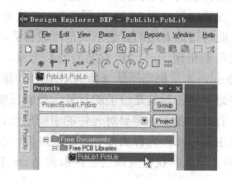

图 11.29　新建 PCB 元件库　　　　　　　图 11.30　进入 PCB 元件编辑器

11.2.2　从当前 PCB 文件生成对应元件库

以这种方式生成库，需要打开 PCB 文件并使该 PCB 文件为当前编辑文件，本例是打开安装盘下系统自带的\Program Files\Altium\Examples\4 Port Serial Interface.PcbDoC 文件。选择 Desingn | Make PCB Library 命令，如图 11.31 所示。

Protel DXP 自动生成 PCB 元件库，默认名为对应 PCB 文件名加上扩展名 PcbLib，并自动打开 PCB 元件编辑器，库中包含了该 PCB 文件中包含的所有元件，元件编辑区显示的是第一只元件(以元件名的第一个字母为序)的封装形式。如图 11.32 所示。

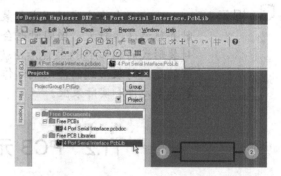

图 11.31　打开 PCB 文件的元件库　　　　　图 11.32　生成的当前 PCB 文件的元件库

在库元件的列表框中，显示了该库中的所有元件，单击各元件名，可以浏览所有元件，如图 11.33 所示。

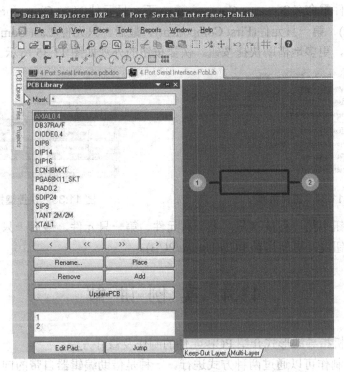

图 11.33　当前 PCB 元件库中的元件列表

提示：　对初学者而言，通常为了练习库操作多采用直接新建元件库的方式，从更为合理和高效的角度说，从当前 PCB 文件生成对应元件库这种方式要好一些。

11.3　PCB 元件编辑器的使用

无论以哪种方式生成的 PCB 元件库，都可以新建元件及对元件进行修订。PCB 元件包含元件体和元件引脚两个基本的组成部分。元件体主要反映元件外形轮廓，用几何绘图工具在顶层丝印层(TopOverlay)绘制，元件引脚根据元件装配方法的不同而不同，一般包含两种情况：对于表面贴装元件(又称贴片元件或表贴元件)，引脚应在顶层(TopLayer)绘制；对于插脚式元件，引脚则应在多维层(MultiLayer，有的称为多层)绘制。由于引脚用于焊接元件，因此对于封装形式而言，引脚更确切和常用的称呼是焊盘(Pad)。

有了前面章节的基础后，即便是第一次接触 PCB 元件编辑器，其操作界面也会感到很熟悉。菜单栏、标准快捷工具栏、放置工具栏几乎完全相同，实际操作也如出一辙。其他的界面元素，如按钮、列表框等并无特别之处，极易上手。因此，这里不再叙述，只在必要的时候适当说明。

在 PCB 元件编辑器中，工具菜单(Tools)的内容一定程度上代表了该编辑器的特别之处，如图 11.34 所示。

在上图中，各项含义从上到下依次为：新建元件(New Component)、移除元件(Remove Component)、元件重命名(Rename Component)、下一只元件(Next Component)、上一只元件(Prev Component)、第一只元件(First Component)、最后一只元件(Last Component)。

实际操作时，更多地借助快捷按钮。快捷按钮的外观如图 11.35 所示。

图 11.34　工具菜单

图 11.35　快捷键按钮

在快捷键按钮中第一行依次是：上一只元件、第一只元件、最后一只元件、下一只元件。最后一个按钮是：更新当前 PCB(UpdatePCB)。

11.4　实　例　讲　解

本节将以上机指导的形式介绍 PCB 元件的制作及修订方法。

PCB 元件的制作可以通过两种方式进行。一种是借助编辑器自带的向导，根据自己的制作对象的类属，按照步骤和提示进行。该向导功能强大、操作方便，在很多情况下可有效地提高制作效率，但主要适合于引脚。简单的两脚元件和引脚排布具有较强规律性的连接器和集成电路。另一种是自由制作方式，它不借助向导操作。对于非标准元件的制作，自由制作方式体现了高度的灵活性。

对 PCB 元件的修订指对现有元件的属性修改以适应各种新要求。修订的内容一般包括焊盘数量的增减、焊盘外径及焊盘孔径(引脚孔)的修改、焊盘形状的修改、焊盘相对位置的修改、焊盘编号的修改、元件轮廓的形状及尺寸的修改等。

11.4.1　元件的制作

1. 使用 Component Wizard (PCB 元件向导)制作元件

一只 28 脚双列直插式集成电路的形状示意图及尺寸表(其中"关键参数"为自注)如图 11.36 所示。

下面将借助 PCB 元件向导制作该元件，操作步骤如下。

(1) 单击 Add 按钮，开始新建元件，元件制作向导自动弹出，如图 11.37 所示。

(2) 单击 Next 按钮，出现的对话框包含元件类别选择及尺寸单位的制式选择。国际上，电子元件的制作标准及尺寸标注绝大多数采用英制。至于设计时采用哪种制式恰当取决于元件尺寸的实际情况，选择 DIP 封装类别及英制单位，如图 11.38 所示。

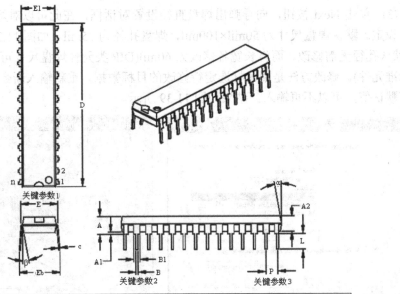

单位		英寸*			毫米		
尺寸限制		最小值	常用值	最大值	最小值	常用值	最大值
管脚数目	n		28			28	
管脚中心距离	P		.100			2.54	
顶部到底座平面距离	A	.140	.150	.160	3.56	3.81	4.06
模塑封装厚度	A2	.125	.130	.135	3.18	3.30	3.43
基准到底座平面距离	A1	.015			0.38		
肩宽	E	.300	.310	.325	7.62	7.87	8.26
模塑封装宽度	E1	.275	.285	.295	6.99	7.24	7.49
总长	D	1.345	1.365	1.385	34.16	34.67	35.18
管脚尖到底座平面距离	L	.125	.130	.135	3.18	3.30	3.43
管脚厚度	c	.008	.012	.015	0.20	0.29	0.38
上部管脚宽度	B1	.040	.053	.065	1.02	1.33	1.65
下部管脚宽度	B	.016	.019	.022	0.41	0.48	0.56
全局行距	eB	.320	.350	.430	8.13	8.89	10.92
上部拔模角度	α	5	10	15	5	10	15
下部拔模角度	β	5	10	15	5	10	15

图 11.36　待制作元件的外形及尺寸表

图 11.37　PCB 制作向导界面

(3) 单击 Next 按钮，向导弹出焊盘直径设置对话框，在此可以对焊盘的尺寸(长、宽)进行设定。默认焊盘尺寸为 50mil×100mil，焊盘孔径为 25mil。如图 11.36 所示的关键参数 2，默认孔径无需修改，而将长宽各修改为 60mil(DIP 类元件焊盘尺寸可以参照库中原有同类标准元件)。修改方法是用鼠标选定待修改的目标数据，重新输入新数据即可，由于单位已有默认值，可以不再输入。结果如图 11.39 所示。

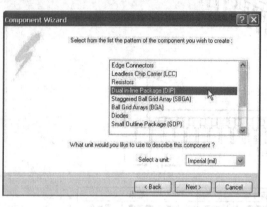

图 11.38　选择 DIP 封装类别及英制单位

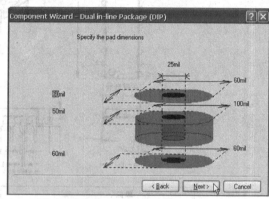

图 11.39　修改焊盘尺寸

(4) 单击 Next 按钮，向导弹出焊盘相对尺寸设置对话框，在此可以对同侧相邻焊盘的间距以及两排焊盘间距进行设置，这里的间距指的是焊盘中心间的距离。默认尺寸分别为 100mil 和 600mil。对照图 11.36 中关键参数 3 和关键参数 1，同侧相邻焊盘间距无需修改，将两侧焊盘间距修改为 310mil。如图 11.40 所示。

(5) 单击 Next 按钮，向导弹出轮廓线宽度设置对话框，在此可对元件的轮廓线的宽度进行设置，默认值为 10mil。轮廓线的宽度应根据元件封装不同而调整，使元件轮廓清晰即可，10mil 的默认值可以满足这种要求。但对于封装极小的元件，应适当减小轮廓线的宽度，以使得视图比较协调。这里不用修改，如图 11.41 所示。

(6) 单击 Next 按钮，向导弹出元件焊盘数设置对话框，在此对元件的焊盘数量设置为 28，向导自动调整每排焊盘数为 14。但图中显示的元件仅是外形示意图，显示的焊盘数与设定值并不相等，如图 11.42 所示。

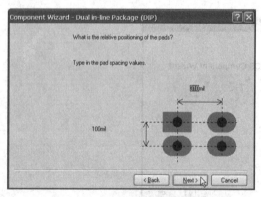

图 11.40　焊盘间相对位置的设定

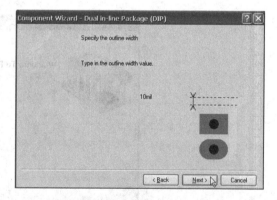

图 11.41　轮廓线宽度的设定

(7) 单击 Next 按钮，向导弹出元件名设置对话框，输入新元件名为 DIP28。新元件的命名一方面应该避免和库中原有元件名相同，另一方面，应该言简意赅。如图 11.43 所示。

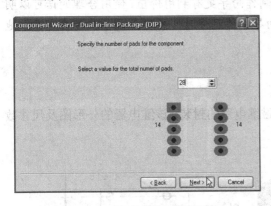

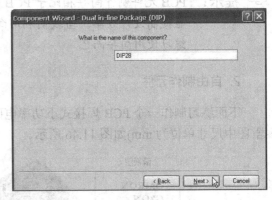

图 11.42　元件焊盘数的设定　　　　　　　　图 11.43　为新元件命名

（8）单击 Next 按钮，向导弹出元件制作结束对话框，单击 Finish 按钮，完成该元件的制作，同时该元件自动出现在元件编辑区，第一脚作为默认参考点并且采用方形焊盘以易于识别，在元件列表框中显示 DIP28，即当前这只元件，如图 11.44 所示。

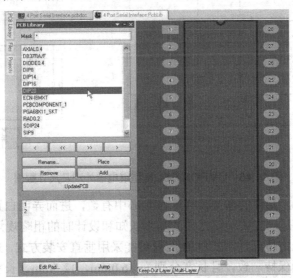

图 11.44　新建元件出现在编辑区

接下来，对元件进行更名。将鼠标箭头移到 DIP28 上并单击鼠标右键，系统弹出快捷菜单，选择其中 Rename 命令，在弹出的 Rename 对话框中，输入 DIP28(310)，由于 28 脚双列直插式集成电路有多种不同的宽度，DIP28(310)名中括号内表明了元件的宽度信息，有利于日后正确选择，单击 OK 按钮，完成更名，如图 11.45 所示。

图 11.45　用快捷菜单实现更名

提示： PCB元件制作向导相比于PCB制作向导更有利用价值,使用合理的话可以明显提高设计效率。当我们利用向导制作元件时,事实上往往只是在有意识地练习使用向导而已。

2. 自由制作元件

下面练习制作一个PCB焊接式小功率电磁继电器的封装,该继电器的外形图及尺寸数据(图中尺寸单位为mm)如图11.46所示。

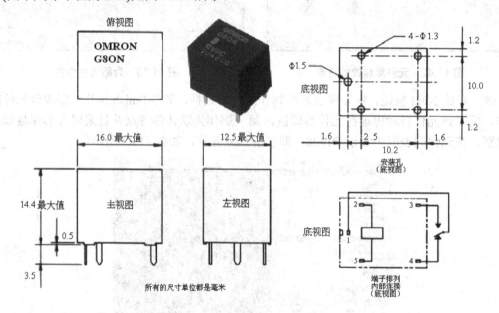

图11.46　OMRON G8QN型继电器外观及尺寸数据

在着手设计之前,元件的基本模样应做到心中有数,进而弄明白正确制作该元件的必需参数有哪些。下面是一些关于该元件的基本认知和设计时的粗略规划。

- 这是一种长方体元件,在PCB上只可能采用垂直安装方式,封装形式的轮廓应该和俯视图保持一致,且长宽分别为16.0mm、12.5mm。长宽是相对而言的概念,取决于观测该元件时元件的摆放方式,这里假设长边为长方形的长,短边为长方形的宽。

- 有5只引脚,其中4只引脚的直径为1.3mm,借鉴图中编号方法,这4只引脚为2、3、4、5号。剩下一只引脚为1号引脚,直径为1.5mm。制作封装形式时,这两种数据理应加以区分,假如考虑到数据相差较小的实际情况,也可以近似认为所有引脚的直径均为1.5mm,显然这种处理方式不会造成不利影响。

- 图中的引脚编号基于底视图,这和Protel DXP中PCB元件的默认视图(俯视图)有区别,应作转换。用COM表示公共端,NC表示常闭(触点),NO表示常开(触点),实际制作结果应如图11.47所示。

制作元件的操作步骤如下。

(1) 新建PCB元件库,并以UserPcbLib1.PCBLIB保存,如图11.48所示。

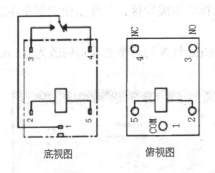

图 11.47　适应于 ProtelDXP 的修正视图　　　　图 11.48　新建 PCB 元件库

(2)　由于该继电器尺寸标注采用 mm，所以应先将 Protel DXP 的当前单位指定为公制。选择 View | Toggle Units 命令，可实现在公制与英制之间的切换。当前单位可以从状态栏最左侧观察，如图 11.49 所示。

图 11.49　公制与英制之间的切换

(3)　单击 Add 按钮开始新建元件，元件制作向导自动弹出。单击 Cancel 按钮取消。此时库元件列表框中会显示 PCBCOMPONENT_1-DUPLICATE(PCB 元件 1 复件)和 PCBCO-MPONENT_1 两只元件。其中 PCBCOMPONENT_1 是新建的 PCB 元件库自带的一只"空白元件"。PCBCOMPONENT_1-DUPLICATE 为当前生成的一只"空白元件"。如果不采用新建元件的方式，则可以直接对 PCBCOMPONENT_1 进行编辑。我们这里将仍然采用 PCBCOMPONENT_1-DUPLICATE 作为当前编辑元件，如图 11.50 所示。

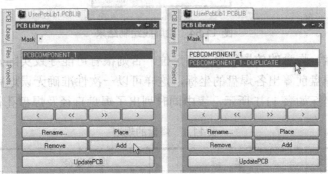

图 11.50　自由制作新建元件

(4)　绘制轮廓线。应在顶层丝印层绘制，将当前工作层切换到 TopOverlay 选项卡，如图 11.51 所示。

图 11.51　切换当前工作层

(5)　绘制目标为一个大小为 16mm×12.5mm 的长方形。为绘制准确快捷，将系统水平及垂直两个方向的捕捉栅距均调整为 0.5mm。用鼠标右击编辑区，从弹出快捷菜单中选择 Library Options 命令，如图 11.52 所示。

(6) 在打开的 Board Options 对话框，将 Snap Grid 包含的两个选项均修改为 0.5mm。单击 OK 按钮退出，如图 11.53 所示。

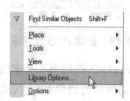

图 11.52　选择 Library Options 命令

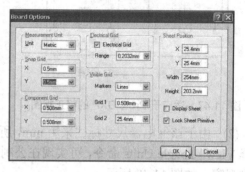

图 11.53　Board Options 对话框

(7) 选取线条放置工具从原点开始绘制，注意观察状态栏左侧当前光标坐标值，借此指导绘图操作。绘制结果如图 11.54 所示。图中 4 个顶点坐标为笔者特别加注，实际绘制结果并不包含。

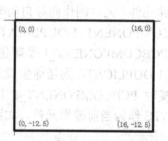

图 11.54　轮廓线绘制结果

(8) 放置焊盘。焊盘的放置需要严格定位，否则很有可能导致实际元件无法安装。因此，最好在放置焊盘前算出各焊盘的坐标，这样可以一次性准确无误地完成这一步骤。经过计算各焊盘的坐标如表 11.1 所示，表中同时列出了焊盘直径及焊盘孔径的规划值。

表 11.1　焊盘的规划　　　　　　　　　　　　　　　　单位：mm

焊盘编号	坐　标	焊盘直径	焊盘孔径
1	(1.6, −6.25)	2.4	1.8
2	(4.1, −11.3)	2.2	1.6
3	(14.4, −11.3)	2.2	1.6
4	(14.4, −1.2)	2.2	1.6
5	(4.1, −1.2)	2.2	1.6

(9) 为了焊盘放置的精准，重新设定系统的 Snap Grid 值为更小的 0.1mm。首先放置第一只焊盘，选取放置焊盘工具，焊盘随十字光标出现在编辑区。按 Tab 键系统弹出焊盘属性设置对话框，按照上表数据设置焊盘编号为 1；圆形焊盘直径(X-Size Y-Size)均为 2.4mm；

焊盘孔径为 1.8mm，单击 OK 按钮确认，如图 11.55 所示。

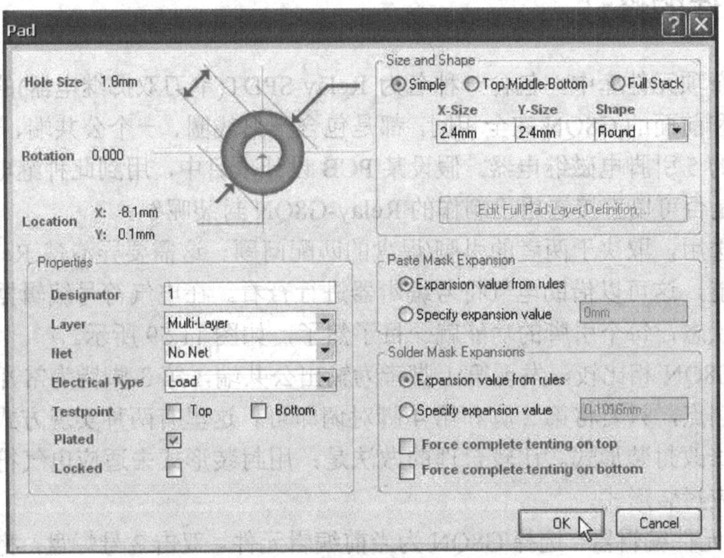

图 11.55 焊盘属性设置对话框

(10) 按照表 11.1 中的数据将焊盘放置到指定的位置。在操作上，要根据状态栏的 X、Y 的坐标数字来定位，注意鼠标与键盘方向键的结合。鼠标移动到指定位置附近后，按住鼠标左键不放的同时按住某个方向键可实现 0.1mm 步距的微调。当焊盘精确到位后，松开鼠标，完成焊盘的放置。同样的方法完成其他几只焊盘的放置。初步完成的结果如图 11.56 所示。

(11) 设置参考点。参考点是 PCB 元件的一个重要元素。在 PCB 环境下，对 PCB 元件进行移动、旋转、翻转等操作总是以参考点为操作基点。参考点的设置有 3 种选择：元件第一脚(Pin 1)、元件几何中心(Center)和操作者指定的位置(Location)。选择哪一种比较合理视具体情况而定，并且在任何时候可以重新设置(在 PCB 设计中，重新对 PCB 元件的参考点进行设置会影响 PCB 的当前布局)。这里，选择 Edit | Set Reference | Center 命令设置元件几何中心为参考点，如图 11.57 所示。

(12) 添加辅助信息。在顶层丝印层简单绘制图形以标明公共端、常开触点、常闭触点、线圈两个端点，以备日后使用。完全绘制结束的 G8QN 继电器封装如图 11.58 所示。

(13) 元件更名并保存。将元件更名为 Relay-G8QN，保存即结束操作。

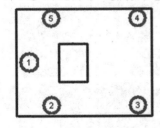

图 11.56 继电器初步完成

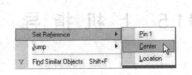

图 11.57 设置参考点

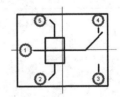

图 11.58 G8QN 封装的最终形式

11.4.2　元件的修订

在原理图杂项元件库中，包含一种名为 Relay-SPDT(单刀双掷继电器)的继电器，这种继电器的构成和前面的 G8QN 完全相同，都是包含一只线圈、一个公共端、一个常开触点、一个常闭触点的 5 引脚电磁继电器。假设某 PCB 设计项目中，用到此种继电器，并且拟定采用 G8QN。是否可以直接选用已制作的 Relay-G8QN 封装呢？

是否能够选用，取决于两者的引脚/焊盘的匹配问题。这需要弄清楚 Relay-SPDT 各引脚的编号及功能，这可以借助电气符号编辑器进行查看。在电气符号编辑器中设置各引脚编号处于可见状态，每个引脚的功能就一目了然了，如图 11.59 所示。

和 Relay-G8QN 相比较，发现第 1 脚皆为输出公共端，第 3 脚皆为常开触点，第 5 脚为线圈的一个端点，只要将第 2 脚和第 4 脚对调即可。这里有两种实现方式，或者修改电气符号，或者修改封装形式。比较合理的做法是：用封装形式去适应电气符号，而不是用电气符号去适应封装形式。

进入 PCB 元件编辑器，选择 G8QN 为当前编辑元件。双击 2 号焊盘，将编号 2 修改为4，同样的方法将 4 号焊盘修改为 2，即实现了 2 号和 4 号焊盘的对调。对调后结果与电气符号的比较如图 11.60 所示。

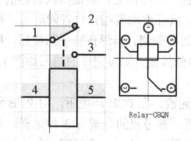

图 11.59　电气符号与拟定元件的引脚对照　　　图 11.60　两只引脚对调后新的比较

以后就可以将这种封装形式作为 Relay-SPDT 的封装形式之一。将修改后的封装形式保存。

封装形式的 4 号和 5 号焊盘在功能上并无区别，如果将它们对调，也不会导致任何出错。在设计 PCB 时，灵活利用这一点，可能会给布线带来便利。

提示：　元件制作和对元件进行修订是 PCB 元件编辑器的基本功能，事实上，元件制作和元件修订经常是交织在一起的。

11.5　上　机　指　导

11.5.1　利用 PCB 元件制作向导制作元件

现有一只 SOP-16 封装的集成电路，试利用 PCB 设计向导制作相应的封装形式，具体数据如图 11.61 所示。

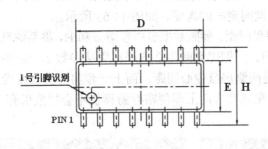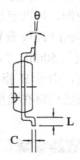

SOT-16 DIMENSION (FIG.NO.DIM-SOT16-0103-B)

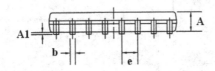

符号	尺寸（毫米）			尺寸（英寸）		
	最小值	常用值	最大值	最小值	常用值	最大值
A	1.30	1.50	1.70	0.051	0.059	0.067
A1	0.06	0.16	0.26	0.002	0.006	0.010
b	0.30	0.40	0.55	0.012	0.016	0.022
C	0.15	0.25	0.35	0.006	0.010	0.014
D	9.70	10.00	10.30	0.382	0.394	0.406
E	3.75	3.95	4.15	0.148	0.156	0.163
e	—	1.27	—	—	—	—
H	5.70	6.00	6.30	0.224	0.236	0.248
L	0.45	0.65	0.85	0.018	0.026	0.033
θ	0"	—	8"	0"	—	8"

图 11.61 SOP-16 封装集成电路外观及尺寸表

利用 PCB 元件制作向导制作元件操作步骤如下。

(1) 新建 PCB 元件库。以 UserPcbLib2.PcbLib 为库名并保存。

(2) 系统自动打开 PCB 元件编辑器。新建元件，系统自动启动 PCB 制作向导。

(3) 单击 Next 按钮。选择 SOP 类封装，单位选择默认的英制，如图 11.62 所示。

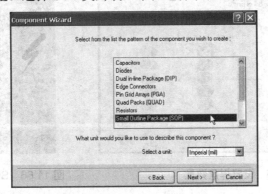

图 11.62 选择 SOP 封装及英制单位

(4) 单击 Next 按钮，修改焊盘尺寸。参照数据表中的参数 b 及 L，分别将焊盘的长宽由默认值 100mil、50mil 修改为 80mil、25mil。相比 L 数据，焊盘长度值相对较大，在一定程度上有助于焊接及固定，焊盘宽度则比较紧凑，在高密度布线情况下，这样的设置不会挤占焊盘间空间，可以满足焊盘间走线的需要。如图 11.63 所示。

(5) 单击 Next 按钮。设置焊盘间距，参照数据表中参数 e 和 H，将系统默认值 100mil、600mil 分别修改为 50mil、240mil。同侧焊盘间距必须严格服从参数 e，而两排焊盘的间距设置略有自由度，由于 H 指的是两侧焊盘中心间距，而上一步将焊盘长度设置为 80mil，这样保证了该集成电路在装配时在宽度方向上即便略有游移仍不会导致引脚与焊盘脱离。如图 11.64 所示。

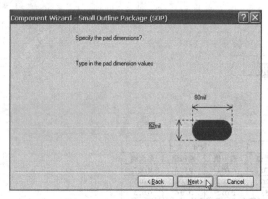

图 11.63 对焊盘尺寸进行修改

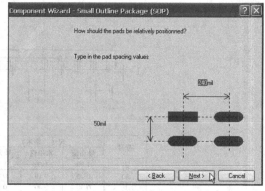

图 11.64 焊盘间相对位置设置

(6) 单击 Next 按钮，设置轮廓线宽度，可以采用默认值 10mil。也可以稍微减小，如 8mil。

(7) 单击 Next 按钮，修改引脚数为 16，如图 11.65 所示。

(8) 单击 Next 按钮，元件命名。输入 SOP-16(240)，单击 Next 按钮完成元件制作。

(9) 元件的参考点采用系统默认的第一脚，不做修改。保存后的结果如图 11.66 所示。

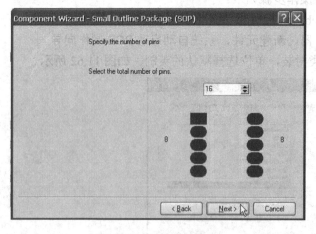

图 11.65 设置焊盘数量

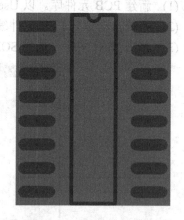

图 11.66 SOP-16(240)制作结果

11.5.2　自由方式制作元件

现有一 AXIAL-1.0NEW 的封装形式，试制作该封装形式。由于相对简单，请自行完成。具体参数如图 11.67 所示。

根据图 11.67 给定的元件数据表，制作该 PCB 元件。这种元件为 Protel DXP 现有元件，个别设置不太清楚的地方可参照后仿制。

SOT-23 DIMENSION（FIG.NO.DIM-SOT23-0103-B）

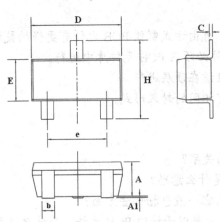

符号	尺寸（毫米）			尺寸（英寸）		
	最小值	常用值	最大值	最小值	常用值	最大值
A	1.05	1.15	1.35	0.041	0.045	0.053
A1	—	0.05	0.10	—	0.002	0.004
b	0.35	0.40	0.55	0.014	0.016	0.022
C	0.08	0.10	0.20	0.003	0.004	0.008
D	2.70	2.90	3.10	0.106	0.114	0.122
E	1.20	1.35	1.50	0.047	0.053	0.059
e	1.70	1.90	2.10	0.067	0.075	0.083
H	2.35	2.55	2.75	0.093	0.100	0.108

图 11.67　SOT-23 外形及数据表

11.6　习　　题

填空题

(1) 用鼠标左键_____焊盘，可以打开焊盘属性设置对话框。

(2) 通常我们更习惯于将 PCB 元件称为实际元件的_____。

(3) 对自制 PCB 元件的命名应该_____、_____。

(4) PCB 元件库的扩展名为_____。

选择题

(1) 焊盘的基本属性有_____。

　　A.　外径　　　　　　B.　孔径　　　　　　　C.　所在层　　　　　　D.　颜色

(2) Electrical Grids 选项可以设置_____。

 A. 可视栅格 B. 光标跳跃栅格 C. 电子捕捉栅格 D. 标题栏

(3) 封装形式的选择通常受到对象的_____等多方面因素的制约。

 A. 电气特性   B. 安装方式

 C. 操作方式   D. PCB 布局及布线的要求

(4) 对于 PCB 元件的参考点，PCB 元件编辑器提供____种设置方案。

 A. 1   B. 2   C. 3   D. 4

判断题

(1) 相比于借助向导，自由方式制作 PCB 元件有更强的灵活性和适应性。 ( )

(2) 制作新的 PCB 元件必须在 PCB 元件库中进行。 ( )

(3) 绘制元件轮廓线应该在顶层进行。 ( )

(4) 不同的元件可以有相同的封装形式。 ( )

简答题

(1) 简述引脚和焊盘的关系？

(2) DIP、SIP 封装各是什么意思？

(3) PCB 元件修订的内容一般包括哪些方面？

(4) Protel DXP 已经包含数以千计的 PCB 元件，为什么还要学习元件制作？

操作题

(1) 借助 PCB 元件制作向导练习制作元件

现有一只 SOP-16 封装的集成电路，利用 PCB 设计向导制作相应的封装形式，参数如图 11.61 所示。

(2) 自由方式制作元件练习

根据图 11.68 给定的元件数据表，制作该 PCB 元件。

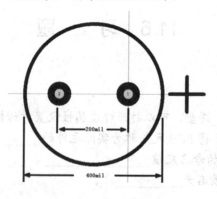

图 11.68 电容的封装

(3) 按照图 11.68 标注的尺寸制作柱状封装电容，焊盘直径为 68mil，孔直径为 32mil。名称为 RB.2/.4。

第 12 章　PCB 文档的打印及交付

教学提示：对已经设计好的 PCB 图进行输出，可以采用保存文件发送电子邮件或者打印输出的方式。本章简要介绍 PCB 文档的打印及交付制作的基本知识。在教学上，可以先在课堂上进行板层的讲解，演示打印机设置，最后将预先打印的图纸进行展示。

教学目标：掌握单、双层 PCB 文档打印时图层的恰当选择和操作方法，能对要输出的板层设置有个清晰的概念，会进行打印机的设置，并能在有条件的情况下输出 PCB 图。

12.1　PCB 文档的打印

对一个 PCB 设计项目而言，为了保存资料、检查或者是为了交付生产等目的，在设计完成后以及设计过程中，都经常需要将 PCB 板图打印输出。

由于 PCB 的板图文件是基于层的设计及管理模式，因此，PCB 图的打印有自身的特殊性，这一点和常用的字处理软件有着明显的不同。在默认方式下，Protel DXP 会将当前 PCB 文件中所有激活的工作层(不管你是否真的用到，也不管在编辑区显示与否)一并打印。除非该文件极其简单，比如少数单层板，否则，在绝大多数情况下，印制导线交叉混叠不会符合设计者的打印意图，结果就可能毫无意义。但这并不意味把所有的层一一分开打印就是正确的做法。一方面，各层之间存在的或多或少的关联被人为切断，不利于阅读或出于特殊目的的使用。以一块双层板为例，如果将顶层、底层、顶层丝印层等均做单独打印，那么，每层的对象在 PCB 上的位置以及不同层对象之间的相对位置将很难搞清。另一方面，一些层所包含的信息为生产加工所必须，但对于并不介入生产过程的设计者而言，将它们单独打印出来几乎毫无意义，比如阻焊层、助焊层、多维层、多层板的内部信号层等。

Protel DXP 的打印功能允许各种复杂的设置。从最为实用的角度讲，允许任选一个层单独打印，也允许将多个层作为一组打印。如何合理地进行打印配置将是一个关键的问题。应该说，合理只是一个相对的概念，随情况不同而变，这里所说的情况甚至包含习惯。

12.1.1　双层板的打印

从面向实际的角度讲，双层板应用最为广泛。下面以安装盘下系统自带的\Program Files\Altium\Examples\PCB Auto-Routing\Routed Board 1.pcbdoc 文件为例，介绍打印双层板时的图层配置及打印步骤。

1. 了解打印对象

打开 Routed Board 1.pcbdoc 文件，可以看到当前的板层有 12 个，如图 12.1 所示。

在编辑区任意位置右击，系统弹出快捷菜单，选择 Board Layers 选项，如图 12.2 所示。

系统弹出板层设置对话框，单击 Used On 按钮后，单击 OK 按钮返回，如图 12.3 所示。

图 12.1 Routed Board 1.pcbdoc 的原始图层

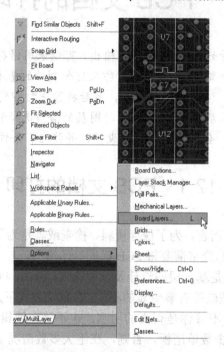

图 12.2 打开板层设置对话框

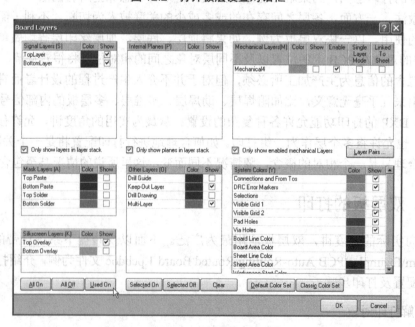

图 12.3 板层设置对话框

此时在编辑区的下方可以看到当前实际使用的板层只有 5 个，如图 12.4 所示。

图 12.4　当前实际使用的板层

2. 打印预览及配置

在正式打印之前，首先应该预览一下，了解打印后的效果。事实上对打印板层的配置正是在预览操作中完成。

选择 Files | Print Preview 命令，系统弹出打印预览窗口。这是系统默认配置方式下的打印效果图。板层的对象交叉混叠，如图 12.5 所示。

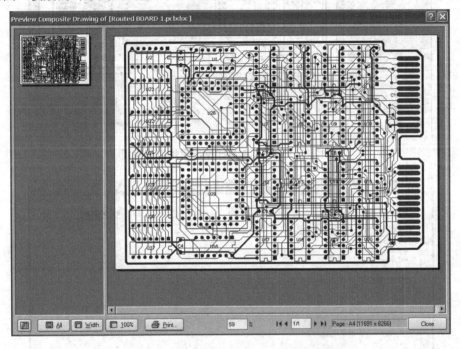

图 12.5　系统默认配置方式下的打印效果图

我们需要打印 3 份图纸，一份是顶层的布线情况，一份是底层的布线情况，一份是顶层丝印层的元件布局情况。我们需要将它们分开打印，但是在每张图纸中都包含 PCB 的轮廓线。PCB 的轮廓线虽没有专门在机械层绘制及标注，但是由图 12.5 不难觉察 PCB 外观已经一目了然，禁止布线层的图形在事实上充当了轮廓线的角色。因此，我们所要的顶层图纸实际配置为"顶层+禁止布线层"，底层图纸实际配置为"底层+禁止布线层"，顶层丝印层则为"顶层丝印层+禁止布线层"。

具体操作步骤如下。

(1) 在该预览窗口的任意位置右击，系统弹出快捷菜单，选择 Configuration(打印预览及配置)命令，如图 12.6 所示。系统弹出 PCB 打印输出属性设置对话框。该显示当前包含一个名为 Multilayer Composite Print(多层复合打印)的打印任务，其中包含当前使用的所有板层，如图 12.7 所示。

(2) 将当前打印任务作为顶层。为此需要删除其中无关的 3 个板层,即 BottomLayer (底层)、TopOverlay (顶层丝印层)和 MultiLayer (多维层)。

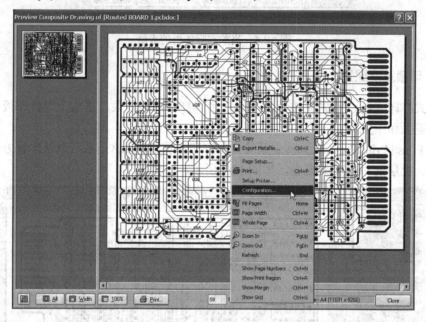

图 12.6　打开 PCB 打印输出属性设置面板

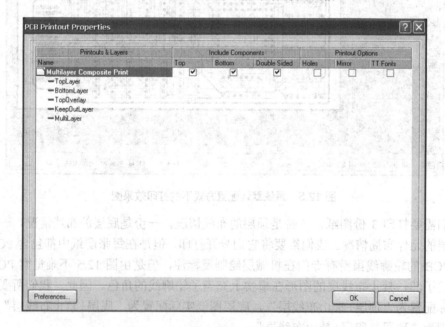

图 12.7　PCB 打印输出属性设置面板

先删除底层,在 BottomLayer 上右击,系统弹出快捷菜单,选择 Delete 命令,如图 12.8 所示。

系统弹出确认提示框,单击 Yes 按钮,底层即被删除。确认提示框如图 12.9 所示。

用同样的方法删除 TopOverlay(顶层丝印层)及 MultiLayer(多维层),此时只剩下

TopLayer (顶层)和 KeepOutLayer (禁止布线层)。为了打印结果能更接近于真实 PCB 的视图，应将 PCB 的钻孔显示出来，为此选中该对话框中的 Holes 复选框。至此完成了顶层打印的配置，如图 12.10 所示。

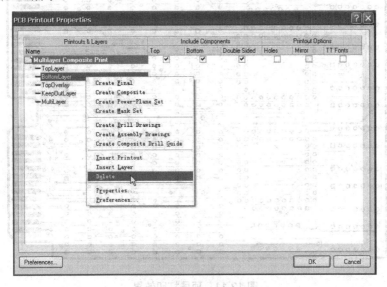

图 12.8　删除底层

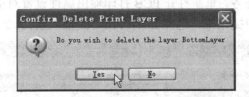

图 12.9　底层删除确认提示框

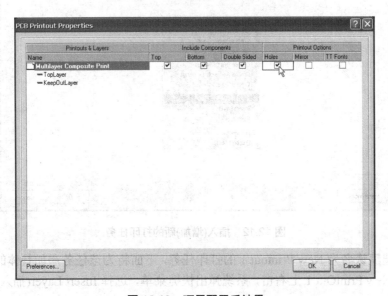

图 12.10　顶层配置后结果

此时单击 OK 按钮，可以看到顶层打印的效果，如图 12.11 所示。

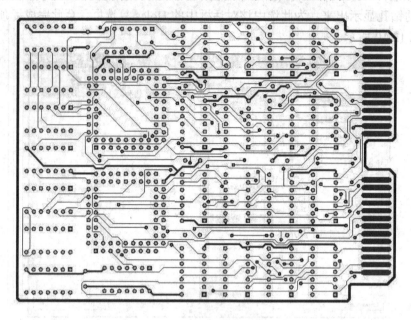

图 12.11 顶层打印效果

(3) 增加底层打印任务。重新打开 PCB 打印输出属性设置对话框，在该对话框任意空白区域右击，系统弹出快捷菜单，选择 Insert Printout(插入层)命令，如图 12.12 所示。

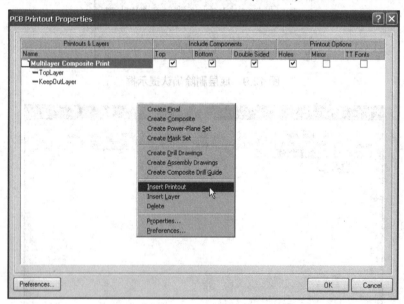

图 12.12 插入(增加)新的打印任务

系统新建默认名为 New Printout 1 的打印任务，下面将为该任务添加具体的板层，将鼠标指针移到 New PrintOut 1 上右击，系统弹出快捷菜单，选择 Insert Layer(插入层)命令，如图 12.13 所示。

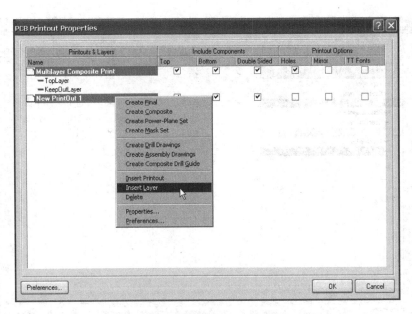

图 12.13 插入(增加)板层

系统弹出板层属性设置对话框，在 Print Layer Type 下拉列表框中选择 BottomLayer 选项，如图 12.14 所示。

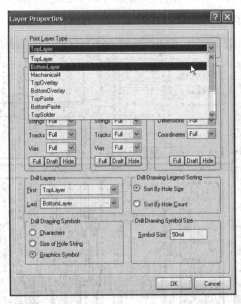

图 12.14 选择 BottomLayer 选项

单击 OK 按钮返回，此时底层已经被添加到当前任务中，同样的方法，将禁止布线层添加到当前打印任务中。至此完成了底层打印的配置。

(4) 增加顶层丝印层打印任务，用同样的方法配置 Top Overlay (顶层丝印层)，至此，3 个打印任务的板层配置结束，结果如图 12.15 所示。

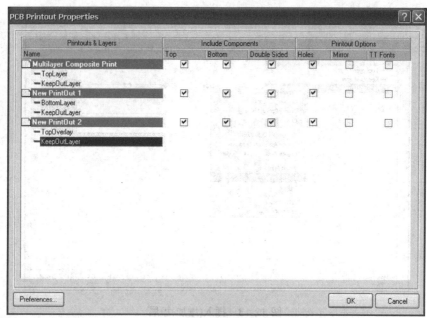

图 12.15　打印任务的板层配置结果

（5）单击 OK 按钮返回，此时在打印预览窗口中已经可以看到 3 个打印任务的打印效果图，可以通过按 PageUp 或 PageDown 键进行放大或缩小预览，如图 12.16 所示。

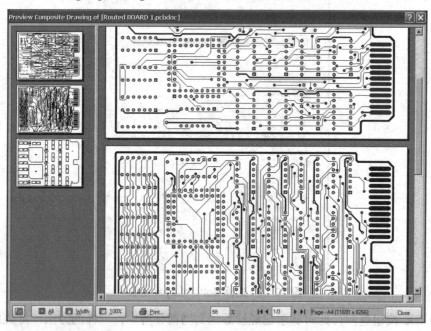

图 12.16　3 个打印任务的预览

底层和顶层丝印层的实际打印效果分别如图 12.17 和图 12.18 所示。

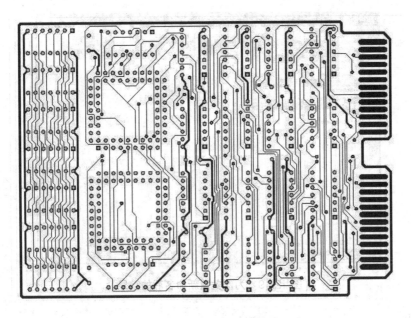

图 12.17　底层打印效果图

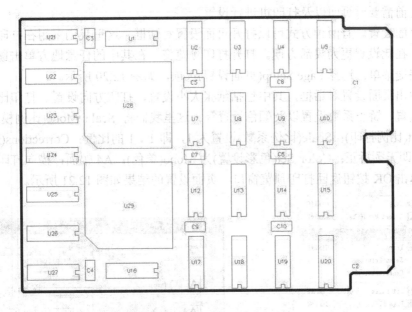

图 12.18　顶层丝印层打印效果图

　　不难发现，顶层丝印层图形很淡，这是由于系统对该层灰度等级的默认设置造成的。事实上，这并不会影响实际打印的效果，只要在打印时，选择单色打印方式即可。

　　系统允许为打印任务重新命名，尽管这可能没有必要，但给打印任务取一个贴切的名称有助于增加提示信息的友好性。操作方法是：重新打开 PCB 打印输出属性设置对话框，用鼠标单击打印任务默认名后输入自定的名称即可。将 3 个打印任务分别命名为顶层布线图、底层布线图、元件布局图后的结果如图 12.19 所示。

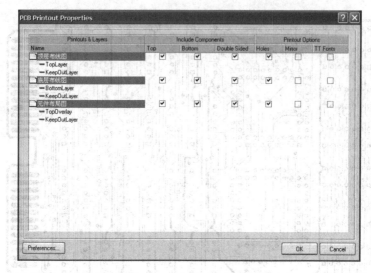

图 12.19　为任务重新命名后的结果

3. 打印

打印之前需要对页面以及打印机进行设置。

(1) 页面设置。有两种方式可以打开页面设置对话框。这里我们采用在打印预览窗打开的方式，在此设置更为灵活方便。打开打印预览窗，在其中的任意地方单击鼠标右键，系统弹出快捷菜单。选择 Page Setup(页面设置)选项，如图 12.20 所示。

系统弹出页面设置对话框，其中包括纸张大小设置、打印方向设置、打印比例模式及比例系数设置、矫正系数设置以及颜色设置等。这里我们将 Scale Mode(比例模式)设置为 Scaled Print(比例打印)；Scale(比例系数)设置为 1，即 1∶1 的比例；Corrections(矫正系数)设置为 1，即无须矫正；Color Set(色彩设置)为 Mono(单色)；A4 幅面；横向打印。页面设置结束，单击 OK 按钮返回打印预览窗口。页面设置的结果如图 12.21 所示。

图 12.20　选择页面设置

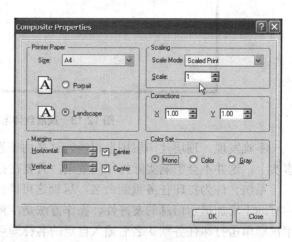

图 12.21　页面设置

(2) 打印机设置。在打印预览窗口的任意处右击，系统弹出快捷菜单。选择 Setup Printer(打印机设置)选项，如图 12.22 所示。

系统弹出打印机设置对话框，其中包括打印机选择、打印机属性设置等，如何设置取决于设备的配置状况及打印的意愿。值得注意的是，在 Print Range(打印范围)选项组中的 Current Page(当前页)单选按钮指打印预览窗中高亮显示的任务。单击 OK 按钮确认，返回打印预览窗口。打印机设置如图 12.23 所示。

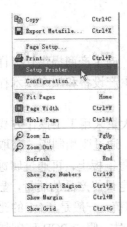

图 12.22　选择打印机设置

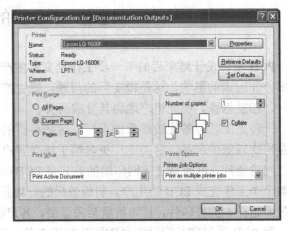

图 12.23　打印机设置

(3) 打印。以上两项正确设置后，即可进行打印。在打印预览窗的任意处右击，系统弹出快捷菜单，选择 Print 选项，如图 12.24 所示。

图 12.24　选择打印选项

系统再次弹出打印机设置对话框，单击 OK 按钮，开始打印。

12.1.2　单层板及多层板的打印

相对于双层板而言，单层板的打印要简单得多。在单层板比较简单、印制导线密度较低的情况下，可以将所有的层一并打印，通常这不会造成混乱，如果采用彩色打印方式、打印效果将更不成问题，甚至于，当选择灰度打印时，由于顶层丝印层本身较淡，所以，

将元件轮廓与印制导线区分开来并不困难。如果需要的话，还可以将底层和顶层丝印层分别打印，与双层板打印类似，描述 PCB 轮廓的板层应该被配置在任何一个打印任务中。

对于多层板，相对而言，能从 PCB 实物看到的板层更有打印价值。如果该多层 PCB 所有元件都集中于顶层一侧，打印任务及配置可以参照双层板。如果 PCB 元件采用双面安装，应该增加一个打印任务，即将底层丝印层打印出来。

12.2　PCB 的交付

PCB 项目设计结束后的下一步工作是交付生产厂商制造。向生产商提供什么样的文件受多方面因素的影响，这是很实际的问题。就生产商而言，生产设备和生产技术往往彼此不一，相差悬殊。在此粗略地将其分成两类。

一种是工艺设备比较落后的小厂，这些小厂的生产过程大量采用手工操作方式，生产的是档次较低的产品，这类工厂更习惯于接受客户的打印稿。通过照相制版，获取用于制作丝网的负片，进而通过丝网印刷的方式将 PCB 版图印制到覆铜板上，再通过腐蚀、钻孔等数十个工序完成 PCB 的生产。制版效果的好坏根本性地决定最终产品的质量，显然，作为最原始样本的打印件，打印质量至关重要。客户提供的打印稿，一般是 4∶1 的比例放大稿，即 PCB 的打印长宽分别是实际长宽的 2 倍，但这并不绝对，假如 PCB 印制导线本身较宽并且布线密度又很低，则没有放大的必要。

另一种是专业厂家，拥有先进的设备和强大的技术力量，客户只需提供该 PCB 的电子文档即可，这里所说的电子文档包含两种情况，一是设计者本人提供的可以直接为生产所用的文档，包含 Gerber(底片)和 NC drill(数控钻)等文件，Protel DXP 具有自动生成这些文件的功能，如执行菜单命令 File | Fabrication Outputs | Gerber Files 生成底片文件，执行菜单命令 File | Fabrication Outputs | NC Drill Files 生成数控钻文件；二是将 PCB 文档直接交付，由制造工程师作处理，这种处理和实际生产设备直接相关。

对于设计人员来讲，往往对生产并不熟悉，所以自行处理的生产文件很可能并不恰当，比如 Protel DXP 允许设计者自由地设置各种各样的孔径，但是用于钻孔的钻头是标准件，规格不可能是任意的。所以，对于绝大多数设计者而言，直接交付 PCB 文档即可。目前普遍采用的交付方式，往往是一个简单快捷的 Email。通常，生产商会首先为客户打样并等待客户的反馈信息，在客户检查及试用没有问题后才开始批量生产。

12.3　上 机 指 导

以 Altium\Examples\PCB Auto-Routing\Routed Board 2.pcbdoc 为操作文件练习打印设置。如果系统配置有打印机(或安装有打印机驱动程序)则练习实际打印的设置。

本例同样是一块双层板。打印任务及板层设置的操作步骤如下。

(1) 打开 Altium\Examples\PCB Auto-Routing\Routed Board 2.pcbdoc 文件。

(2) 选择 Files | Print Preview 命令，进行打印预览。

(3) 对当前系统默认打印任务的设置进行板层调整。设为顶层丝印层打印任务。除了顶层丝印层及禁止布线层，其余板层删除。

(4) 新建打印任务 1，作为顶层布线打印任务，添加顶层及禁止布线层。

(5) 新建打印任务 2，作为底层布线打印任务，添加底层及禁止布线层。

(6) 为打印任务重新命名，分别为元件布局(顶层丝印层)、顶层布线、底层布线。

设置结束，结果应如图 12.25 所示。

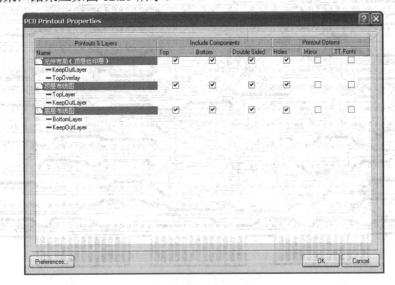

图 12.25　打印任务设置

(7) 观察 3 个打印任务的打印预览图。分别如图 12.26～图 12.28 所示。

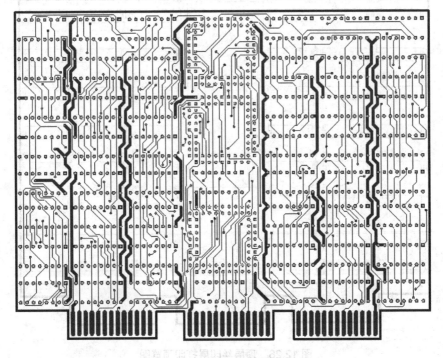

图 12.26　顶层打印预览图

XINSHIJIGAOZHIGAOZHUAN
Protel DXP电路设计基础教程(第2版)

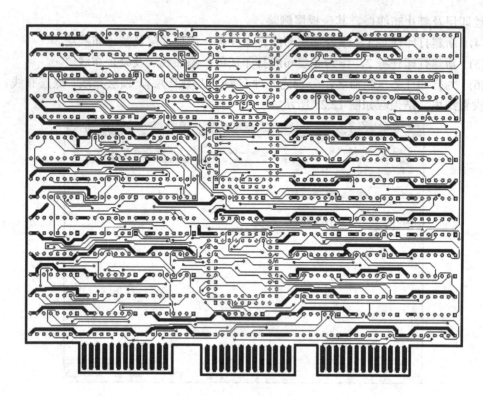

图 12.27　底层打印预览图

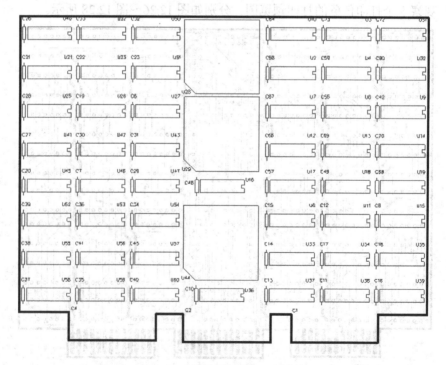

图 12.28　顶层丝印层打印预览图

12.4　习　　题

填空题

(1) 将设计完的 PCB 图打印输出是由于＿＿＿＿＿、＿＿＿＿＿、＿＿＿＿＿的需要。

(2) 在打印输出的 PCB 图中，＿＿＿＿＿＿的图形在事实上充当了轮廓线的角色。

(3) 给打印任务取一个贴切的名称有助于增加＿＿＿＿的友好性。

(4) PCB 项目设计结束后可以将＿＿＿＿＿＿、＿＿＿＿＿＿交付给生产厂商。

选择题

(1) 新建打印任务，应选择的操作是＿＿＿＿＿。

    A.　Insert Layer　　　　　　　　　B.　Insert PrintOut

    C.　New Layer　　　　　　　　　　D.　New PrintOut

(2) PCB 版图打印时颜色设置支持＿＿＿＿＿。

    A.　彩色　　　　　B.　灰度　　　　　C.　单色　　　　　D.　自定义

(3) 为打印任务添加层，应选择的操作是＿＿＿＿＿。

    A.　Insert Layer　　　　　　　　　B.　Insert PrintOut

    C.　New Layer　　　　　　　　　　D.　New PrintOut

(4) 在页面设置面板中可以设置的项目有＿＿＿＿＿。

    A.　纸张大小及打印方向　　　　　　B.　比例模式及比例系数

    C.　矫正系数　　　　　　　　　　　D.　颜色

判断题

(1) 生产出的 PCB 和设计并不能保证完全吻合。　　　　　　　　　　（　　）

(2) 打样是降低生产风险的一种有效手段。　　　　　　　　　　　　（　　）

(3) 将 PCB 设计结果以电子文档方式交付 PCB 厂商是目前广泛采用的方法。（　　）

(4) 在 Protel DXP 设计中设置了各种各样的孔径，在生产中不允许改变。　（　　）

简答题

(1) 简述通常如何为双层板设置打印任务？

(2) 简述交付制作的打印样本在什么情况下需要放大处理？

(3) Protel DXP 最为实用的打印功能体现在什么地方？

(4) 试述以 Email 方式交付制作的优点是什么？

操作题

(1) 以 Altium\Examples\PCB Auto-Routing\Routed Board 2.PcbDoc 为操作文件，实际练习打印设置。

(2) 以 Altium\Examples\ Z80 (via netlist) \ Z80 (board) \Processor borad.PcbDoc 为操作文件，实际练习打印设置。

第 13 章 利用实物绘制原理图

教学提示：在现实中往往会有这种情况：手边有一块 PCB 实物，但我们更需要的是原理图。本章介绍从根据 PCB 实物用手工绘制 PCB 入手，到绘制原理图的过程。课前可由学生预习关于 PCB 中元件库的生成、元件和封装的查找、放置方法及 PCB 手工布线的内容。设计 PCB 实例中的封装选择、手工布线和修订元件电气符号是重点，绘制原理图是难点。

教学目标：通过一个简单的实例，使学生对直接根据实物设计 PCB 的操作全过程有一个比较明晰的了解，掌握设计技能，可以直接根据简单的实物绘制 PCB 并绘制原理图。

13.1 根据实物进行电路分析

在手中有一个 PCB 实物的情况下，可以利用 Protel DXP 进行 PCB 的文档制作。设计过程中，一般要进行以下几个操作过程：绘制 PCB 外形、在 PCB 中放置元件、选定元件封装、手工布线和生成原理图。本节实例 PCB 实物元件面如图 13.1 所示。

图 13.1 PCB 实物元件面

根据 PCB 实物用人工绘制 PCB 图的实质就是手动制板。在进行手动制板前，先要对实物进行分析，以便对将要进行的制作有一个清晰的了解。

进行电路分析的目的是为了判断实物的电路类型。本例是一块玩具汽车遥控电路，经实物测量的 PCB 外形尺寸为：6cm×4.5cm，在实物中还开有一个 1.2cm×2.9cm 长方形孔供安装手柄用。PCB 采用单层板设计，上面安装的电路零件有：一只 TX-2B 集成电路、两只三极管、一只发光二极管、一只晶振、六只元片电容、六个电阻和三个电感。

TX-2/RX-2 系配套专用遥控集成电路，它能组成具有五路红外遥控或者无线电遥控等功能的独立控制电路，可对遥控汽车、各种家用电器及照明灯进行遥控。TX-2 的相关资料引脚排列、引脚功能及典型应用如图 13.2 所示。

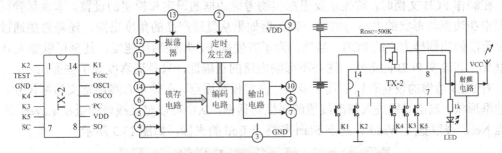

图 13.2　TX-2 的引脚排列、引脚功能及典型应用

从 PCB 的连线来看，可以判断出发射端为一根钢丝天线；从 PCB 上与电池的连线，可以判断出其工作电压的正(红色)负(黑色)极，同时根据机盒里面的两节电池确定工作电压是 3V。

从实物来看，有两组弹片制成的开关分放在 PCB 上，如图 13.1 中的两个鼠标箭头所示。由于这两组弹片系厂家自制冲压件，在封存装库里面没有相对应的封装，按常规只有自定义封装。但我们分析实物时可以看到，每个弹片实际上是起到开关的作用，进一步分析可知，一组弹片相当于两个开关，通过两个手柄控制两组弹片，开关闭合状态时输出信号，使遥控玩具汽车执行前进、倒退、左转弯和右转弯动作。每一组弹片上两个开关(假设分别为 A、B)的状态是：A 和 B 可以同时断开、A 和 B 不能同时合上、A 和 B 只能单独合上。因此，我们可以根据 TX-2 的典型应用电路，使用 4 个按键开关来代替这个两组弹片。这样一来，这两组弹片就能利用元件库内的元件符号和封装库里面的封装来表示。

值得注意的是，在实物中，组成两个开关的每组弹片在元件面是相连的，说明每组弹片的两个开关有一头是相通的，而这样的导通关系在实物 PCB 有焊点的那面是看不出来的。因此在制作 PCB 图时，应该根据实物补上处于元件面的连线，这样一来，由此可能造成 PCB 图上导线的交叉和短路。为了避免这种情况，保证电路的连接关系正确，制作出来的 PCB 图就必须随之进行局部调整。在保证电路正确的情况下这种微调是有很必要的，也是允许的。

由实物 PCB 可以作为制作 PCB 图的依据，根据其典型应用电路中元件的分布，可以作为还原出原理图中元件摆放位置的参考。

13.2　根据实物规划 PCB

分析完实物后，下一步就是根据实物规划 PCB 图。必须指出的是，我们的目的是为了根据实物还原出原理图。所以，对做出的 PCB 图并不一定完全要与实物一致，关键是要保持 PCB 图中的各个元件的连接与实物一致即可，对有覆铜、包地和泪滴等，只要在保持电路的正确性前提下可以简化，甚至可以改变 PCB 图中的连线路径。

13.2.1 PCB 的设置

在制作 PCB 文档时，首先就要根据实物考虑边框的设定和板层的设置。本例尽管可以不要求在边框与形状的大小与实物一致，但如果从复原产品的角度出发，还是希望通过学习尽可能做出同样大小的 PCB。当然，为了方便操作，加快制作速度，甚至可以加大 PCB 边框尺寸和改变 PCB 的形状，这并不影响电路的正确性，只是逼真度低了些而已。

对 PCB 边框的设置有以下几个步骤：设定相对原点，在禁止布线层定义边框尺寸，画出边框形状。双击线段进入修改线段的属性对话框，从中可以定义线段的板层 Layer、网络节点 Net、线段宽度 Width、起点 Start 和终点 End 的坐标，如图 13.3 所示。

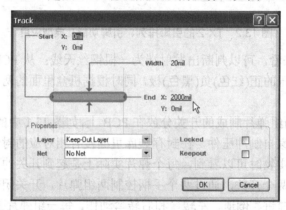

图 13.3 修改线段的属性

对 PCB 板层的设置比较简单，由于本例电路采用的是单层板，只需要设置布线层为底层即可，其余设置均使用系统默认参数而不需要改变。

在 PCB 布线规则中，由于采用的是单层板，将顶层 Top Layer 布线方式的默认设置改为 Not Used；将底层 Bottom Layer 布线方式改为 Any 就可以了。除此之外，在通常的情况下，可以不对布线的走向和线宽等参数另外进行设置。其余的各项参数设置依然保留系统的默认设置。

要注意的是，在制作 PCB 文档过程中，出于对还原出原理图的需要，在布线时多采用手工布线，这就要求掌握一定的 PCB 手工布线编辑的基本功。

提示： *初学者在根据实物进行 PCB 规划时，往往会严格按照 PCB 实物进行。由于操作的目的是为了还原出原理图，并非还原出一模一样的 PCB 产品。所以在规划中重点需要考虑如何利用实物先还原成 PCB 再还原出原理图，其中必须对原理图电路中的元件布局和电路的规范画法做到心中有数。*

13.2.2 PCB 元件的封装

在制作 PCB 文档时，首先就要根据实物确定元件的封装。同一种封装可以对应引脚数相同的多种元件，反之，一种元件也可能因参数或使用环境的不同而具有多种封装形式，比如晶体管和晶振以及不少常用电阻电容元件都是如此。

对此例中元件封装的选用和修订可以采用以下几种方式处理。

(1) 通用元件的封装通过放置元件时获取，在修改元件属性时改换，如电阻电容等。

(2) 对库内有类似的元件可利用其电路符号，再根据实物选择一个合适的封装与之匹配，如晶体管和晶振。

(3) 对库外元件最好能在网上查找其有关技术资料，如集成电路 TX-2B。

(4) 如果采用上述方法都无法找到，则可以根据实物进行自定义封装或用具有相同功能的同类元件代替，如两组弹片制成的开关。

(5) 对于 PCB 外元件，如电源正负极和发射天线等可以在 PCB 中用焊盘或者插座代替。

需要说明的是，由于最终目的是根据实物还原出原理图，所以只要引脚关系与实际相同，至于设计用到的技术参数等这里可以不考虑，自定义封装的大小和形状均不影响电路的准确性。不过为了积累专业经验的需要，我们尽量要制作出与实物相同的封装和 PCB 图。

TX-2B 为遥控发射集成电路，采用 14 脚双列直插式塑封装(DIP-14)，其引脚排列如图 13.4 所示。

对有些表面为阴文的集成电路，为了看清其型号，可以在阳光下蘸滴水到集成电路表面，利用水珠形成的透镜效应来看清其阴文型号。

在网上搜索到的晶体管 9018 和 C945(均为 NPN)的引脚名及封装类型如图 13.5 所示。

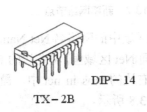

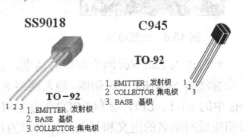

图 13.4　集成电路 TX-2 的外形及封装　　　图 13.5　晶体管 9018 和 C945 的引脚及封装

弄清元件型号的主要目的是为了获取引脚和封装的信息，使之能顺利地绘制出 PCB 图，进而能还原出原理图。

对没有找到技术资料的元件，其封装可以自制或者借用现有的封装。如某个型号集成电路的资料暂时找不到，可根据其外形，只要能正确地表示其引脚位置，借用类似的封装，也不会影响绘制 PCB 图和还原出的原理图电路的准确性。

对无极性的二脚元件如电阻电容、电感线圈、晶振和各类开关甚至可以不考虑其参数而直接给定已知的封装；对有极性的元件如各种二极管、电解电容等要弄清实物并了解其封装管脚上的极性标注，否则将造成原理图错误。

提示：　在制作 PCB 文档和原理图时，要特别注意二极管和三极管的极性，直接套用封装管脚的情况不多，更多的情况下是套用其封装形式并根据实物对管脚进行重新设置。

13.2.3　在 PCB 中定义网络节点

Protel DXP 系统目前的功能只能先设计原理图再通过网络表将信息传输到 PCB 中。由于是从实物中还原出原理图，所以是采用逆向的方法。因此，在先绘制的 PCB 文件中是没有网络节点和网络表的，这就需要在 PCB 布局连线后，手工设定网络节点和网络表。

以下面的局部电路为例：电阻 R1 与两个发光二极管 LED1 和 LED2 用手工连线的方法连接后，从形式上看三个元件的脚是连通的，但从逻辑上并没有连通，如图 13.6 所示。

执行菜单命令 Design | Netlist | Edit Nets 打开网络管理对话框，在中间的 Nets in Class 区域单击 Add 按钮新建网络，如图 13.7 所示。

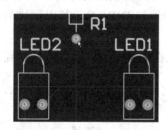

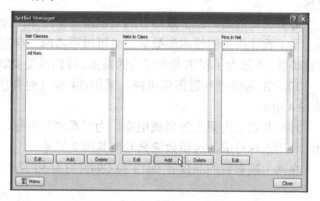

图 13.6　局部电路　　　　　　　　　　　　图 13.7　新建网络节点

此时进入 Edit Net 网络编辑对话框，在 Properties 区域中的网络名 Net Name 处将系统原来标注的 NewNet 字符删除，输入网络名 R1-1，在下面 Net 区域里，将左边的 Pins in other nets 中的 R1-1、LED1-2 和 LED2-2 分别双击，添加到右边的 Pins in net 中，最后单击 OK 按钮完成网络名的定义和相关元件引脚的设定，如图 13.8 所示。

返回网络管理对话框后，单击 Close 按钮，返回到 PCB 编辑区。此时可以发现在电阻 R1(1 脚)与两个发光二极管 LED(2 脚)上均显示出网络的名字 R1-1，说明相关的元件引脚已经属于同一网络 R1-1，如图 13.9 所示。

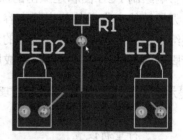

图 13.8　网络节点名的定义和相关元件引脚的设定　　图 13.9　在相关元件引脚上显示的网络节点名

　　尽管相关元件引脚上已经定义了所在的网络，但元件引脚上相关的连线(图中有五根导线)因没有定义而不属于这个网络。为保持 PCB 图的正确性，还必须对这些连线逐条定义为同名的网络。方法是双击导线，在出现的 Track 对话框中的 Net 下拉列表框中选取网络名称进行定义，最后单击 OK 按钮结束，如图 13.10 所示。

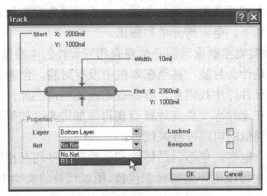

图 13.10　对导线定义网络节点

　　有时在 PCB 中显示出来的是一条直导线，但单击该导线后会发现其由几段导线组成，要么将其合并为一根再定义或对这几根导线逐根进行定义相同的网络。

　　检测是否对同一网络上的导线全部进行了定义的方法有两种：一是当导线全部定义后，整个该网络的最后一根绿色连线会变成蓝色，说明该网络的导线全部定义没有遗漏；二是删除已经定义网络的全部导线后，属于同一网络的各元件之间会出现表示其连接关系的飞线。

　　对实物 PCB 以外用焊盘表示的元件，如电源正负极等，也必须要对其设定相应的网络。

　　对 PCB 中用作安装孔的独立焊盘，因其没有电气连接而不需要进行网络定义表示。

　　提示：　定义网络时不要漏掉放置在拐角处的连线，特别要注意焊盘和元件放置是否重叠以及焊盘下面是否有多余导线存在，对重叠放置的焊盘和元件以及多余导线要及时删除。

13.2.4　根据 PCB 文档结合实物绘制原理图

　　为了保持原理图的美观和简洁，通常元件引脚编号都是不显示的。而在通过 PCB 结合实物来绘制原理图时，需要在绘制过程中显示每个元件的引脚编号(连接完成后可再次隐藏)，这是电路连接正确的一条重要保证，务必牢记。

　　初学者在从 PCB 到原理图的过程中，心里是没有整体布局轮廓的，往往因不知道元件往哪里放置而无从下手。在实际操作过程中要根据电路的走向边绘制边调整元件摆放位置，以使图形简洁、交叉线最少和符合行业规范为原则。利用上网或者元器件技术手册搜集晶体管和集成电路参数和典型应用，对在原理图中的元件位置摆放乃至连线将会带来很多便利。

　　本例中参照集成电路 TX-2B 的典型应用电路来实现原理图中元件布局，这样做的好处是为了保证在放置元件时心中有数，便于绘图及图纸美观。为了保证不出现错误，建议每当在原理图中画出元件相应的连线后，就在PCB的将对应导线删除。这样做的好处是保证不会错连、多连或者漏连导线，使绘制出来的原理图严格与PCB图保持同步；只要根据实物绘制出的PCB图不错，相应的原理图也不会错。

按惯例，信号源输入端画在原理图的左边，输出端画在最右边，信号的流向是从左到右，正电源到地是从上到下。电源部分单独画出。

根据PCB文档结合实物绘制原理图必须要有相应元件的电路符号。一般来讲，只要有元件的电路符号，不管是什么封装，甚至在本例中没有封装，也能画出原理图。

大多数元件都能在元件库中找得到。有些在原理图当前的元件库中找不到的元件，可以利用查找元件的方法在元件库文件夹进行查找再添加进来。如果确实找不到，可以自制电路符号或者修改一个类似的电路符号来代替。

在本实例中，电阻、电容、电感、晶体管和晶振等元件均有相应的电路符号。电源与天线的电路符号在PCB中可以用焊盘加标识代替,用以代替的实物中两组弹片的开关元件，在原理图中也依然用开关表示，这并不影响原理图的准确性。

本例实物中的集成电路TX-2B，采用DIP-14的封装类型。这个集成电路在Protel DXP自带的元件库里面找不到，因此必须自制电气符号，然后套用DIP-14的封装类型。

自制电气符号的方法有两种：完全自制或利用元件库中现成的电气符号进行修订。

下面介绍利用开关元件SW DIP-7修订制作TX-2的电气符号的操作过程。

(1) 新建一个原理图文件，进入编辑区，在系统提供的 Miscellaneous Devices.IntLib 元件库中，选择具有DIP-14封装类型的开关SW DIP-7并放置，如图13.11所示。

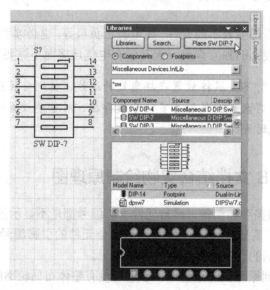

图 13.11　放置 SW DIP-7

(2) 执行菜单命令 Design | Make Project Library 新建一个"实物设计.SCHLIB"库文件。在出现的 Design Explorer Information 对话框中单击 OK 按钮，此时"实物设计.SCHLIB"内已经添加了一个元件 SW DIP-7，如图13.12所示。

(3) 在SW DIP-7的电气符号中选择内部全体图形和顶部横线并删除,如图13.13所示。

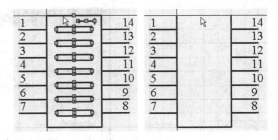

图 13.12　新建实物设计.SCHLIB 添加元件　　　图 13.13　先选择后删除

(4)　执行菜单命令 Place | Elliptical Arc 或单击工具栏中的画圆弧图标,将光标放在指定位置不动,连续左击五下然后右击退出放置圆弧状态。执行菜单命令 Place | line 或单击工具栏中的画直线的图标,添加两根线段,补齐图形,完成 TX-2B 的电气符号制作,放置过程及制作后的结果如图 13.14 所示。

(5)　执行菜单命令 Tools | Rename Component,在弹出的 New Component Name 对话框中输入 TX-2B,单击 OK 按钮,完成元件的重命名,如图 13.15 所示。

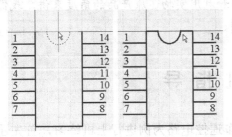

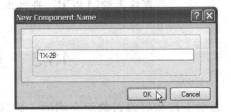

图 13.14　放置圆弧和完成电气符号制作　　　图 13.15　完成元件的重命名

(6)　在元件编辑区的左侧拉出 Library Editor 面板,单击 Edit 按钮,修改元件属性,如图 13.16 所示。

图 13.16　修改元件属性

(7)　在弹出的 Component Properties 对话框中,所有的设置不变,仅对 Properties 区域内以下内容进行修改:在 Designator(元件序号)栏目内输入 IC,在 Comment(注释)栏目内输入 TX-2B;在 Description(描述)栏目内输入 IC(此时 Library 栏目的内容无法更改,待存盘后将会自动改为“实物设计.SCHLIB”),如图 13.17 所示。

(8)　单击 OK 按钮,完成集成电路 TX-2B 的电气符号制作。保存文件。

至此,实物中所有的元件电气符号已经备齐,可以着手进行绘制原理图的操作。

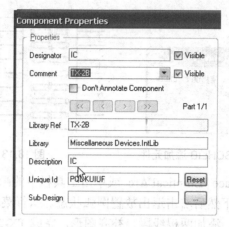

图 13.17　元件属性的修改结果

☞ 提示：　对有经验的设计者来讲，只要有实物甚至不需要通过绘制 PCB 也能画出原理图。尽管如此，从熟悉软件的操作和利用实物还原产品的角度来讲，我们依然建议先绘制 PCB，再画出原理图。

13.3　上　机　指　导

本节上机指导将以前面介绍的一块玩具汽车遥控电路为例进行上机练习，首先通过 PCB 实物绘制出 PCB 图，然后再根据 PCB 图绘出原理图，实物 PCB 如图 13.18 所示。

图 13.18　PCB 实物

经实物测量的 PCB 外形尺寸为：6cm×4.5cm，在实物中还开有一个 1.2cm×2.9cm 长方形孔是留给手柄的安装空间。

换算取整后的外形尺寸约为：2365mil×1770mil，长方形孔约为：475mil×1140mil。

(1)　在 D 盘下新建一个文件夹，命名为"实物设计"。

(2)　启动 Protel DXP，执行菜单命令 File | New | PCB Project 新建一个项目文件，再执行菜单命令 File | Save Project As 保存到"实物设计"文件夹，将新建的项目文件重命名为"实物设计.PrjPCB"。

(3) 执行菜单命令 File | New | PCB 新建一个 PCB 文件，系统会自动将文件加入到"实物设计.PrjPCB"中。再执行菜单命令 File | Save As，将新建的 PCB 文件重命名为"实物设计.PcbDoc"。

(4) 执行菜单命令 File | New | Schematic 新建一个原理图文件，系统会自动将文件加入到"实物设计.PrjPCB"中。再执行菜单命令 File | Save As，将新建的原理图文件重命名为"实物设计.SchDoc"。

(5) 在 PCB 编辑区中，执行菜单命令 Design | Board Layers 进入打开的 Board Layers(板层)对话框，在该对话框中的左上角区域设置单面板，取消 TopLayer 选项，设置为单面板，其余参数保持系统默认设置。

(6) 切换到 Keep-Out Layer (禁止布线层)，利用布线工具箱中的 Set Origin 工具，将相对原点定义在(X:2000mil，Y:2000mil)处。

(7) 利用布线工具箱中的 Place Line 工具，以相对原点为起点划出一个 X 方向为 2360mil，Y 方向为 1780mil 的长方形作为 PCB 的边框。

(8) 为了将实物 PCB 中的长方形孔准确地定位，可以画出一根线，然后双击进入 Track 对话框，如图 13.10 所示。设置 Start(X:100mil, Y:1120mil)，End(X:1180mil, Y:1120mil)，其余设置保持不变，然后单击 OK 按钮，完成线段的设置。

(9) 用类似的方法，再完成另外三根线的设置，具体参数分别为：Start(X:100mil, Y:620mil)，End(X:1180mil, Y:620mil)；Start(X:100mil, Y:620mil)，End(X:100mil, Y:1120mil)；Start(X: 1180mil, Y:620mil)，End(X:1180mil, Y:1120mil)；全部设置完成后 PCB 外形边框板内的长方形孔如图 13.19 所示。

(10) 放置集成电路。拉出 Libraries 面板，选择 Footprints，选择 DIP-14 封装类型，单击 Place DIP-14 按钮，放置一个集成电路的封装。在出现的 Place Component 对话框中直接单击 OK 按钮，直接进行放置后重命名为 IC1，经变换方向(水平翻转)后的集成电路的封装位置如图 13.20 所示。

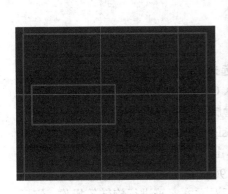

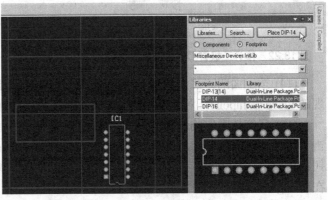

图 13.19   PCB 外形边框　　　　图 13.20   在 PCB 中放置集成电路封装

(11) 放置一个三极管。选择 BCY-W3/D4.7 封装类型进行放置，在出现的 Place Component 对话框中的 Designator 栏目中输入 Q1，在 Comment 栏目中输入 C945，单击 OK 按钮进行封装放置，如图 13.21 所示。

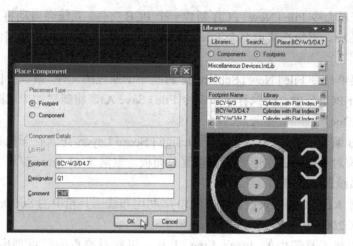

图 13.21　放置三极管封装

(12) 仔细核对实物的摆放方向和如图 13.5 所示的管脚排列次序，在三极管的封装中双击 1 脚焊盘，进入 Pad 对话框，在 Properties 区域中 Designator 栏目中输入 E，单击 OK 按钮；再双击 2 脚焊盘，在 Designator 栏目中输入 C，单击 OK 按钮；最后双击 3 脚焊盘，在 Designator 栏目中输入 B，单击 OK 按钮结束三极管 C945 的管脚修订，如图 13.22 所示。

(13) 双击 C945 的封装图形修订属性，进入 Component 对话框，在 Comment 区域中去掉 Hide 的勾选，单击 OK 按钮结束属性的修订，如图 13.23 所示。

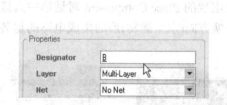

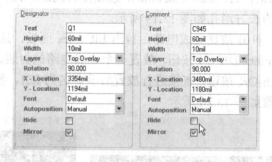

图 13.22　修订三极管 C945 封装的管脚　　　　图 13.23　修订三极管 C945 封装的属性

(14) 按上面的方法，放置三极管 9018。封装类型选择 BCY-W3/D4.7 进行放置，在出现的 Place Component 对话框中的 Designator 栏目中输入 Q2，在 Comment 栏目中输入 9018。

(15) 仔细核对实物的摆放方向和如图 13.5 所示的管脚排列次序，在三极管的封装中双击 1 脚焊盘，进入 Pad 对话框，在 Properties 区域中 Designator 栏目中输入 E，单击 OK 按钮；再双击 2 脚焊盘，在 Designator 栏目中输入 B，单击 OK 按钮；最后双击 3 脚焊盘，在 Designator 栏目中输入 C，单击 OK 按钮结束三极管 9018 的管脚修订。

(16) 用类似的方法对 9018 封装图形修订属性。最后对文本字符进行旋转等操作，修订完毕的 Q1 和 Q2 封装(注意 C945 和 9018 的管脚排列顺序不一样)如图 13.24 所示。

(17) 放置一个发光二极管，封装 LED-1，命名为 DS。

(18) 放置一个晶振，封装类型选择 BCY-W2/D3.1，命名为 Y。

(19) 放置一个天线，封装类型选择 PIN1，命名为 E。

(20) 放置代替两组弹片的四个开关 SW-PB，分别命名为 S1～S4，封装为 SPST-2。

(21) 放置六个电阻，封装类型选择 AXIAL-0.3，分别命名为 R1～R6。

(22) 放置六个电容，封装类型选择 RAD-0.1，分别命名为 C1～C2，C4～C7(实物无 C3)。

(23) 放置三个电感，封装类型选择 AXIAL-0.3，分别命名为 L1～L3。

(24) 放置两个焊盘，放置两个文本字符分别命名为 VCC 和 GND，双击文本字符，在打开的 String 对话框中的 Layer 栏目里选择 Top Overlay，单击 OK 按钮结束，如图 13.25 所示。

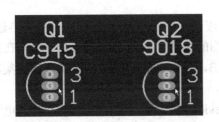

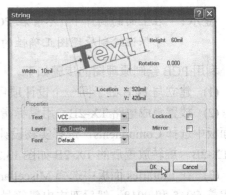

图 13.24　修订完毕的 C945 和 9018 的封装　　　　图 13.25　修改焊盘的标注

(25) 至此，在 PCB 中所有的元件封装放置完毕。用手工放置导线的方法，参照实物对 PCB 进行连线，完成手工布线的 PCB 如图 13.26 所示。

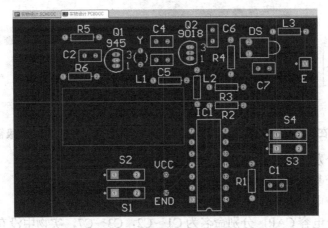

图 13.26　完成手工布线的 PCB

本例从简化操作的角度，在不影响整体电路正确性的前提下，根据实物绘制时做了如下变通。

- 由于本例的目的是根据实物绘制 PCB 进而绘制出原理图，所以，绘制的 PCB 与实物 PCB 的连线形状有所不同。这是由于某些实物没有封装，在使用了替代元件封装后改变了走线的方向，如两组弹片用了四个开关代替，但连线关系没有变，不会影响电路的正确性。
- 某些元件封装的选用是利用了系统中现成的封装，如晶振和发光二极管的封装就是如此。倘若要真实地还原产品，就要采用与实物完全相同的封装，必要时还要测量实物的尺寸，进行公制和英制的转换，然后自定义封装。

绘制 PCB 图的最后一个关键步骤是设定网络。必须对全部有连接关系的元件和导线都进行网络定义，以保证电路的正确性，并为后面原理图的还原设计提供连接依据。

执行菜单命令 Design | Netlist | Edit Nets 进入网络管理对话框，在中间的 Nets in Class 区域单击 Add 按钮可以新建网络。

具体操作可参照本章 13.2.3 节 PCB 中的网络节点中的相关内容。

提示：　在上面的制作中，尽管在 PCB 中没有定义网络也不会影响绘制原理图。但出于保证绘制原理图正确性的需要，本例仍需要定义网络。

利用 PCB 绘制原理图的步骤如下。

(1)　建立与 PCB 处于同一个设计项目中的原理图文件(前面已建好，此处不必再建)。

(2)　放置集成电路 TX-2B。用鼠标指向原理图的编辑区右侧 Libraries 标签处，在拉出的面板中选择 Components，选择实物设计.SCHLIB，单击 Place TX-2B 按钮，放置集成电路 TX-2B。旋转放置后的 TX-2B 如图 13.27 所示。

(3)　在 Libraries 面板中选择 Miscellaneous Devices.IntLib，放置两个 2N3904 的电气符号代替 C945 和 9018。然后双击电气符号修改属性，在 Component Properties 对话框中的 Designator 文本框输入 Q1，在 Comment 文本框输入 C945，其余设置保持不变，单击 OK 按钮退出。9018 亦照此设定为 Q2、9018，如图 13.28 所示。

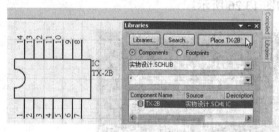

图 13.27　在原理图中放置集成电路 TX-2B

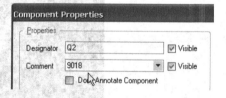

图 13.28　三极管 9018 的设定

(4)　放置一个发光二极管 LED1，命名为 DS。

(5)　放置一个晶振 XTAL，命名为 Y。

(6)　放置六个电阻 RES2，分别命名为 R1～R6。

(7)　放置六个电容 CAP，分别命名为 C1～C2，C3～C7，实物中没有 C3。

(8)　放置三个电感 Inductor，分别命名为 L1～L3。

(9)　放置四个开关 SW-PB，分别命名为 S1～S4。

(10) 放置一个天线 ANT，命名为 E。

(11) 放置一个电源电气符号 VCC。

(12) 放置一个接地电气符号 GND。

(13) 分别双击已经放置的电气符号(二极管、晶振、电阻、电容、电感和开关)进行属性修改，在 Component Properties 对话框中去掉 Comment 文本框后面的 Visible 的勾选(不显示元件名称)；如果有必要，可在 Graphical 区域里勾选 Show Hidden Pins 以显示管脚编

Protel DXP电路设计基础教程(第2版)

XINSHIJIGAOZHIGAOZHUAN

号，其余设置保持不变，单击 OK 按钮退出，如图 13.29 所示。

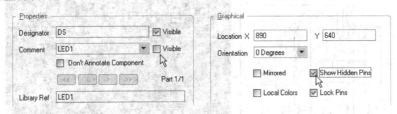

图 13.29　设定不显示元件名和显示管脚编号

(14) 把集成电路的各个引脚上的四个开关 S1～S4 连接；第 3 脚和四个开关的另一脚接地；第 11 和 12 脚之间接 R1；第 8 脚接 R2；第 9 和 10 脚先引出，每连一根导线就删除 PCB 上相应引线(注意原理图中此时有三个悬空脚：R2 另一脚，集成电路的第 9 脚和第 10 脚；图 13.30 所示 PCB 中三个鼠标指示处为 C7、C1 和 R5 的接地端，留有线段表示尚未在原理图中画出接地)。集成电路 TX-2B 周围相关元件接好后的原理图和 PCB 如图 13.30 所示。

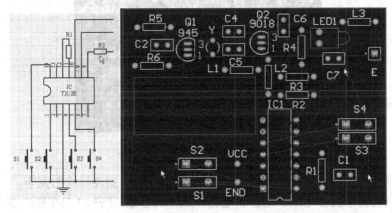

图 13.30　连接集成电路周围的元件

(15) 连接与 Q2 相关的元件。将 R2 另一脚向下接 Q2 基极和 C4，并留出引线；C4 另一脚和 Q2 发射极均向下接地；Q2 集电极向上接 C6；C6 另一脚上接 L3；L3 另一脚向上接天线 E。

(16) Q2 集电极向右接 L2；L2 又向下接 C7、向右接 R3 和向上接 VCC；C7 另一脚向下接地；R3 又向下接 C1 和向上接 IC 第 9 脚；C1 另一脚接地；每连一根导线就删除 PCB 上相应引线(注意此时原理图中有两个悬空脚：R2 另一头、集成电路的第 10 脚。图 13.31 所示的 PCB 中四个鼠标指针处为 DS 和 R5 尚未接地、L1 尚未与 VCC 连接、C5 尚未与 R2 连接，此四处连接导线均未删除)。与 Q2 相关元件接好后的原理图和 PCB 如图 13.31 所示。

(17) 连接与 Q1 相关的元件。将集成电路第 10 脚向下连接 R4 和 R5；R4 另一脚向下接 DS 正极；DS 负极接地；R5 另一脚向右和 Q1 基极连接；Q1 发射极向下连 R6；R6 另一脚向下接地；Q1 的发射极与集电极之间连接 C2；每连一根导线就删除 PCB 上相应引线。

(18) Q1 基极向上连接晶振 Y；晶振 Y 的另一脚向上连 C5，向右连 Q1 集电极；C5 另一脚向上连 R2；Q1 集电极向上接 L1；L1 另一脚向上接 VCC；每连一根导线就删除 PCB 上相应引线。删除全部连线的 PCB 如图 13.32 所示。

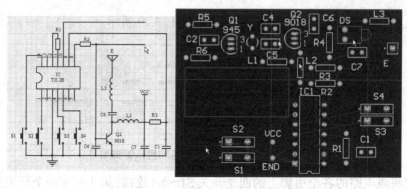

图 13.31　连接与 Q2 相关的元件

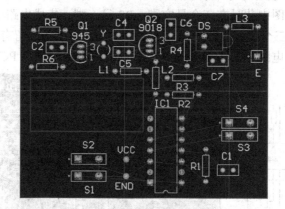

图 13.32　删除全部连线的 PCB

从 PCB 图中可以看出，全部连线已经删除，说明原理图连线绘制完毕。

最后对照实物中的各电阻、电容和电感等元件的参数(见表 13.1)在原理图上进行标注，完成原理图的全部绘制。

表 13.1　实物中各电阻、电容和电感元件的参数

元　件	标 注 值	元　件	标 注 值	元　件	标 注 值
R1	220K	C1	0.01μf	Q1	C945
R2	6.8K	C2	27μf	Q2	9018
R3	47	C4	47μf	L1	22μH
R4	680	C5	39μf	L2	22μH
R5	33K	C6	47μf	L3	39μH
R6	100	C7	0.01μf	Y1	40M

还原出来的原理图最终的结果如图 13.33 所示。

初学者第一次制作原理图时，一次性完成连接的成功率并不是很大，画原理图时需要对照 PCB 图反复操作才行。当出现操作失误后，可以按撤消键，回到上一步后再进行。如果出现重大失误，建议先单独关闭 PCB 文件(见图 13.34)，然后选择不保存修改，如图 13.35 所示。

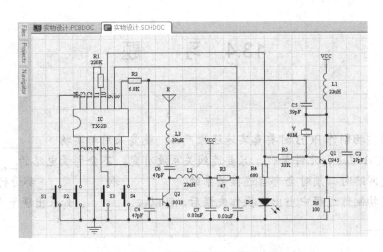

图 13.33　绘制原理图最后的结果

图 13.34　单独关闭 PCB 图

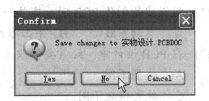

图 13.35　不保存修改结果

再次打开 PCB 图时，PCB 图就会还原到初始状态，从头开始进行再次操作。

初学者第一次制作原理图时，主要的问题是对电路的布局没有一个整体的概念，这时，参照主要元件(如集成电路的典型应用)是个较好的选择。

设计的过程是一个不断调整布局、不断使原理图合理化与设计优化的过程，因此在设计过程中经常要进行调整。有时对某一功能电路放置的位置不对时，需要进行调整，常用到的编辑是整体移动。如果是在电路设计过程中边设计边调整，要注意连线关系不要搞错。

由于只是要求根据实物 PCB 还原出原理图，所以，对绘制 PCB 图的外形尺寸不必严格要求，以能放下封装为准。只要正确反映元件之间的连线关系，不必完全按实物来布线。

必须指出，根据实物制作 PCB 及原理图只适合单层板和部分双层板，有时还必须配合使用万用表测量进行，对于有贴片式封装的元件来讲，要注意封装下面是否有过孔及连线。一般来讲对这种双层板或多层板的电路，用实物还原 PCB 文档和原理图不太合适，因而这种方法具有局限性，只适合简单电子产品的还原工作。

本章实例尽管也有了 PCB 和原理图文件，但并不是产品的真实再现。由于并不是按设计 PCB 的先后次序进行，没有网络表的联系。另外，因为两个弹片开关并没有按原样出现在 PCB 中，只是保证线路连接关系的正确而没有保证与原件完全一致。

如果要全部还原产品的相关设计文件，形成完整的项目设计，还必须根据实物在 PCB 中自定义弹片开关的封装，然后再按照设计步骤，利用现在原理图生成网络表，进行电气规则检查，将网络表的信息传输到 PCB 中，设置板层，设置布线规则，布线及手工调整，进行各种编辑，最后还要生成各种报表，将原理图及 PCB 打印输出。

13.4 习 题

填空题

(1) 根据实物制作 PCB 时要真实地还原产品，就要采用与实物_____的封装。

(2) 在 PCB 中进行元件替代，只要连线关系没有变，不会影响电路的_____。

(3) 设定网络时必须对全部有连接关系的_____和_____都进行网络定义。

(4) 在实物制作过程中当出现操作失误后，可以按_____，如果出现重大失误，建议先单独_____。

选择题

(1) 根据实物制作 PCB 时，布线一般采用_____。

    A. 自动布线   B. 手工布线   C. 半自动布线   D. 综合布线

(2) 在 PCB 设计中，经常要修改三极管的封装是因为三极管的_____。

    A. 类型不同   B. 管脚排列不同

    C. 放大倍数不同   D. 制作材料不同

(3) 在原理图中每连一根导线就删除 PCB 上对应的导线，是为了保证_____。

    A. 连线合理   B. 电路正确   C. 连线美观   D. 连线正确

(4) 一个完整的 PCB 设计，至少要有以下文件_____。

    A. 原理图文件   B. PCB 文件   C. 电路仿真文件   D. 项目文件

判断题

(1) 在保持电路的正确性前提下可以改变 PCB 图中的连线路径。   (   )

(2) 根据实物制作 PCB 时，边框与形状的大小可以与实物不一致。   (   )

(3) 根据实物制作 PCB 时，不能在 PCB 中定义网络节点。   (   )

(4) 可以根据实物还原出所有的 PCB。   (   )

简答题

(1) 根据实物绘制原理图一般有几个步骤？

(2) 进行电路分析的目的是什么？

(3) 根据实物还原出原理图时，为什么在原理图中画线时要在 PCB 中删除对应的导线？

(4) 根据实物还原出原理图时，为什么要参照主要元件典型应用电路？

操作题

(1) 自定义弹片开关的封装。实物的正反面如图 13.36 所示。

弹片开关的外形尺寸(也可以练习换算成英制 mil)如图 13.37 所示。

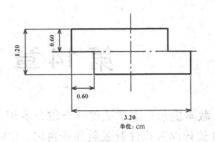

图 13.36　弹片开关　　　　　　　　　　　　图 13.37　弹片开关的外形尺寸

(2)　利用上面制作的弹片开关封装结合图 13.33 所示的原理图, 设计如图 13.18 所示的实物 PCB, 尽量还原产品。PCB 的外形尺寸(也可以练习换算成英制 mil)如图 13.38 所示。

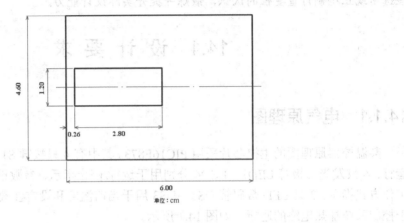

图 13.38　PCB 外形尺寸

(3)　生成弹片开关的元件清单。

(4)　生成弹片开关的底片文件。

(5)　生成弹片开关的数控钻文件。

(6)　设置弹片开关的打印任务, 打印底层, 顶层及顶层丝印层。

💡 注意:　从本章学习的开始到完成操作题, 是个实现还原简单电子产品的全部过程。在有条件的情况下, 可利用日光灯的电子整流器或者节能灯作为操作题目进行设计训练。

第14章 综合实例

教学提示：本章通过一个综合实例，比较全面地结合了原理图绘制、原理图库操作、PCB 设计以及元件封装制作等内容。相对于前面的例子，在复杂性和难度上有一定的提高。在教学时，可讲述其中的关键知识点，常规的操作不必细述，可由学生自己体会。

教学目标：通过本章的学习和上机练习，回顾并巩固所学知识，增强对软件的基本操作和运用技能，领会 PCB 设计合理规划的必要性、重要性和一般原则，强化对封装形式合理选用或正确制订重要性的认识，锻炼并提升实际设计能力。

14.1 设 计 要 求

14.1.1 电气原理图

某温控器原理图的主控芯片采用 PIC16F873。其中有 4 只按键 S1～S4 用于控制电路的运行；4 只发光二极管 LED1～LED4 分别用于运行/停止指示、参数设置指示、报警指示和工作方式指示；3 只 LED 数码管 DS1～DS3 用于当前温度和设定参数的指示；继电器 K 用于控制系统加热电路的通断。如图 14.1 所示。

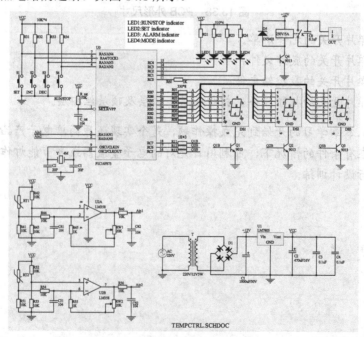

图 14.1 某温控器电气原理图

14.1.2　外壳形状尺寸

该温控器的运行控制、参数设置、温度及状态指示部分要求装配在外壳中(图中尺寸单位：mm)，电源、控制输出及热电阻预处理部分安装在壳体之外，要求据此设计该电路的PCB。外壳如图 14.2 所示。

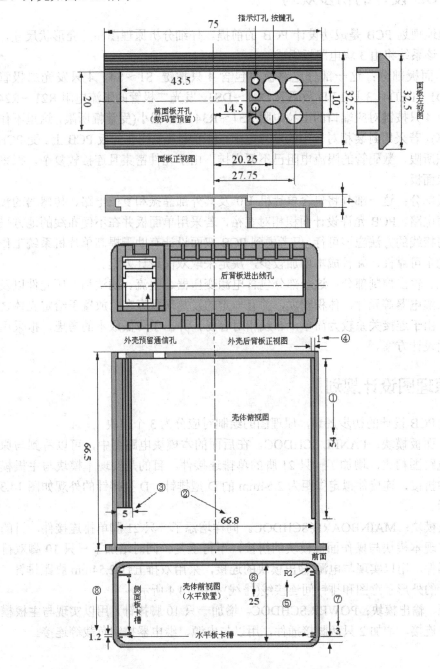

图 14.2　外壳形状及尺寸图

14.2 设 计 规 划

14.2.1 PCB 设计的初步规划

正确合理地规划 PCB 是成功设计 PCB 的前提。仔细分析原理图和外壳形状尺寸，结合设计要求，该系统将由 3 块电路板组成。

- 操作面板部分：这一部分电路板将包含 4 只按键 S1～S4、4 只发光二极管 LED1～LED4、3 只 LED 数码管 DS1～DS3。发光二极管的限流电阻 R21～R24 以及 4 只按键对应端口的上拉电阻 R31～R34 功率很小(受篇幅所限，这里不作计算)。若采用封装相对较小的贴片电阻，也可将其安排在面板 PCB 上。受 PCB 面积所限，数码管的限流电阻已不便安排。由于元件密集且连接较复杂，拟采用双面板。
- 主板部分：这一部分将包含单片机 U0 及其外部晶振和复位电路、传感器的预处理电路。PCB 允许设计面积相对宽裕，若采用单面板并在不便布线的地方采用跨接线的方法应该可行，但考虑到 PCB 双面设计有助于提高单片机系统工作的稳定可靠性，并且成本增加较少，决定采取双面设计方案。
- 电源、输出控制部分：这一部分包含电源变压器、整流、滤波和稳压元件以及输出继电器等元件，体积较大，并有一定的发热现象存在，放置于给定壳体之外。由于连接关系较为简单，布线相对容易，并出于降低成本的考虑，拟采用单面设计方案。

14.2.2 原理图设计规划

根据上述 PCB 设计的初步规划，原理图的绘制对应分为 3 个模块。

- 操作面板模块：PANEL.SCHDOC。在后面的本模块电路图中，可以看到与原始电路图相比，增加了一只 21 脚的单排连接件，目的是实现本模块与主板模块的拼接，连接件拟定脚距为 2.54mm 的 D 型排针。D 型排针的外观如图 14.3 所示。
- 主板模块：MAINBOARD.SCHDOC。同样增添了一只 21 脚单排连接件，目的是实现本模块与操作面板模块的拼接，不再重复。同时增加了一只 10 脚双排接插件，用以实现与电源/输出模块的连接，采用双排五针 2.54mm 脚距排针。排针的外形示意图和排针间连接线(排线)如图 14.4 所示。
- 电源、输出模块：POWER.SCHDOC。增加一只 10 脚排针，用以实现与主板模块的连接。增加 2 只两脚接插件，用以与电源、继电器控制负载等连接。

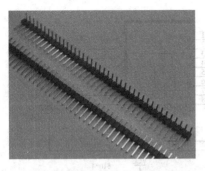

图 14.3　D 型排针外观示意图　　　　　图 14.4　排针及排线示意图

14.3　具体设计

借助 Protel DXP 进行 PCB 设计的方法前面章节已经介绍，在本实例中将主要介绍 PCB 设计步骤和关键之处。

14.3.1　新建项目

新建 3 个 PCB 设计项目，分别命名为 PANEL.PRJPCB、MAINBOARD.PRJPCB 和 POWER.PRJPCB；在每个项目下再分别新建与项目名称对应的原理图文件及 PCB 文件，如图 14.5 所示。

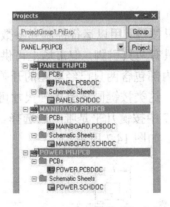

图 14.5　新建项目及添加文件

💡 **注意：** 设计过程总是要立足于其中某一个项目。在项目间关联较少或设计系统硬件配置不甚理想的情况下，对 3 个项目逐个进行设计则更为合理。

14.3.2　PANEL.PRJPCB 的设计

根据图 14.1 分解出来的面板部分原理图 PANEL.SCHDOC，如图 14.6 所示。
本设计实例中，涉及的一些关键的元件，这里给出了外形、尺寸等基本资料。

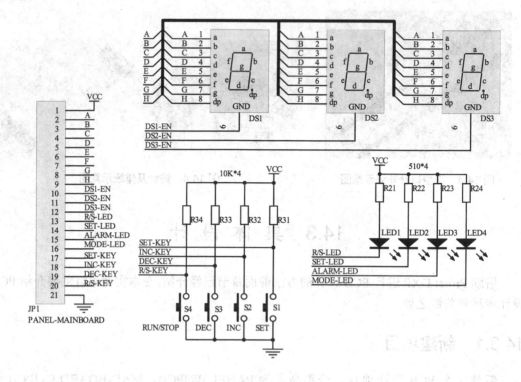

图 14.6　PANEL.SCHDOC 原理图

1. 主要元件的封装形式

- 按键：本系统中有 4 只按键，用以运行控制和参数设置。这是一种 PCB 焊接式按键，尽管原理图中只有两只引脚，但市场上可供选择的几乎全是图 14.7 中所示的四脚封装形式，内部包含两只已经互连的开关部件，这增加了设计的灵活性并有助于固定引脚。这类按键同样有多种尺寸可供选择，本设计中，因为壳体的尺寸限制，图 14.7 中按键几乎是唯一的选择。按键操作杆的高度可以根据最终装配的需要选定，如图 14.7 所示。

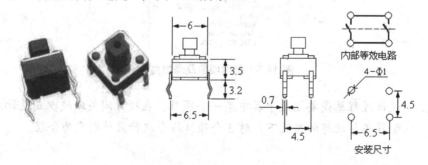

图 14.7　按键外形、尺寸及内部线路图

- 发光二极管：本系统中有 4 只发光二极管，用于状态指示。这本是一种极为常用的元件，但受到外壳前面板指示灯孔尺寸及位置的限制，这里必须选择的一

种称为塔型封装的 LED，其本体部分又分为上圆下方的两部分，圆柱形顶端直径为 2mm，刚好可以插入面板安装孔内，一方面具有导光作用，另一方面也有助于固定。下面的矩形部分有别于普通的圆形封装发光管，不会无谓地消耗面板 PCB 的面积，特别适合于本设计项目的使用，如图 14.8 所示。

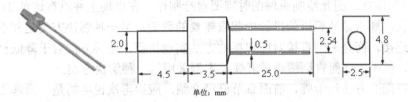

图 14.8 塔型 LED 外形、尺寸示意图

- LED 数码管：LED 数码管种类繁多，除了共阴共阳、发光颜色、亮度等级等分类方法外，尺寸是另一种主要的基本分类法。给定外壳的前面板预留的开孔适用于 3 位 0.5 英寸(数码管的宽度，图中对应 12.7mm 的一项)数码管。市场上，有一种 3 位连体的数码管，内部已将笔段电极 A～DP 对应相连，可以减少布线的工作量并可以满足本设计的要求。但考虑到单片机应用系统的灵活多样性，在本设计中，采用了 3 只 0.5 英寸共阴 LED 数码管，如图 14.9 所示。

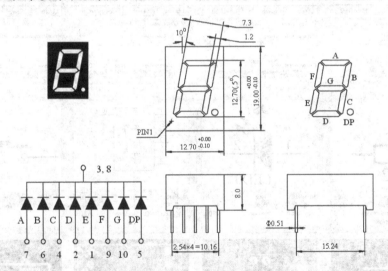

图 14.9 0.5 英寸共阴 LED 数码管外形、尺寸、引脚及内部线路图

2. 原理图绘制

由于本设计牵涉到面板与主板(即 PANEL.PCBDOC 与 MAINBOARD.PCBDOC)之间的拼接，因此在着手绘制之前，应当理清拼接处有哪些网络连接，并计算连接点数量，由此决定连接件的引脚数。当然如果已经熟练掌握 Protel DXP 操作的话，也可以边绘图边修正。本实例中，连接点如下。

- 工作电源相关：VCC、GND。
- 数码管笔段相关：A、B、C、D、E、F、G、H(DP)。

- 数码管选择相关：DS1、DS2、DS3 的 3 个公共阴极。
- 发光二极管相关：原始原理图中单片机 PIC16F873 的 RC1、RC2、RC3、RC4。
- 按键相关：原始原理图中单片机 PIC16F873 的 RA2、RA3、RA4、RA5。

以上共计 21 个，连接件的引脚数应选择 21。在 Protel DXP 的电气符号库中并没有这种 21 个引脚的排针，因此绘制原理图时需要自行制作。在市场上并没有这种 21 个引脚的单排排针出售，通常是从整排的排针中截取需要的数量。另一种解决方案是并不真正采用这种连接件连接，而是采用直接对应焊接的方法实现拼接，这种方法对于降低材料成本有一定的好处，但于生产而言则增添了麻烦。本例采用第一种解决方案。

绘制原理图的方法和步骤，前面章节已经介绍，应该再次说明的是，原理图的绘制过程和电气符号的制作以及封装形式的制作往往是同步进行的，并非按本文所列步骤顺次展开。如果在图中较多地运用了网络标号，这在连接关系较为复杂的情况下，可以有效地减少实际连线的数量，使图纸清晰，易于调整 JP1 引脚与电路其余部分的连接关系，对后来 PCB 设计时元件的合理布局和布线大有好处。网络标号的命名应言简意赅、望文知意。

3. 电气符号(也称为原理图库元件)制作

通过浏览元件库，找到原理图中的几只元件，如图 14.10 所示。

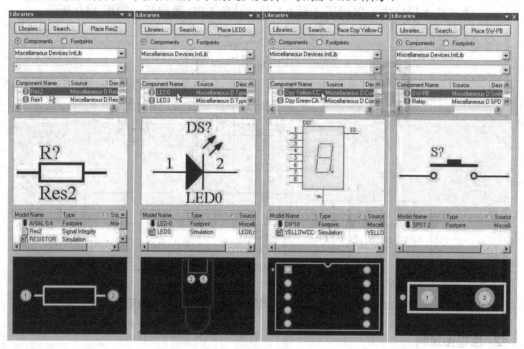

图 14.10　相关元件信息图

其中电阻、发光二极管和按键的电气符号可以直接使用，数码管因为引脚不符需要修改。出于需要，更出于锻炼和巩固的目的，图 14.6 中的 JP1 自行制作。集成库中元件的默认封装不符合我们的要求，需要重新选定或制作。

下面概要地介绍绘图过程。

(1) 加载元件。元件的编号、必要的注释、型号、数值视需要同时给定。将元件的位置做适当调整，结果如图 14.11 所示。

（2）隐藏 LED 引脚编号。图中显示了 LED 引脚编号，如果出于与给定的原理图尽可能相符的目的，可以将其隐藏。

（3）修改数码管。为使数码管在视图上与给定的原理图相同，应作修改。选择 Design | Make Project Library 命令，系统生成当前项目电气符号库，并自动命名为 PANEL.SCHLIB。单击数码管名称，选择数码管进行编辑，如图 14.12 所示。

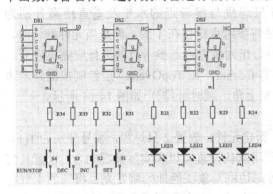

图 14.11　放置元件调整位置

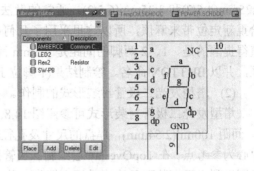

图 14.12　选择数码管

双击 10 号引脚，弹出引脚属性对话框，隐藏数码管 10 脚，删除 NC 字符串，单击 OK 按钮保存设置。更改数码管属性的操作如图 14.13 所示。

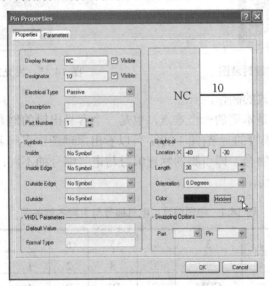

图 14.13　引脚属性对话框

选择 Tools | Update Schematics 命令，更新原理图，系统提示有 3 只元件被更新。重新进入原理图编辑器，数码管的外观（电气符号）已经更新为所需样式，保存原理图。生成当前项目库，并在此编辑元件，不会破坏 Protel DXP 自带元件库的数据。

（4）21 脚排针的制作。排针的电气符号制作比较简单，请自行制作。

（5）调整元件布局及标注、连线、放置网络标号，完成电气原理图的绘制后保存。

4. 封装形式(也称为 PCB 库元件)制作

在 PANEL.PRJPCB 项目下新建封装形式库，并保存为 PANEL.PCBLIB。

(1) 按键封装形式的制作。

按键的封装形式应参照图 14.7 所示的按键外形、尺寸及内部线路图。

新建元件。在参考点四周对称放置 4 只焊盘，编号分别为 1、2、3、4，焊盘的尺寸及孔径采用默认设置可以和实际情况吻合。4 只焊盘与参考点的水平及垂直距离分别为 2.25mm(4.5/2)和 3.25mm(6.5/2)，通常的做法是将参考点定位在 1 脚，但是当元件翻转时，给重新定位带来麻烦，所以这里采用了几何中心作为参考点。参考点的选择应随机应变，值得提醒的是，1、2 两脚的间距是 4.5mm 而非 6.5mm。在 TopOverlay 层绘制按键外形边框，并以 BUTTON 命名。绘制结果(1 脚位于左上角，顺时针排列)如图 14.14 所示。

(2) 塔型发光二极管封装形式的制作。

塔型发光二极管封装形式可参照图 14.8。新建元件，放置 2 只焊盘，编号分别为 1(+)、2，间距 100mil(2.54mm)，焊盘的尺寸及孔径采用默认设置可以和实际情况吻合。设置几何中心为参考点。在 TopOverlay 层绘制二极管外形边框及象征性地绘制发光二极管的电气符号图以利于后期装配及检修时识别管脚，并以 LED 命名。绘制结果如图 14.15 所示。

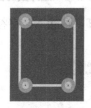

图 14.14　按键封装图

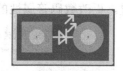

图 14.15　发光二极管封装图

(3) 数码管封装形式的制作。

数码管的封装制作是本例的一个难点，也是一个容易出错的地方。仔细分析面板原理图(图 14.6)和选定的数码管的封装(图 14.9)，可以看出原理图中引脚名称及编号与实际元件的引脚及相应编号并不吻合，即引脚的物理编号与电气编号的不同，为此制作封装时应相应作调整，如表 14.1 所示。

表 14.1　物理编号、电气编号与引脚名称关系

物理编号	1	2	3	4	5	6	7	8	9	10
电气编号	5	4	9	3	8	2	1	10	6	7
引脚名称	E	D	COM	C	DP	B	A	COM	F	G

考虑到数码管引脚连接的灵活性，这里将 GND 更名为 COM。制作后以 DS 为元件名保存封装，结果如图 14.16 所示。

(4) 21 脚排针封装形式的制作。

21 脚排针封装的制作较为简单，连续放置 21 个焊盘，编号依次为 1、2、…、21，焊盘形状为矩形，焊盘 X-SIZE (水平尺寸)取 60mil，Y-SIZE(垂直尺寸)取 90mil，孔径取默认值，以 11 脚为中心，保存为 CON21(此处焊盘也可以采用圆形，并使第 1 脚为方形以便于

识别)。结果如图 14.17 所示。

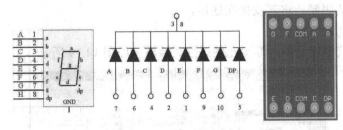

图 14.16　0.5 英寸共阴数码管封装制作对照图

图 14.17　21 脚排针封装制作

以上各步完成后，进入原理图编辑器，对各元件封装进行设置或修订。电阻的封装选择稍作修改的 1005 贴片形式，可自行仿制并保存。

5. PCB 设计

(1) 板层的规划。选择系统默认的双层板设计方案。

(2) 物理边界(外形尺寸)的规划。物理边界的规划是 PCB 设计的重要一环，认真分析图 14.2，可以确定 PCB 为一个圆角矩形，其长度为 66.8mm，宽度为 25mm，考虑到易于装配，实际 PCB 长度取 66.5mm，宽度为 24.8mm，4 个圆角半径 2mm。在机械层按规划绘制。

(3) 电气边界的规划。此面板无定位元件，和主板及外壳主体部分无直接机械接触，允许在整个 PCB 布线，因此物理边界的规划同样适合于电气边界，可以在禁止布线层按规划绘制，或将机械层的图形复制、粘贴并通过修改线条所在层属性达到同样的结果。由于这两个层的图形是重合的，因此在多层显示方式下，只会看到一个轮廓。绘制结果如图 14.18 所示。

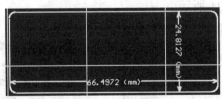

图 14.18　物理边界及电气边界的规划

(4) 网络表的加载。进入原理图编辑器，通过菜单对 PCB 更新，实现了网络表的加载。

(5) 元件的布局。尽管 Protel DXP 具有较强的元件自动布局功能，但是其自动布局的算法通常是基于最短路径原理，而并不是对设计者意图的领会，因此，自动布局的结果通常不能令人满意。习惯性的做法是：对项目中关键的元件按照设计要求或设计意图采用手动布局，然后锁定，其余元件采用自动布局功能，自动布局结束后，仍然采用人工调整。在本例中，PCB 面积狭小，几乎每一个元件都有具体的位置要求，因此，全部采用手工布

局。严格参照指定外壳的面板数据，将元件一一"对号入座"。原理图中有 8 只电阻，受 PCB 面积和装配的限制，将其安排在底层。

元件布局实现方法如下。

① 用鼠标双击该元件，弹出元件属性对话框，如图 14.19 所示。

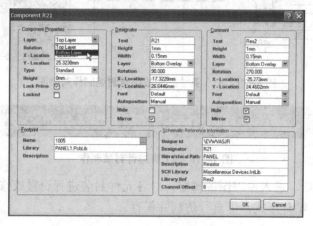

图 14.19　元件属性对话框

② 修改其图层(Layer)属性，将顶层改为底层，单击 OK 按钮退出。用同样的方法修改其余 7 只电阻的属性。

💡 **注意**：　当有较多的元件属性需要修改时，为了提高效率，可以采用批量修改的方法。

③ 将鼠标移至目标元件 R23 上右击，弹出快捷菜单，选择 Find Similar Objects 选项，弹出相似对象查找对话框，如图 14.20 所示。

④ 在 Component Comment 下拉列表框右侧的文本框中选择 Same 选项，单击 Apply 按钮系统自动进行相应筛选，并高亮显示筛选结果，单击 OK 按钮确认。情况不同，筛选项应也进行相应的调整，本例中需要选择所有的电阻，而当前所有电阻都无特别的 Comment (注释)属性，均为默认的 Res2，所以借此可以达到选择全部电阻的目的。系统弹出 Inspector (观察器)对话框，如图 14.21 所示。

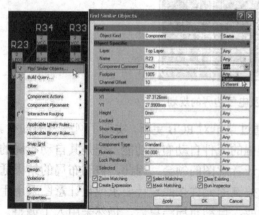

图 14.20　批量修改相似对象

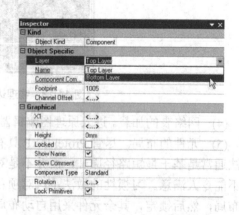

图 14.21　Inspector 对话框

在 Layer 选项右侧的文本框中选择 Bottom Layer 选项,鼠标在无选项空白处单击确认。至此,8 只所选对象全部由顶层调整至底层。但此时,被选对象仍处于被选中(此处称为滤出对象)状态,依然高亮显示,在 PCB 空白处右击,弹出快捷菜单,在其中选择 Filter | Clear Filter 命令,可以取消高亮显示。如图 14.22 所示。

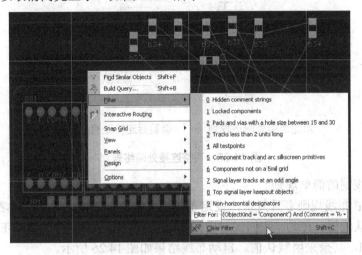

图 14.22　过滤状态的清除

适当调整元件编号或注释的位置与尺寸,注意将 JP1 的 11 脚放置于 PCB 水平中心位置,以达到对称的目的。由于 PCB 编辑器采用自顶层的多层透视方式,顶层元件的标注为正字,底层元件的标注应为反字。此时,PCB 的格局初步成型,如图 14.23 所示。

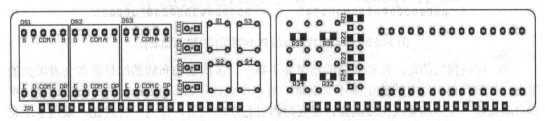

图 14.23　元件布局图(左图为顶层前视图,右图为底层后视图)

进一步对连接处的网络规划进行审查时发现,与 VCC 关系密切的元件(发光二极管和按键)分布在 PCB 的右侧,而 VCC 节点此时却位于连接件最左侧,这意味着原先连接处的网络规划不够妥当,如图 14.24 所示。

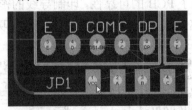

图 14.24　VCC 节点的原先规划

结合原始原理图仔细分析并回到原理图编辑器进行适当调整,对 PCB 网络更新。客观上,设计的过程是一个不断调整、不断合理化与优化的过程。对比结果如图 14.25 所示。

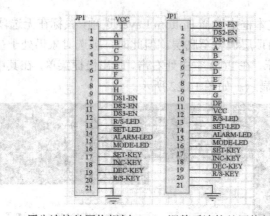

原先连接处网络规划   调整后连接处网络规划

图 14.25　调整连接处网络规划

(6)　布线规则的简单规划

Protel DXP 布线规则多且复杂，设定布线规则应非常谨慎。对于初学者而言，应尽量采用系统的默认设置。在此，我们仅对电源 VCC、GND 及 DS1-EN、DS2-EN、DS3-EN 线宽设定为 20mil，其余采用默认值。自动布线结果如图 14.26 所示。

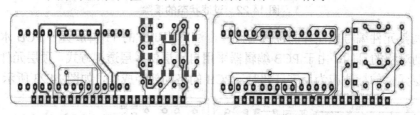

图 14.26　自动布线生成的 PCB(顶层(左)和底层(右))

(7)　应该指出的是，自动布线的结果并不唯一，多次自动布线的结果通常会有很大的差别，如果当前自动布线的结果不够满意，对布线规则和布局(如果允许)作适当调整，重新自动布线，直至满意或比较满意，必要时再进行手动调整。作为一种对比，采用手动布线的结果如图 14.27 所示。

图 14.27 中(未标注出来)电源 VCC、GND 及 DS1-EN、DS2-EN、DS3-EN 线宽为 20mil，其余为 15mil，焊盘和过孔采用了泪滴处理。相对而言，手动布线整齐美观，但却引入了过多的过孔，印制导线的密度也较高，花费较多的时间和精力；自动布线的走线不够美观，但仅仅引入了一个过孔，提高了 PCB 的可靠性，印制导线的密度较低，布线过程极为快捷，只要稍作修改就可以使用，这体现了 Protel DXP 强大的布线功能。

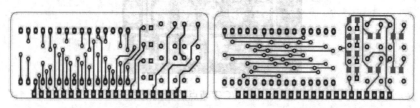

图 14.27　手动布线生成的 PCB(顶层(左)和底层(右))

14.3.3　MAINBOAED.PRJPCB 的设计

主板 MAINBOAED.PRJPCB 的设计步骤与面板 PANEL.PRJPCB 的设计步骤并无太多不同，只需注意以下几点。

1. 原理图绘制

在 Protel DXP 中，并无单片机 PIC16F873，因此需要参照 PIC16F873 的数据手册自制，当然也可以借助引脚兼容芯片 PIC16C73 改制，主要是对引脚的名称及位置调整以使得与原始原理图尽可能接近。在此，采用后一种方法。PIC16C73 中含有 1 只用 VDD 和 2 只用 VSS 标示的电源引脚，默认情况下处于显示状态。为了和原始原理图保持尽可能一致，需要将 VDD 和 VSS 设置为隐藏(但这样操作后，将导致无法对该芯片供电，即无法将 VDD 连接到 VCC，无法将 VSS 连接到 GND)。操作后，查看该元件引脚属性，可以看到以上 3 只引脚的 Show (显示属性项)处于取消状态，如图 14.28 所示。

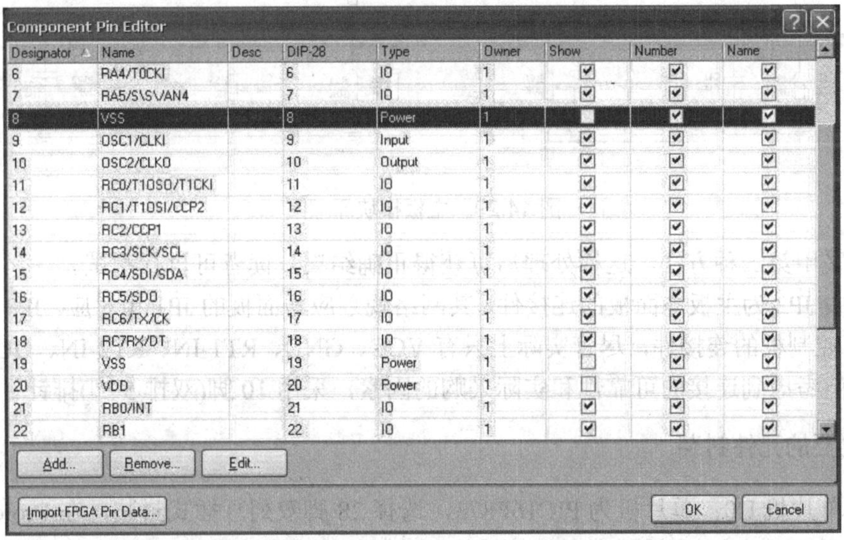

图 14.28　PIC16C73 的引脚属性

对于被隐藏的引脚，Protel DXP 采用了这样的处理：当某只引脚被隐藏后，该引脚会自动地与所处原理图中同名的网络相连。在这里，如果原理图中包含有 VDD 网络，则该芯片的 VDD 引脚会自动实现与该网络的连接。一般来说，我们习惯于用 VCC 表示电源正极，用 GND 表示电源负极(更普遍的说法是接地)，这就意味着，如果被隐藏的电源引脚的名称为 VCC 和 GND，则可以保证自动相连。但是，许多元件的电源引脚的标识并不一定是 VCC 与 GND，例如，CMOS 类集成电路的电源引脚常用 VDD 及 VSS 表示，对于正负双电源工作的元件，负电源常用 VEE 来表示。因此必须做一些处理。

至少有两种常用的解决办法。一种方法是将所有的电源引脚显示属性设置为显示，在原理图中进行正确连接，尽管与原始原理图在视图上不一致，但不至于出错，事实上也没有一定要和原始原理图保持完全一致的必要。另一种方法是在原理图中主动添加 VDD 及

VSS 网络节点，让 VDD 与 VCC 相连，VSS 与 GND 相连，如图 14.29 所示。

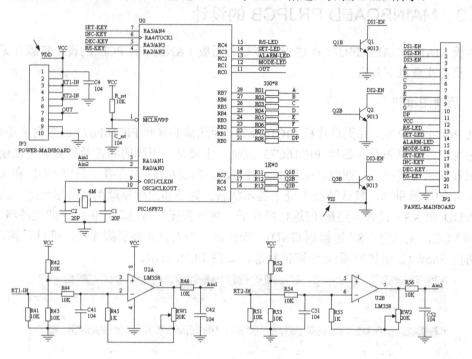

图 14.29 主板模块原理图

本例采用第二种方法，这样处理后可获得正确结果，读者可自行测试。

在图中 JP2 为主板与面板的连接件，其网络规划应与面板的 JP1 相对应。JP3 为主板与电源/输出控制板的连接件，尽管实际上只有 VCC、GND、RT1-IN、RT2-IN、OUT 五个电气接点，但考虑到连接的可靠性和实际采购的因素，采用 10 脚(双排 5 脚)排针。

2. 主要的元件封装

- 单片机 U0：单片机为 PIC16F873，选择 28 脚双列直插式封装，在 Protel DXP 中 28 脚双列直插至少有 4 种封装，不小心可能导致出错。PIC16F873 的对应封装名为 DIP-28(图 14.30 中鼠标指针所指)，形状及尺寸如图 14.30 所示。

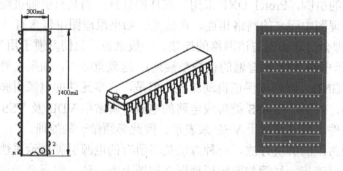

图 14.30 PIC16F873 的引脚属性

● 三极管 Q1、Q2、Q3：这三只三极管型号为 9013，选择插脚式封装，Protel DXP 集成库中的默认封装为 BCY-W3。注意查看 9013 实际管脚分布、库中 NPN 型三极管的管脚及编号与 BCY-W3 的引脚分布，可以发现选择 BCY-W3 是不恰当的。有两种解决的办法，不改变封装形式，但在装配的时候将 9013 作 180 度反转，这样做不会影响电路的正常工作，但顶层丝印层的图形符号与实物相反，另一种办法是重新修订封装形式。这里我们采用后一种办法，在网络表已经加载后，生成项目封装库，在该库中对 BCY-W3 进行修改，将 BCY-W3 的 1、3 脚编号对调即可，然后对 PCB 进行更新，如图 14.31 所示。

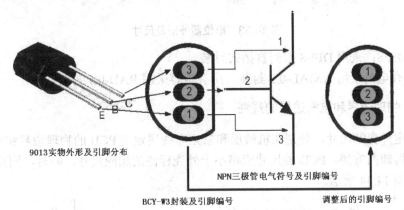

9013实物外形及引脚分布

NPN三极管电气符号及引脚编号

BCY-W3封装及引脚编号　　　　　　　　调整后的引脚编号

图 14.31　9013 三极管的电气符号与封装的对照

● 石英晶体 Y：选择石英晶体，但 Protel DXP 的集成库中找不到满意的对应封装，需要自行制作。参数如图 14.32 所示。

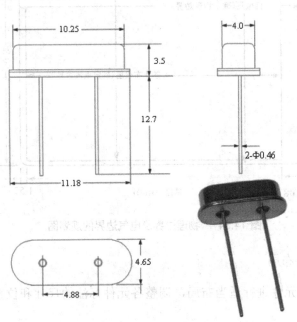

图 14.32　石英晶体外观及尺寸

● 电位器 RW1 及 RW2：本系统包含两只电位器 RW1、RW2，用于增益调节，采用 3296W 型封装多圈精密电位器，其外形和尺寸如图 14.33 所示。

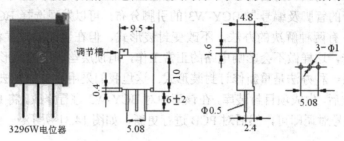

图 14.33　电位器外形及尺寸

● LM358：采用 DIP-8 双列直插式封装。
● 所有电阻采用 AXIAL-0.3 封装；所有电容采用 RAD-0.1 封装。

3. PCB 物理边界和电气边界的规划

参照给定外壳的尺寸，分别在机械层和禁止布线层定义 PCB 的物理边界和电气边界。为了安装及拆卸的方便，PCB 的尺寸应略小于外壳标注的相应尺寸，同时，四角采用小圆角处理，如图 14.34 所示。

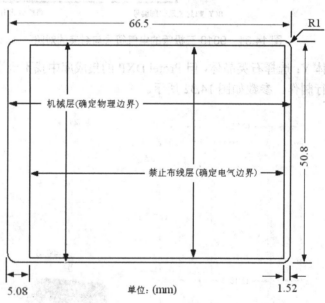

图 14.34　物理边界及电气边界的规划图

4. 加载网络表并布局

加载网络表并对元件进行适当布局，调整各元件标注的尺寸和位置，结果如图 14.35 所示。

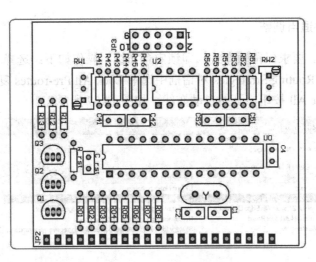

图 14.35　PCB 元件布局

5. PCB 层及印制导线宽度的规划

设置 VCC、GND 线宽为 1mm，其余为 0.5mm，双层板设计。

6. 预布线处理

对于电路中一些关键的走线，通常需要手工预布线。电路不同，预布线的情况会千差万别。本例中，石英晶体振荡电路工作时易产生干扰，采用双层包地的处理方法有助于降低与周围电路之间的影响。结果如图 14.36 所示。

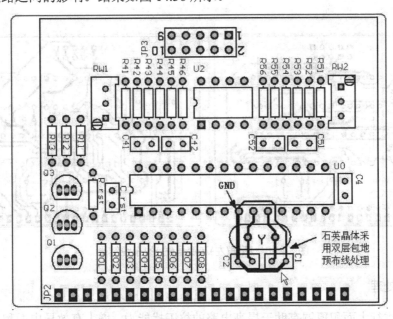

图 14.36　石英晶体部分的预布线处理

7. 自动布线并适当调整

进行自动布线。要求保留预布线，即锁定预布线，操作如下：选择 AutoRoute | All 命令，在弹出的 Situs Routing Strategies 对话框中选中 Lock All Pre-routes 复选框，即锁定预布线。然后单击 Route All 按钮，开始自动布线。如图 14.37 所示。

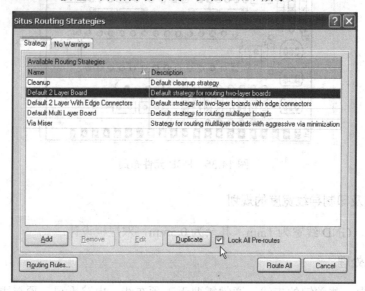

图 14.37　预布线锁定处理

布线结束后，仔细审查并进行必要的调整，直至满意或比较满意为止，结果如图 14.38 所示。

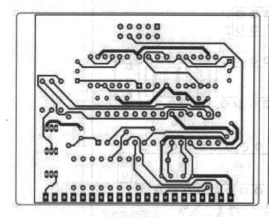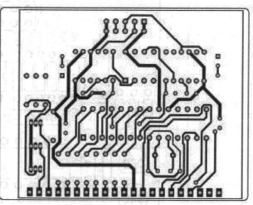

图 14.38　顶层(左)和底层(右)的布线结果

8. 覆铜处理

对 PCB 进行大面积覆铜有助于提高电路的抗干扰能力，增大有效导电面积，降低印制导线的连接阻抗，在某些情况下还可以借此帮助散热(值得一提的是，并非所有情况下采用大面积覆铜都有益于电路的运行，有关知识请参阅其他书籍)。

本例 PCB 的顶层和底层均作覆铜处理，连接网络均选择 GND。在交付 PCB 厂家生产时，还必须注明 PCB 厚度，这里选择 1mm，选择依据可参照图 14.2 中的尺寸⑧。作覆铜处理后的结果如图 14.39 所示。

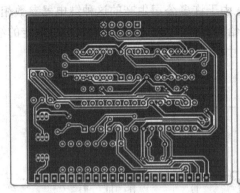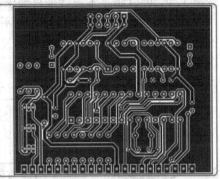

图 14.39 顶层(左)和底层(右)覆铜处理后结果

14.3.4   POWER.PRJPCB 的设计

1. 主要元件的封装形式

● 电源变压器：本系统采用普通线性稳压电源，功率为 5W。通常有两种处理方案可供选择。一种方案是选择焊接式变压器，将其直接焊接在 PCB 上，经接线端子将 220V 交流电源引入 PCB 上变压器的初级。另一种方案是变压器独立于 PCB 在适当的地方板外安装，变压器次极输出的低压交流电源经由接线端子或引线焊接的方式引入 PCB，换句话说，设计 PCB 时，只考虑变压器副边输出的引入而无需考虑变压器本身。哪种方案更合理由具体情况决定，一般说来，体积较小而有多组电压输出的变压器采用第一种方案，如常见的开关电源用变压器，反之采用方案二。本设计实例采取了板外安装方式，借此说明一个简单的，但对初学者而言却易犯的错误思路，即出现在电路图中的所有元件都应该"扎根"于 PCB 上。一种焊接式变压器和一种引线式变压器的外形，如图 14.40 所示。

图 14.40   变压器外形示意图

● 电磁式继电器 K：根据工作电压、负载类型、触点数量、控制功率大小等，继电器的种类繁多。本设计中要求触点具有 220V/5A 交流负载的控制能力，拟采用一种可以直接焊接在 PCB 上的小型 5 脚封装电磁式继电器，线圈额定工作电压 12V，可以满足本设计项目要求。由于许多公司生产的这种继电器参数相同，但命名方法往往不同，所以在此不给定具体型号。图 14.41 展示了拟定的继电器的外观和外形尺寸，以及安装尺寸和线路图底视图。

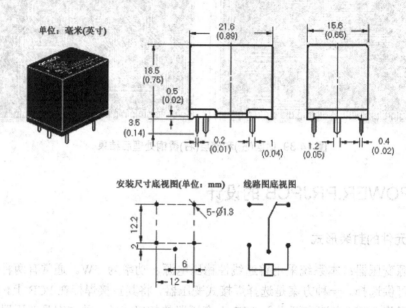

图 14.41 继电器外形、尺寸及内部线路图

● 三端稳压器 LM7805 及散热片：LM7805 为 1A 三端集成稳压器，有 TO-220 插脚式、D-PAK 贴片式等多种封装形式。由于插脚式便于装设散热片，相比而言，尤其是当工作电流较大时，更为常用。本设计中，选择 TO-220 封装形式如图 14.42 所示。

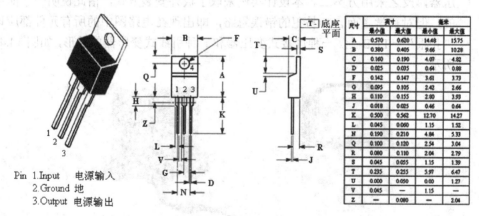

Pin 1.Input　电源输入
　　 2.Ground 地
　　 3.Output 电源输出

图 14.42 LM7805 外形、尺寸及引脚分布图

尽管经粗略计算本电路中 LM7805 因工作电流并不太大无装设散热片的必要性，但顾及其工作的安全及稳定性，出于锻炼设计能力的目的，仍采用了与之配套的一种散热片。图 14.43 中右图为散热片俯视图，两侧的两只圆孔为散热片自身固定引脚的装配孔，固定引脚可参照左图，在 PCB 上安装时，通过焊接这两只引脚可达到固定的目的。

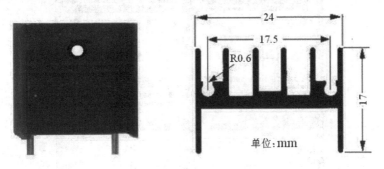

图 14.43　散热片外形、尺寸示意图

2. 原理图绘制

在电源/输出控制模块的原理图中，根据实际情况的需要，有几处进行了调整，个别需要引起注意的地方如下。

- 由于变压器采用板外安装的方式，图中不再出现，而是增设了一个 JP6 (ACIN——交流输入)接口，用于和变压器的副边相连。
- 原始原理图中的整流桥堆用四只独立的整流二极管 1N4001 代替，编号分别为 D1、D2、D3、D4，在电路运行中是等效的，但在一定程度上增加了灵活性。
- 原始原理图 14.1 中的 VCC 滤波电容 C4 已经安排在主板上，(可参照主板模块的原理图)这里相应地不再出现。我们经常会在一些原理图上看到在某电源端口并连许多电容，而初学者常常会有这样的疑问：为什么不用一个更大容量的电容来"等效替代"？其实，这只是说明在电路中多处需要进行滤波处理，在 PCB 设计时应将这些在原理图中原先毗邻的电容合理地分散安排到需要的并适当的地方。
- 原始原理图中继电器 K 只有 4 只引脚，由于拟选用了前文所述的 5 脚封装形式，所以在电源模块的原理图中将对继电器的电气符号作相应调整，既可在库中重新选择，也可以自行重新制作。本例采用的办法是从库中重新选择 5 脚的继电器 Relay-SPDT。经比较，可以发现集成库中 Relay-SPDT 的默认封装形式与选定的继电器的实际封装不符，因此需自行制作。两种继电器的基本信息如图 14.44 所示。
- 电源/输出控制板与主板间的连接借助 D 型(卧式)10 脚双排排针实现，参照图 14.4。卧式连接件在 PCB 上的安装受接口方向的限制(接口朝外以便于连接)，因此在网络规划上应适当调整。调整方法如图 14.45 所示。实际绘制的电源/输出控制模块的原理图如图 14.46 所示。

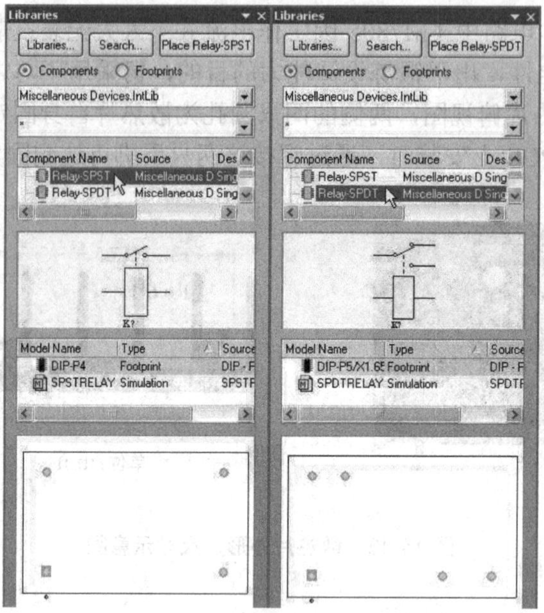

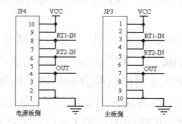

图 14.44 继电器的重新选定

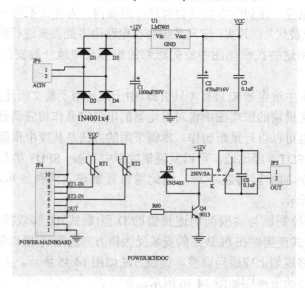

图 14.45 连接件(D 型排针)的网络规划对比

图 14.46 电源/输出控制模块原理图

3. 封装形式制作

- 电磁继电器 K 的封装制作：电磁继电器 K 包含 5 只引脚，封装制作时引脚的编号必须与电气符号的引脚编号保持一致。为此需要查看 Relay-SPDT 的引脚编号，并分别将线圈、常开及常闭触点编号一一对应，线圈的两只引脚编号并无具体规定。在 PCB 布线时，如果发现当前编号方法有碍于更为合理的布线，可以对换。结果如图 14.47 所示。

- 三端稳压器 LM7805 及散热器的封装制作：LM7805 采用 TO-220 封装形式，形状及尺寸参照图 14.42，并加装散热片，参照图 14.43。实际装配时，LM7805 与散热片通过螺丝连接成为 "一体化" 的元件，因此，将两者作为一个元件并制作封装是恰当的做法，这使得 PCB 布局时的位置调节变得很便利。由于散热片本身包含 2 只用以固定的引脚，因此，此封装成为事实上的 5 脚元件，在制作时要严格保证 5 只引脚间的位置关系，同时，散热片的 2 只固定引脚较粗，在制作时要注意，疏忽大意可能导致因焊盘孔径过小引脚无法插入。对于初学者，本例中，类似的情况还容易发生在续流二极管 1N5403 上，如果不足够谨慎，很可能想当然地选择 DIODE-0.4 或 DIODE-0.7 的封装形式，事实上，1N5403 的引脚直径约为 1.2mm，而库中 DIODE-0.4 和 DIODE-0.7 的焊盘孔径分别为 0.85mm 和 1mm，结果可想而知。因此，在对元件不熟悉的情况下，采购样品进行实际测量或查询元件的数据手册是避免出错的最有效手段。LM7805 及散热片的一体化封装如图 14.48 所示。

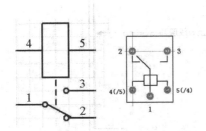

图 14.47　Relay-SPDT 电气符号及对应封装

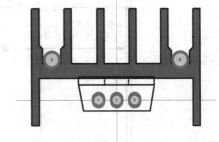

图 14.48　Relay-SPDT 电气符号及对应封装

- 其他元件封装的选择应当根据实际情况的需要。这里假设无特殊要求。值得一提的是，由于当前 PCB 拟采用单面板设计方案，因此又有着一定的特殊性。对于双面板而言，尽管元件的焊盘比较小，但是由于双面板的金属化孔处理，焊接时，焊锡可以浸润到孔中，从而在事实上实现了元件引脚的大面积焊接，提高了焊接的可靠性。对于单面板而言，焊盘的面积就是焊接的有效面积。对于焊盘面积本身较小的封装而言，这除了造成实际电接触不够理想之外，焊盘与 PCB 基板本身的附着力也降低了很多，在需要拆卸时，常常会造成焊盘从基板上剥离而导致 PCB 基板报废。解决这个问题的办法是 "扩盘" 处理，即增大焊盘的面积。对于一个 AXIAL-0.3 封装的电阻元件的扩盘效果如图 14.49 所示。

图 14.49　扩盘样例

4. PCB 规划及实际设计

● 物理边界和电气边界的规划：由于 PCB 没有特殊的形状、尺寸及固定方式的要求，因此可以相对自由地自行规划。常用的做法是，将元件加载后，进行适当的布局并由此最终核定 PCB 的形状及尺寸。对于当前的 PCB 因无安装卡槽，可以采用螺丝四角固定。特设置四只焊盘，焊盘孔径设置为4mm，配套螺丝可选用市场上 ϕ 4 的标准件，如图 14.50 所示。

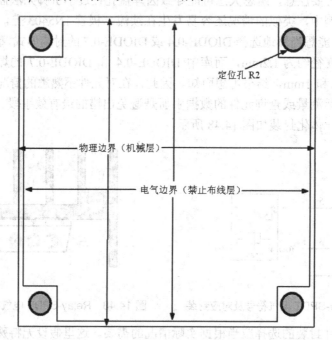

图 14.50　PCB 边界规划

● 板层、线宽等规划：单面板。+12V、VCC、GND、继电器输出等网络电流较大，加之 PCB 面积宽裕，取 1.5mm，其余取 1mm。线宽的选择与流经此线的电流大小直接相关。印制导线的宽度与印制板铜箔的厚度、印制导线的负载电流与温升的关系请参考其他资料。这里的选择完全可以满足实际需求。

● 加载网络表、元件布局、自动布线，手动调整：这些步骤不再赘述。布局的结果如图 14.51 所示。

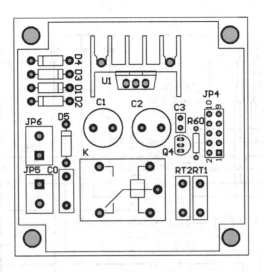

图 14.51 元件布局结果

在布线前，对其他的元件都做了类似于电阻元件的扩盘处理。布线的结果如图 14.52 所示。

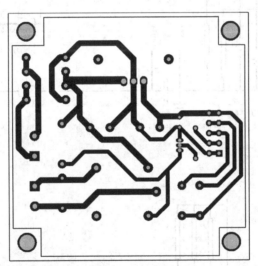

图 14.52 PCB 布线结果

14.4 上 机 指 导

14.4.1 电气原理图

某电动自行车控制器的电气原理图如图 14.53 所示。

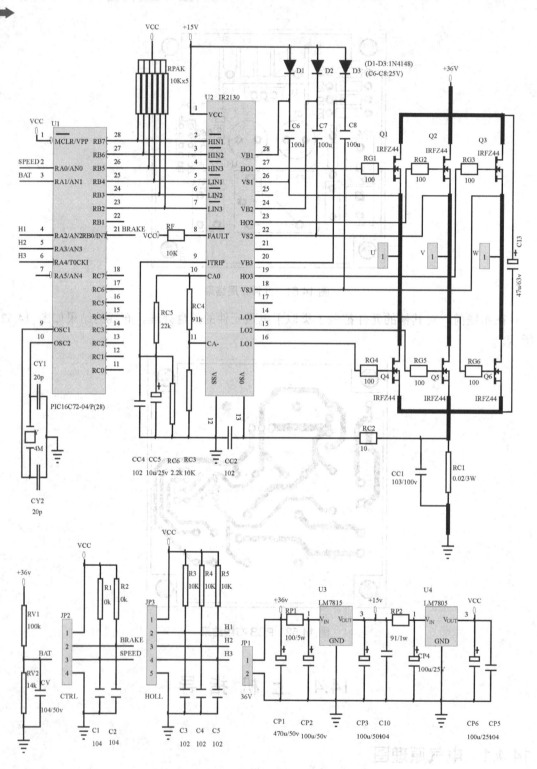

图 14.53　某电动车控制器电气原理图

简要说明如下。

(1)   电源选用 36V 蓄电池。

(2)   电机为三相直流无刷电机，额定功率 250W。图中 U、V、W 三个电气接点用于连接该无刷电机。

(3)   监控芯片选择单片机 PIC16C72。输出电桥驱动芯片采用 IR-2130。

(4)   RC1 为电机电流取样电阻，选用 ϕ1 康铜丝，长度约 10mm。

(5)   JP1 用于 36V 电源输入。

(6)   JP2 用于连接来自手柄的 SPEED (调速)和 BRAKE (刹车)信号。JP3 用于霍尔位置传感器的输入。

14.4.2   设计要求

设计该电路的 PCB。仔细分析电气原理图，自行查找相关元件的资料，结合外壳有关数据，合理选择元件的封装形式，按照 PCB 的设计步骤完成 PCB 的设计。外壳为铝质金属所制，金属盖板略。形状及尺寸如图 14.54 所示。

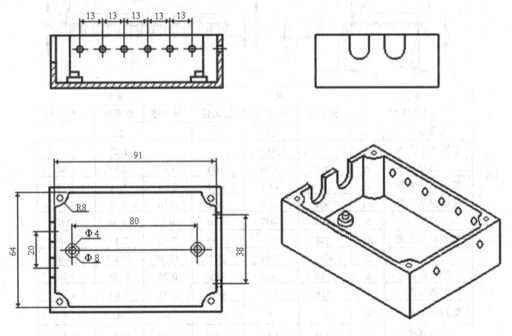

图 14.54   外壳形状尺寸图

14.4.3   主要元件的基本资料

下面提供图中一些元件的基本资料，根据需要自行选用。

1. PIC16C72 的封装形式及引脚分布

该芯片具有多种封装形式，常用的两种形式分别如图 14.55 和图 14.56 所示。

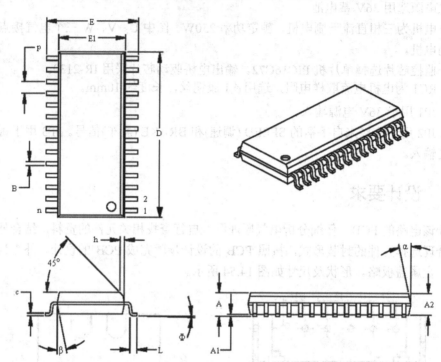

28 - 针塑封小轮廓封装（SO）-宽，300mil(SOIC)

单位		英寸*			毫米		
尺寸限制		最小值	常用值	最大值	最小值	常用值	最大值
管脚数目	n		28			28	
管脚中心距离	p		.050			1.27	
总高	A	.093	.099	.104	2.36	2.50	2.64
模塑封装厚度	A2	.088	.091	.094	2.24	2.31	2.39
管脚突出长度	A1	.004	.008	.012	0.10	0.20	0.30
总宽	E	.394	.407	.420	10.01	10.34	10.67
模塑封装宽度	E1	.288	.295	.299	7.32	7.49	7.59
总长	D	.695	.704	.712	17.65	17.87	18.08
倒角距离	h	.010	.020	.029	0.25	0.50	0.74
管脚长度	L	.016	.033	.050	0.41	0.84	1.27
管脚向上角度	Φ	0	4	8	0	4	8
管脚厚度	c	.009	.011	.013	0.23	0.28	0.33
管脚宽度	B	.014	.017	.020	0.36	0.42	0.51
上端拔模角度	α	0	12	15	0	12	15
下端拔模角度	β	0	12	15	0	12	15

* 可控参数&主要符号
注释：
尺寸D和E1不包括模制溢料和突起，在每面上，模制溢料和突起不应超过0.10英寸(0.254毫米)
JEDEC等效: MS - 013
制图号: C04-052

图 14.55　PIC16C72 的 PDIP 插脚式封装形式

28 - 针塑封小轮廓封装（SO）-宽，300mil(SOIC)

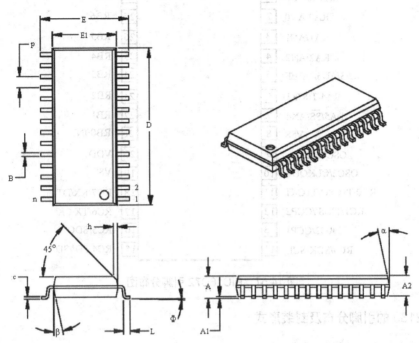

单位		英寸*			毫米		
尺寸限制		最小值	常用值	最大值	最小值	常用值	最大值
管脚数目	n		28			28	
管脚中心距离	p		.050			1.27	
总高	A	.093	.099	.104	2.36	2.50	2.64
模塑封装厚度	A2	.088	.091	.094	2.24	2.31	2.39
管脚突出长度	A1	.004	.008	.012	0.10	0.20	0.30
总宽	E	.394	.407	.420	10.01	10.34	10.67
模塑封装宽度	E1	.288	.295	.299	7.32	7.49	7.59
总长	D	.695	.704	.712	17.65	17.87	18.08
倒角距离	h	.010	.020	.029	0.25	0.50	0.74
管脚长度	L	.016	.033	.050	0.41	0.84	1.27
管脚向上角度	Φ	0	4	8	0	4	8
管脚厚度	c	.009	.011	.013	0.23	0.28	0.33
管脚宽度	B	.014	.017	.020	0.36	0.42	0.51
上端拔模角度	α	0	12	15	0	12	15
下端拔模角度	β	0	12	15	0	12	15

* 可控参数&主要符号
注释：
尺寸D和E1不包括模制溢料和突起，在每面上，模制溢料和突起不应超过0.10英寸(0.254毫米)
JEDEC等效：MS - 013
制图号：C04-052

图 14.56　PIC16C72 的 SOIC 贴片式封装形式

该芯片引脚分布如图 14.57 所示。

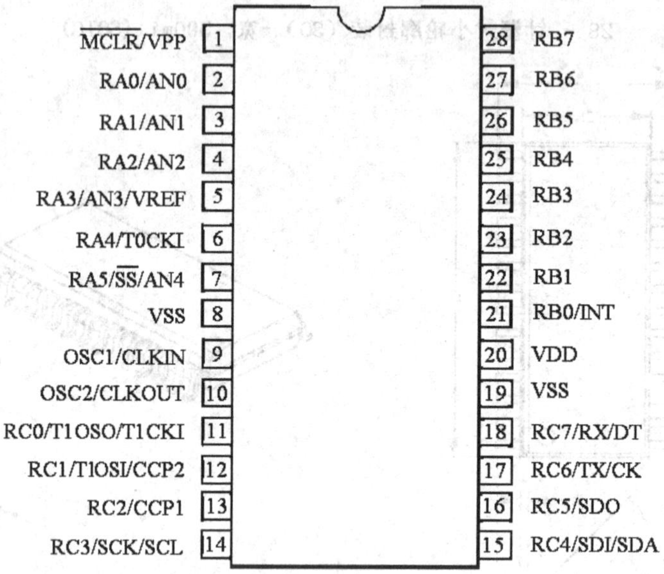

MCLR/VPP	1		28	RB7
RA0/AN0	2		27	RB6
RA1/AN1	3		26	RB5
RA2/AN2	4		25	RB4
RA3/AN3/VREF	5		24	RB3
RA4/T0CKI	6		23	RB2
RA5/$\overline{SS}$/AN4	7		22	RB1
VSS	8		21	RB0/INT
OSC1/CLKIN	9		20	VDD
OSC2/CLKOUT	10		19	VSS
RC0/T1OSO/T1CKI	11		18	RC7/RX/DT
RC1/T1OSI/CCP2	12		17	RC6/TX/CK
RC2/CCP1	13		16	RC5/SDO
RC3/SCK/SCL	14		15	RC4/SDI/SDA

图 14.57　PIC16C72 引脚分布图

2. IR2130 的引脚分布及封装形式

　　该芯片常用的两种封装形式,分别如图 14.58 和图 14.59 所示。两种封装下的芯片引脚分布图如图 14.60 所示。

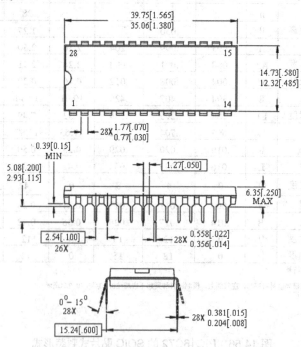

图 14.58　IR2130 的 PDIP 插脚式封装形式

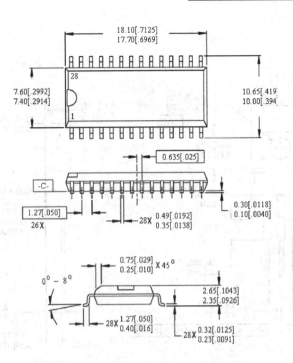

图 14.59　IR2130 的 SOIC 贴片式封装形式

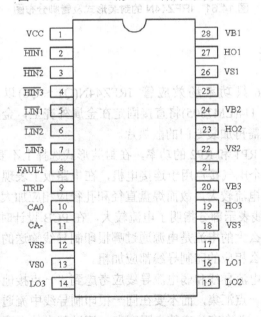

图 14.60　IR2130 的引脚分布图

3. 功率场效应管 IRFZ44N 的管脚分布及封装形式

功率场效应管 IRFZ44N 的管脚分布及封装形式如图 14.61 所示。

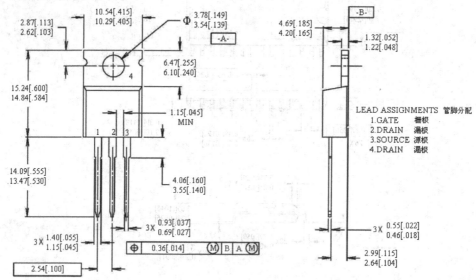

图 14.61　IRFZ44N 的封装形式及管脚分布图

14.4.4　几点提示

- 三相桥路中 6 只功率场效应管 IRFZ44N(Q1～Q6)以及 2 只三端稳压器 U3(LM7815)、U4(LM7805)将直接固定在金属外壳上，金属外壳可以起到散热作用，因而无需再加装专门的散热片。
- 充分注意图中 RP1 和 RP2 的功率，在封装形式选择上不要想当然。
- U、V、W 三个电气接点用于连接电机，在电路板上表现为 3 只焊盘。要考虑到流过其中的电流较大，故而焊盘直径和孔径应相应加大。
- 图 14.53 中粗线表示部分指明了电流较大，在 PCB 设计时要充分考虑。同时，应当考虑到这么大的电流是电源通过哪根印制导线输送的，沿着怎样的路径形成回路的，那么相应的印制导线都应加粗。
- 同样接地的大电流导线和弱电流导线应考虑到"一点接地"，即强弱电流通过不同的路径在一点汇集，而不要在同一根印制导线中流通。因为印制导线不可能是理想导线，总会有一定的电阻存在，流过其中的电流越大，导线上电压降就越大，对于共线的弱信号将造成不利影响。
- IR-2130 通常有两种封装可供选择，从采购的角度上，目前市场上贴片封装形式易于购买并相对廉价。
- PCB 形状及尺寸的规划可参考图 14.62 和图 14.63。关键元件的参考布局如图 14.64 所示。

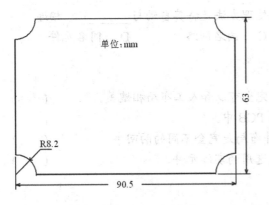

图 14.62　PCB 机械层

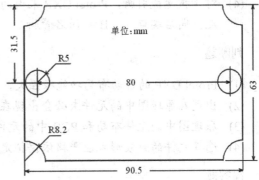

图 14.63　PCB 禁止布线层

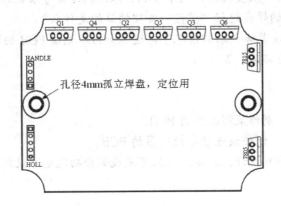

图 14.64　关键元件的参考布局

14.5　习　　题

填空题

(1) 承载电流的_____是决定印制导线宽度的主要因素。

(2) 设计的过程是一个不断调整、_____和_____的过程。

(3) 自动布局的算法通常是基于_____原理。

(4) 当有较多的元件属性需要修改时，为了提高效率，可以采用_____的方法。

选择题

(1) 板与板之间的连接应该分析连接处的网络连接，计算_____再决定选用连接件。

　　A. 元件数量　　B. 引脚数　　　C. 端口数量　　　D. 连接点数量

(2) 原理图的绘制过程和电气符号的制作以及封装形式的制作往往是_____。

　　A. 同步进行　　B. 异步进行　　C. 顺序进行　　　D. 任意进行

(3) 多次自动布线通常会有_____的结果。

　　A. 同样　　　　B. 不同样　　　C. 相似　　　　　D. 相反

(4) 对于被隐藏引脚，Protel DXP 采用的处理办法是将其自动与＿＿＿＿＿相连。

    A. 同名端口   B. 同名管脚   C. 同名网络   D. 同名元件

判断题

(1) Protel DXP 的自动布局功能很强大，完全可以和人工布局相媲美。   (   )

(2) 出现在原理图中的元件未必会出现在 PCB 中。   (   )

(3) 原理图中的元件布局和 PCB 中的元件布局是完全不同的两回事。   (   )

(4) 选择元件的封装形式应严格依据拟定选用的实际元件。   (   )

简答题

(1) 原理图的设计一般要经历哪几个步骤？采用网络标号绘制原理图有哪些好处？

(2) 对 PCB 元件的焊盘进行“扩盘”处理的目的是什么？

(3) 在对 PCB 没有具体要求的情况下，通常如何规划该 PCB 的形状及尺寸？

(4) 什么叫“一点接地”？

操作题

(1) 根据图 14.1，制作某温控器的 PCB。

(2) 根据图 14.53，制作该电动车控制器的 PCB。

注：实训周完成所有设计；教学周上机可完成部分功能电路设计。

附录 A 系统文件菜单

File 文件

New	新建
Schematic	原理图文件
VHDL Document	VHDL 文档
PCB	PCB 文件
Schematic Library	原理图库
PCB Library	PCB 库
PCB Project	PCB 项目
FPGA Project	FPGA 项目
Integrated Library	集成元件库
Embedded Project	嵌入式项目
Text Document	文本文档
CAM Document	计算机辅助制造文档
Other	其他文档
Open	打开
Save Project	保存项目
Save Project As	项目另存为
Save All	全部保存
Open Project	打开项目
Open Project Group	打开项目组
Save Project Group	项目组另存为
Recent Documents	最近打开的文档
Recent Projects	最近打开的项目
Recent Project Groups	最近打开的项目组
Close All	全部关闭
Exit	退出

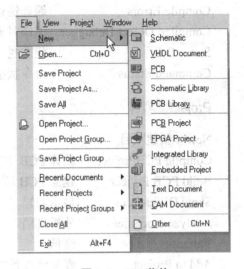

图 A.1 File 菜单

View 视图

Toolbars	工具条
No Document Tools	无文档工具
Project	项目
Customize	自定义
Workspace Panels	工作区面板

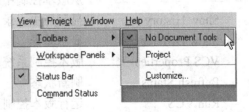

图 A.2 View 菜单

Compiled	编译
Differences	差异
Files	文件
Help Advisor	在线帮助
Libraries	库文件
Messages	消息
Projects	项目
Compile Errors	编译错误
Compiled Object Debugger	编译对象调试
Status Bar	状态栏
Command Status	命令状态

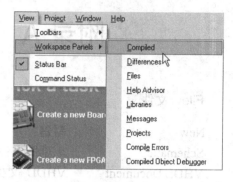

图 A.3　Workspace Panels 子菜单

Project　项目

New	新建项目
Compile PCBProject	编译 PCB 项目
Build PCB Project	建立 PCB 项目
Show Differences	显示差异
Analyze Document	分析文档
Variants	变量
Add to Project	添加到项目中
Remove from Project	从项目中移去
Add Existing Project	添加已有项目
Add New Project	添加新项目
Version Control	版本控制
Get Latest Version	获取最新版本
Check Out	登记
Check In	检验
Undo Check Out	恢复登记
Add To Version Control	

增加到版本控制中的文件

Remove from Version Control

从版本控制中的文件里移出

Show History	显示历史记录
Show Differences	显示差异
VCS Properties	版本控制系统属性
Refresh Status	刷新状态
Run VCS	运行版本控制系统
Project Options	项目选项
Output Jobs	输出

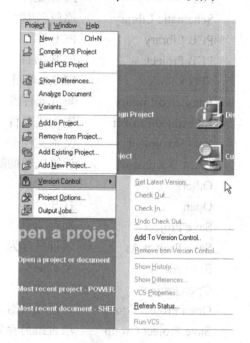

图 A.4　Project 菜单

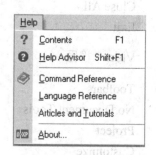

图 A.5　Help 菜单

Help　帮助

Contents	目录
Help Advisor	在线帮助
Command Reference	命令参考
Language Reference	语言参考
Articles and Tutorials	条款和指南
About	系统版本信息

附录 B　原理图菜单

File　文件

New	新建
Open	打开
Import	导入
Close	关闭
Open Project	打开项目
Open Project Group	打开项目组
Save	保存
Save As	另存为
Save Copy As	副本另存为
Save All	全部保存
Save Project As	项目另存为
Save Project Group As	项目组另存为
Page Setup	页面设置
Print Preview	打印预览
Print	打印
Recent Document	最近的文档
Recent Projects	最近的项目
Recent Project Group	最近的项目组
Exit　退出	

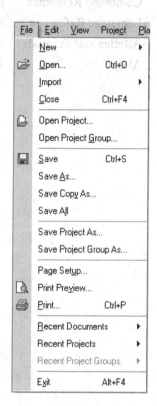

图 B.1　File 菜单

New　新建

Schematic	原理图文件
VHDL Document	VHDL　文档
PCB	PCB 文件
Schematic Library	原理图库
PCB Library	PCB 库
PCB Project	PCB 项目
FPGA Project	FPGA 项目
Integrated Library	集成元件库
Embedded Project	嵌入式项目

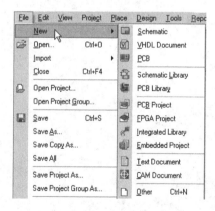

图 B.2　New 子菜单

Text Document	文本文档
CAM Document	计算机辅助制造文档
Other	其他类型文档

Import 导入

AutoCAD DWG/DXF	CAD 文件
PCAD 2000 ASCII	PCAD 文件

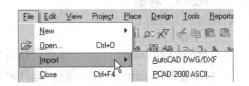

图 B.3 Import 子菜单

Edit 编辑

Nothing to Undo	撤消
Nothing to Redo	恢复
Cut	剪切
Copy	复制
Paste	粘贴
Paste Array	阵列粘贴
Clear	清除
Find Text	查找文本
Replace Text	替换文本
Find Next	查找下一个

图 B.4 Edit 菜单

Select 选择

Inside Area	区域内
Outside Area	区域外
All	全部
Connection	连接
Toggle Selection	切换选择对象

Deselect 取消选定

Inside Area	区域内
Outside Area	区域外
All On Current Document	
	全部正在使用的文档
All Open Document	所有打开的文档
Toggle Selection	切换选择对象
Delete	删除
Duplicate	复制粘贴
Rubber Stamp	橡皮擦
Change	修改

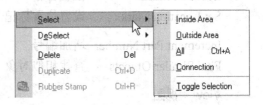

图 B.5 Select 子菜单

Move　移动

Drag　拖动

Move Selection	移动选择对象
Drag Selection	拖动选择对象
Move To Front	移动到前面
Bring To Front	移动到前面
Send To Back	移动到后面
Bring To Front Of	移动到某对象的前面
Send To Back Of	移动到某对象的后面

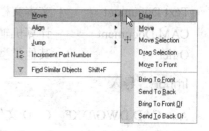

图 B.6　Move 子菜单

Align　对齐

Align Left	左对齐
Align Right	右对齐
Center Horizontal	水平中心对齐
Distribute Horizontally	水平分布
Align Top	顶部对齐
Align Bottom	底部对齐
Center Vertical	垂直中心对齐
Distribute Vertically	垂直分布

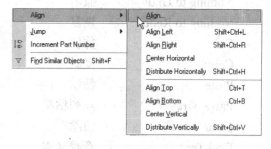

图 B.7　Align 子菜单

Jump　跳转到

Origin	原点
New Location	新位置
Location Marks	位置标记
Set Location Marks	设置位置标记
Increment Part Number	增加编号
Find Similar Objects	查找相似对象

图 B.8　Jump 子菜单

View　视图

Fit Document	适合文档
Fit All Objects	适合所有图件
Area	区域
Selected Objects	选择对象
Around Point	环绕点
50%	显示比例 50%
100%	显示比例 100%
200%	显示比例 200%
400%	显示比例 400%
Zoom Out	缩小

图 B.9　View 菜单

Pan   以光标为中心显示
Refresh   刷新

Toolbar 工具栏

图 B.10　Toolbar 子菜单

Drawing   绘图工具栏
Formatting   字体格式工具栏
Mixed Sim   数模混合仿真工具栏
Power Objects   电源与接地符号工具栏
Schematic Standard   原理图标准工具栏
Wiring   连线工具栏
CUPL PLD   语言可编程逻辑器件工具栏
Digital Objects   常用数字器件工具栏
Project   项目工具栏
SI   SI 模型工具栏
Simulation Sources   仿真源工具栏
Customize   自定义

Workspace Panels 工作区面板

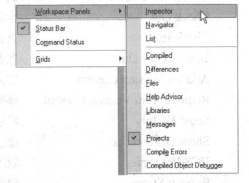

图 B.11　Workspace Panel 子菜单

Inspector   观察器
Navigator   导航器
List   列表
Compiled   编译
Differences   差异
Files   文件
Help Advisor   帮助向导
Libraries   库
Messages   消息
Projects   项目
Compile Errors   编译错误
Compiled Object Debugger   编译对象调试器

Status Bar   状态栏
Command Status   命令状态

Grids 栅格

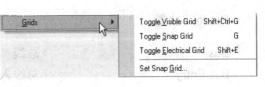

Toggle Visible Grid   切换可视栅格
Toggle Snap Grid   切换捕捉栅格
Toggle Electrical Grid   切换电气栅格
Set Snap Grid   设置捕捉栅格

图 B.12　Grids 子菜单

Project　项目

New	新建
Open Project	打开项目
Compile PCB Project	编译 PCB 项目
Compile All Project	编译所有项目
Show Differences	显示差异
Analyze Document	分析文档
Add to Project	加入到项目
Remove from Project	从项目移出
Add New Project	添加新项目
Add Existing Project	添加已有项目
Close Project Documents	关闭项目文档
Close Project	关闭项目

图 B.13　Project 菜单

Version Control　版本控制

Get Latest Version	获取最新版本
Check Out	检验
Check In	登记
Undo Check Out	取消检验
Add To Version Control	加入版本控制
Remove from Version Control	移除版本控制
Show History	显示历史
Show Differences	显示差异
VCS Properties	版本控制系统属性
Refresh Status	刷新状态
Run VCS	运行版本控制系统
Recent Documents	最近的文档
Recent Projects	最近的项目
Recent Project Groups	最近的项目组
Output Jobs	输出工作
Project Options	项目选项

图 B.14　Version Control 子菜单

Place　放置

Bus	总线
Bus Entry	总线入口
Part	元件
Junction	节点
Power port	电源端口

图 B.15　Place 菜单

Wire	导线
Net Label	网络标号
Port	端口
Sheet Symbol	图纸符号
Add Sheet Entry	添加图纸入口

Directives　指示

No ERC	忽略电气检验
Probe	探测
Test Vector Index	测试向量索引
Stimulus	激励源
PCB Layout	PCB 布局
Parameter Set	参数设置
Text string	字符串
Text Frame	文本框

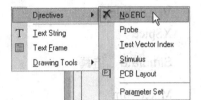

图 B.16　Directives 子菜单

Drawing Tools　绘图工具

Arc	弧
Elliptical Arc	椭圆弧
Ellipse	椭圆
Pie Chart	扇形
Line	线
Rectangle	矩形
Round Rectangle	圆角矩形
Polygon	多边形
Bezier	贝塞尔曲线
Graphic	图形

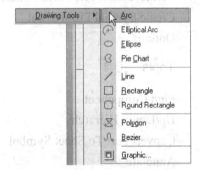

图 B.17　Drawing Tools 子菜单

Design　设计

Browse Library	浏览库
Add/Remove Library	添加/移除库
Make Project Library	建立项目库

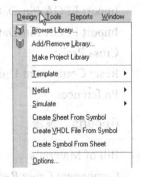

图 B.18　Design 菜单

Template　模板

Update	更新
Set Template File Name	设置模板名
Remove Current Template	移除当前模板

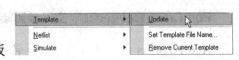

图 B.19　Template 子菜单

Netlist 网络表

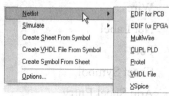

EDIF for PCB　　　　　　PCB 输出编辑
EDIF for FPGA　　　　　FPGA 输出编辑
MultiWire　　　　　　　多线
CUPL PLD　　　　　　　CUPL 语言可编程逻辑器件
Protel　　　　　　　　　Protel 格式
VHDL File　　　　　　　VHDL 文件
XSpice　　　　　　　　　XSpice 格式

图 B.20　Netlist 子菜单

Simulate 仿真

Mixed Sim　　　　　　　数模混合仿真
CUPL PLD　　　　　　　CUPL 语言可编程逻辑器件
Signal Intergrity　　　　信号完整性

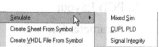

Create Sheet From Symbol　　　由图纸符号生成图纸
Create VHDL File From Symbol　由图纸符号生成 VHDL 文件
Create Symbol From Sheet　　　由图纸生成图纸符号
Options　　　　　　　　　　　选项

图 B.21　Simulate 子菜单

Tools 工具

Find Component　　　　　　　　查找元件
Up/Down Hierarchy　　　　　　向上/下一层
Convert Part To Sheet Symbol　把元件转换为图纸符号
Annotate　　　　　　　　　　　注释
Back Annotate　　　　　　　　尾注
Import FPGA Pin-Data to Sheet　把 FPGA 管脚信息导入图纸
Import FPGA Pin-Data to Part　把 FPGA 管脚信息导入元件
Cross Probe　　　　　　　　　交叉探查
Reset Component Unique IDs　　重设元件唯一标识
Preferences　　　　　　　　　优选项

图 B.22　Tools 菜单

Reports 报告

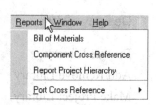

Bill of Materials　　　　　　　材料清单
Component Cross Reference　　参照元件
Report Project Hierarchy　　　项目层报告

图 B.23　Reports 菜单

Port Cross Reference 交叉参照端口

Add To Sheet　　　　　　　　添加到图纸
Add To Project　　　　　　　添加到项目

图 B.24　Port Cross Reference 菜单

Remove From Sheet　　　　　　从图纸中移除
Remove From Project　　　　　从项目中移除

Window　窗口

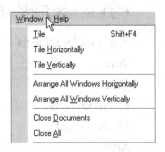

Tile　　　　　　　　　　　　　　平铺
Tile Horizontally　　　　　　　水平平铺
Tile Vertically　　　　　　　　垂直平铺
Arrange All Windows Horizontally　所有窗口水平排列
Arrange All Windows Vertically　所有窗口垂直排列
Close Documents　　　　　　　关闭文档
Close All　　　　　　　　　　　关闭所有文档

图 B.25　Window 菜单

Help　帮助

Contents　　　　　　　　　　目录
Help Advisor　　　　　　　　帮助向导
Command Reference　　　　　命令参考
Language Reference　　　　　语言参考
Articles and Tutorials　　　　条款和指南

图 B.26　Help 菜单

Popups　弹出菜单

Filter　　　　　　　　　　　　过滤器
0 Hidden comment strings　　　隐藏注释字符
1 Components with unlocked pins　元件的解锁引脚
2 Passive pins　　　　　　　　低电平有效引脚
3 Power pins　　　　　　　　　电源引脚
4 Components with missing footprints
　　　　　　　　　　　　　　　不带封装形式的元件
5 Designators requiring annotation　需注释的序号
6 Inverted names　　　　　　　反向命名
7 Wires and Bus Entries　　　　导线和总线入口
Filter For　　　　　　　　　　筛选
Clear Filter　　　　　　　　　清除筛选

图 B.27　Popups (Filter)子菜单

Options　选项

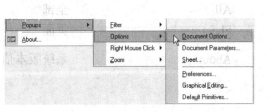

Document Options　　　　　　文档属性
Document Parameters　　　　　文档参数
Sheet　　　　　　　　　　　　图纸
Preferences　　　　　　　　　参数选择
Graphical Editing　　　　　　图形编辑
Default Primitives　　　　　　默认初始值

图 B.28　Popups (Options)子菜单

Right Mouse Click　右击

Find Similar Objects	寻找相似元件
Wire	导线
Grids	栅格
Fit All Objects	适合所有图件
Fit Document	适合文档
Area	区域
Zoom In	放大
Zoom Out	缩小
Selected Objects	选择对象
Clear Filter	清除筛选
Inspector	观察器
Navigator	导航器
List	列表
Workspace Panels	工作区面板
Find Component	查找元件
Find Text	查找文本
Place Part	放置元件
Preferences	参数选择
Document Options	文档属性
Properties	选项

图 B.29　Popups (Right Mouse Click)子菜单

Zoom　图像放大

Window	窗口
Around Point	环绕点
Zoom In	放大
Zoom Out	缩小
Pan	以光标为中心显示
Refresh	刷新
Selected Objects	所选元件
All	全部
Sheet	页面
About	系统版本信息

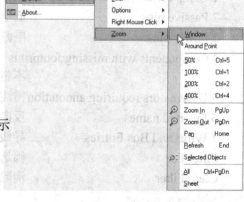

图 B.30　Popups (Zoom)子菜单

附录 C PCB 菜单

File 文件

New 新建
Open 打开
Import 导入
Close 关闭
Open Project 打开项目
Open Project Group 打开项目组
Save 保存
Save As 另存为
Save Copy As 保存并复制到
Save All 全部保存
Save Project As 项目另存为
Save Project Group As 项目组另存为

Fabrication Outputs 制造输出

Composite Drill Guide 复合钻孔导向图
Drill Drawings 钻孔统计图
Final 最终
Gerber Files 生成光绘文件
Mask Set 设置屏蔽
NC Drill Files 数控钻孔文件
ODB++ Files ODB++ 文件
Power-Plane Set 电源/接地设置
Test Point Report 输出测试点报告

Assembly Outputs 装配输出

Assembly Drawings 装配图
Generate pick and place files

产生 PCB 插置文件

Page Setup 页面设置
Print Preview 打印预览
Print 打印
Recent Documents 最近文档

图 C.1 File 菜单

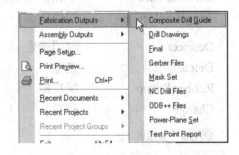

图 C.2 Fabrication Outputs 子菜单

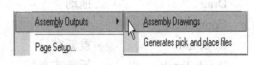

图 C.3 Assembly Outputs 菜单

Recent Projects	最近项目
Recent project Groups	最近项目组
Exit	退出

Edit　编辑

Nothing to Undo	撤消
Nothing to Redo	恢复
Cut	剪切
Copy	复制
Paste	粘贴
Paste special	专用粘贴
Clear	清除

Select　选择

Inside Area	区域内
Outside Area	区域外
All	全部
Board	整个电路板
Net	网络
Connected Copper	覆铜
Physical Connection	物理线路
All on Layer	当前层上的对象
Free Objects	自由对象
All Locked	所有被锁对象
Off Grid Pads	不在栅格上的焊盘
Toggle Selection	切换所选
Deselect	取消选定
Delete	删除
Rubber Stamp	橡皮擦
Change	改变

Move　移动

Move	移动
Drag	拖动
Component	元件
Re-Route	重新布线
Break Track	折断式布线
Drag Track End	拖动端点布线
Move Selection	移动所选

图 C.4　Edit 菜单

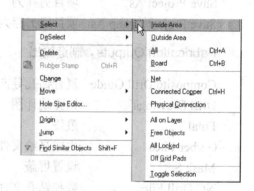

图 C.5　Select 子菜单

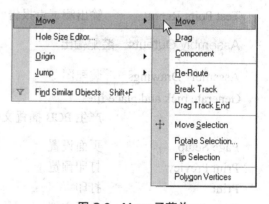

图 C.6　Move 子菜单

Rotate Selection	旋转所选
Flip Selection	翻转选择
Polygon Vertices	多边形顶点
Hole Size Editor	内孔尺寸编辑

图 C.7 Origin 子菜单

Origin 原点

| Set | 设置 |
| Reset | 重设 |

Jump 跳转

Absolute Origin	绝对原点
Current Origin	当前原点
New Location	新位置
Component	元件
Net	网络
Pad	焊盘
String	字符
Error Marker	错误标记
Selection	选择
Location Marks	位置标记
Set Location Marks	设置位置标记
Find Similar Objects	查找相似元件

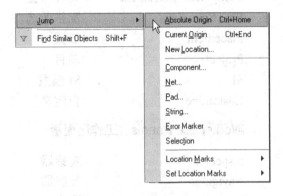

图 C.8 Jump 子菜单

View 视图

Fit Document	适合文档
Fit Sheet	适合图纸
Fit Board	适合整个电路板
Area	区域
Around Point	围绕点
Selected Objects	选择对象
Filtered Objects	过滤对象
Zoom In	放大
Zoom Out	缩小
Zoom Last	上一次缩放
Pan	以光标为中心显示
Refresh	刷新
Board in 3D	元件布局 3D 效果图

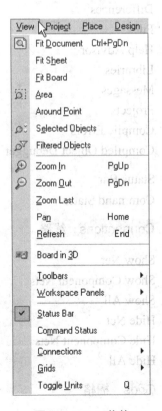

图 C.9 View 菜单

Toolbars　工具栏

Dimensions	尺寸
Filter	筛选
PCB Standard	PCB 标准
Rooms	空间
Component Placement	元件布置
Find Selections	配搭所选
Placement	放置
Project	项目
SI	SI 模型
Customize	自定义

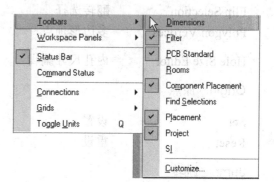

图 C.10　Toolbars 子菜单

Workspace Panels　工作区面板

Inspector	观察器
Navigator	导航器
List	列表
Complied	编辑
Differences	差异
Files	文件
Help Advisor	帮助向导
Libraries	库
Messages	消息
Projects	项目
Compile Errors	编译错误
Compiled Object Debugger	编译对象调试器
Status Bar	状态栏
Command Status	命令状态

图 C.11　Workspace Panels 子菜单

Connections　线路

Show Net	显示网络标记
Show Component Nets	显示元件网络标记
Show All	全部显示
Hide Net	隐藏网络标记
Hide Component Nets	隐藏元件网络标记
Hide All	全部隐藏

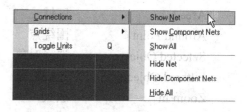

图 C.12　Connections 子菜单

Grids　栅格

Toggle Visible Grid Kind	可视栅格切换
Toggle Electrical Grid	电气栅格切换

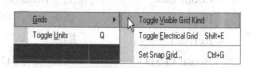

图 C.13　Grids 子菜单

| Set Snap Grid | 设置捕捉栅格 |
| Toggle Units | 切换单元 |

Project　项目

New	新建
Open Project	打开项目
Compile PCB Project	编译 PCB 项目
Compile All Projects	编译所有项目
Show Differences	显示差异
Analyze Document	分析文档
Add to Project	加入项目
Remove from Project	移出项目
Add New Project	增加新项目
Add Existing Project	增加已有项目
Close Project Documents	关闭项目文档
Close Project	关闭项目
View Channels	观察通道
Component Links	元件链接
Variants	变量
Version Control	版本控制
Recent Documents	最近文档
Recent Projects	最近项目
Recent Project Groups	最近项目组
Output Jobs	产品输出
Project Options	项目属性

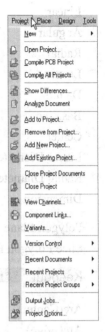

图 C.14　Project 菜单

Place　放置

Arc(Center)	圆弧(中心)
Arc(Edge)	圆弧(边缘)
Arc(Any Angle)	圆弧(任何角度)
Full Circle	整圆
Fill	填充
Line	线
Sting	字符串
Pad	焊盘
Via	过孔
Interactive Routing	交互布线
Component	元件
Coordinate	坐标

图 C.15　Place 菜单

Dimension 尺寸

Linear	直线
Angular	角度
Radial	半径
Leader	前导
Datum	平面
Baseline	基线
Center	中心
Linear Diameter	直线式直径
Radial Diameter	射线式直径
Dimension	尺寸
Polygon Plane	覆铜多边形
Slice Polygon Plane	分割覆铜多边形

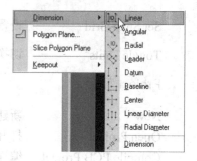

图 C.16　Dimention 子菜单

Keepout 禁止布线层

Arc(Center)	圆弧(中心)
Arc(Edge)	圆弧(边缘)
Arc(Any Angle)	圆弧(任何角度)
Full Circle	整圆
Fill	填充
Track	导线

Design 设计

Update Schematics	更新原理图
Import Changes	导入更改
Rules	规则

图 C.17　Keepout 菜单　　图 C.18　Design 菜单

Board Shape 电路板形状

Redefine Board Shape	重新定义电路板形状
Move Board Vertices	移动电路板的顶点
Move Board Shape	移动电路板
Define from selected objects	
	从选择对象中定义
Auto-Position Sheet	图纸自动定位

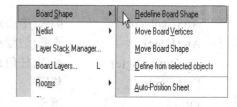

图 C.19　BoardShape 子菜单

Netlist 网络表

Edit Nets	编辑网络标识
Clean Nets	清除网络标识

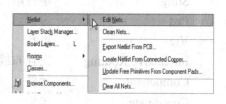

图 C.20　Netlist 子菜单

Export Netlist From PCB　　　　　　　　从 PCB 输出网络表

Create Netlist From Connected Copper　　创建覆铜网络表

Update Free Primitives From Component Pads　更新元件初始值

Clear All Nets　　　　　　清理全部网络标识

Layer Stack Manager　　　板层堆栈管理器

Board Layers　　　　　　　板层

Rooms　位置

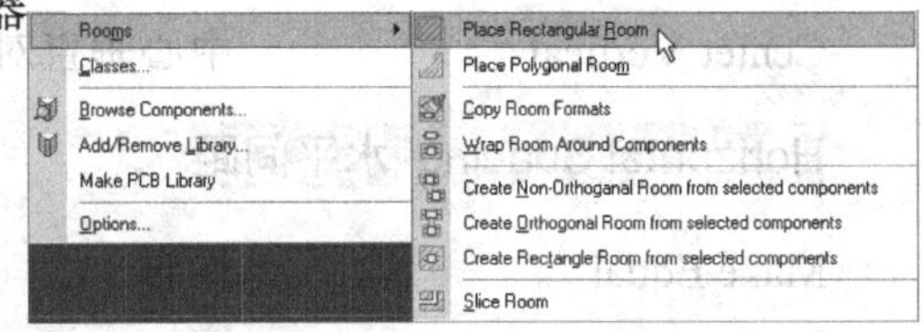

Place Rectangular Room　　放置矩形位置

Place Polygonal Room　　　放置多边形位置

Copy Room Formats　　　　复制位置格式

图 C.21　Rooms 子菜单

Wrap Room Around Components　环绕元件放置

Create Non-Orthogonal Room from selected components
　　　　　　　　　　　从所选元件创建非直角位置

Create Orthogonal Room from selected components
　　　　　　　　　　　从所选元件创建直角位置

Create Rectangle Room from selected components
　　　　　　　　　　　从所选元件创建矩形位置

Slice Room　　　　　　　　切片位置

Classes　　　　　　　　　　等级

Browse Components　　　　浏览元件

Add/Remove Library　　　　建立/移除库

Make PCB Library　　　　　建立 PCB 库

Options　　　　　　　　　　选项

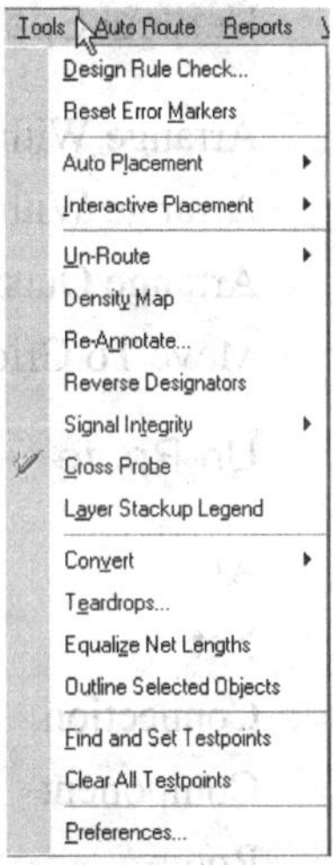

图 C.22　Tools 菜

Tools　工具

Design Rule Check　　　　设计规则检验

Reset Error Markers　　　重设错误标记

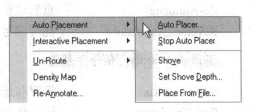

Auto Placement　自动布局

Auto Placer　　　　　　　自动布局

图 C.23　Auto Placement 子菜单

Stop Auto Placer　　　　停止自动布局

Shove　　　　　　　　　　推挤

Set Shove Depth　　　　　设置推挤深度

Place From File　　　　　从文件布局

Interactive Placement　交互布局

Align　　　　　　　　　　对齐

Position Component Text　元件文本位置

Align Left 左对齐
Align Right 右对齐
Align Top 顶部对齐
Align Bottom 底部对齐
Center Horizontal 中心水平对齐
Center Vertical 中心垂直对齐

Horizontal Spacing 水平间距

Make Equal 均布
Increase 增加
Decrease 减少

Vertical Spacing 垂直间距

Arrange Within Room 空间内排列
Arrange Within Rectangle 矩形内排列
Arrange Outside Board 板外排列
Move To Grid 移动到栅格

Un-Route 撤消布线

All 全部
Net 网络
Connection 线路
Component 元件
Room 空间

Density Map 密度图
Re-Annotate 重新注释
Reverse Designators 翻转序号

Signal Integrity 信号完整性

Setup and Run 设置和运行
Run Simulation 运行仿真

Cross Probe 交叉探查
Layer Stackup Legend 层堆栈指示

Convert 转换

Explode Component to Free Primitives 把元件分解为基本单元
Explode Coordinate to Free Primitives 把坐标分解为基本单元
Explode Dimension to Free Primitives 把尺寸分解为基本单元
Explode Polygon to Free Primitives 把多边形分解为基本单元

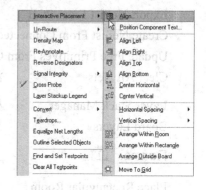

图 C.24　Interactive Placement 子菜单

图 C.25　Horizontal Spacing 子菜单

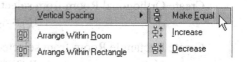

图 C.26　Vertical Spacing 子菜单

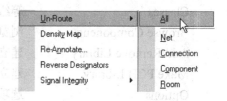

图 C.27　Un-Route 子菜单

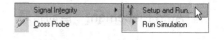

图 C.28　Signal Integrity 子菜单

Convert Selected Free Pads to Vias
把选定的独立焊盘转化为过孔

Convert Selected Vias to Free Pads
把选定的过孔转化为独立焊盘

Create Union from Selected Components
从选定的元件中创建集合

Break Component from Union   从集合中拆开元件

Break All Component Unions   从集合中拆开所有元件

Add Selected Primitives to Component

　　　　　　　　　　把选定的单元添加到元件上

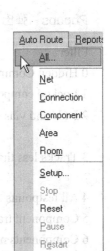

图 C.29   Convert 子菜单

Teardrops	补泪滴
Equalize Net Lengths	均分网络长度
Outline Selected Objects	概要选择对象
Find and Set Testpoints	寻找和设置测试点
Clear All Testpoints	清除所有测试点
Preferences	参数选择

Auto Route   自动布线

All	全部电路板
Net	网络
Connection	线路
Component	元件
Area	区域
Room	范围
Setup	设置
Stop	停止
Reset	重新
Pause	暂停
Restart	重新开始

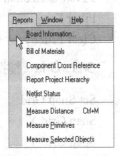

图 C.30   Auto Route 菜

Reports   报告

Board Information	电路板信息
Bill of Materials	材料清单
Report Project Hierarchy	项目层报告
Netlist Status	网络表状态
Measure Distance	测量距离
Measure Primitives	测试初值
Measure Selected Objects	测试所选项目

图 C.31   Report 菜单

Window 窗口

Tile	平铺
Tile Horizontally	水平平铺
Tile Vertically	垂直平铺
Arrange All Windows Horizontally	所有窗口水平排列
Arrange All Windows Vertically	所有窗口垂直排列
Close Documents	关闭文档
Close All	关闭所有文档

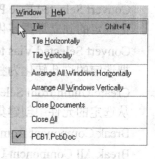

图 C.32　Windows 菜单

Help 帮助

Contents	内容
Help Advisor	帮助向导
Command Reference	命令参考
Language Reference	语言参考
Article and Tutorials	条款和指南

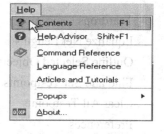

图 C.33　Help 菜单

Popups 弹出

Filter	筛选
0 Hidden Comment Strings	隐藏注释信息
1 Locked components	锁定的元件
2 Pads and vias with a hole size between 15 and 30	内孔尺寸为 15 到 30 的过孔和焊盘
3 Tracks less than 2 units long	小于两个单位长度的导线
4 All testpoints	所有的测试点
5 Component track and arc silkscreen primitives	元件导线和圆弧丝印层初始值
6 Components not on a 5mil grid	不在 5mil 栅格上的元件
7 Signal layer tracks at an odd angle	在特定角度上的信号层导线
8 Top signal layer keepout objects	顶层信号层的禁止布线对象
9 Non-horizontal designators	非水平排列的元件序号
Filter For	筛选为
Clear Filter	清除筛选

Snap Grid 捕捉栅格

Set Snap Grid	设置捕捉栅格
Snap Grid X	捕捉 X 栅格
Snap Grid Y	捕捉 Y 栅格

Netlist 网络表

Show Connections	显示连接
Net	网络
On Component	元件
All	全部
Hide Connections	隐藏连接
Net	网络
On Component	元件
All	全部

Options 选项

Board Options	电路板属性
Layer Stack Manager	层堆栈管理器
Drill Pairs	钻孔对
Mechanical Layers	机械层
Board Layers	电路板上的工作层
Grid	栅格
Colors	颜色
Sheet	图纸
Show/Hide	显示/隐藏
Preference	参数选择
Display	显示

Zoom 放大

Window	窗口
Point	点
In	放大
Out	缩小
Pan	以光标为中心显示
Redraw	刷新屏幕
Current	当前的
Last	最后的
Selected	选择
Filtered	筛选
All	全部
Board	整个电路板
Sheet	页面

Right Mouse Click Free Space 右击空白

Find Similar Objects   寻找相似对象
Interactive Routing   交互布线

Snap Grid 捕捉栅格

Fit Board   适合整个电路板
View Area   观察区域
Zoom In   放大
Zoom Out   缩小
Fit Selected   适合选定对象
Filtered Objects   筛选对象
Clear Filter   清除筛选
Inspector   观察器
Navigator   导航器
List   列表

Workspace Panels 工作区域面板

Compiled   编译
Differences   差异
Files   文件
Help advisor   帮助向导
Libraries   库
Messages   消息
Projects   项目
Compile Errors   编辑错误
Compiled Object Debugger   编译对象调试器
Applicable Unary Rules   应用一元规则
Applicable Binary Rules   应用二元规则
Rules   规则
Classes   等级

Option 属性

Board Options   电路板属性
Layer Stack Manager   层堆栈管理器
Drill Pairs   钻孔对
Mechanical Layers   机械层
Board Layers   面板层
Grids   栅格
Colors   颜色

Sheet	图纸
Show/Hide	显示/隐藏
Preferences	参数选择
Display	显示
Defaults	默认值
Edit Nets	编辑网络标识
Classes	等级

Right Mouse Click Primitive　右击元件

About	系统版本信息

附录 D Protel DXP 部分快捷命令及解释

　　Protel DXP 为用户提供了一整套快捷命令。快捷命令主要用于那些在设计过程中需频繁更改设定的操作，如改变线宽、布线层、在各文档之间切换等都可以通过快捷命令来实现。快捷命令的基本操作方法：从键盘上输入命令字符或字符串即可。下面是部分快捷命令令及中文解释，仅供参考。

一、通用快捷键命令

表 D.1　通用快捷键命令

命令字符	命令含义及用途
Page Up	以鼠标为中心放大
Page Down	以鼠标为中心缩小
Home	将鼠标所指的位置居中，并刷新屏幕
End	刷新(重画)
*	顶层与底层之间层的切换或其他层切换到顶层
+ (−)	逐层切换。"+"与"−"的方向相反
Tab	启动浮动图件的属性窗口
Del	删除选取的元件
X	将浮动图件左右翻转
Y	将浮动图件上下翻转
Space	将浮动图件旋转 90°
F1	启动在线帮助窗口
F3	查找下一个匹配字符
Alt+F4	关闭 Protel DXP
Shift+F4	将打开的所有文档窗口平铺显示
Shift+F5	将打开的所有文档窗口层叠显示
V+D	缩放视图，以显示整张电路图
V+F	缩放视图，以显示所有电路部件
Alt+Backspace	恢复前一次的操作
Ctrl+Backspace	取消前一次的恢复
Alt+Tab	在打开的各个应用程序之间切换
B	弹出 View/Toolbars 子菜单
C	弹出 Project 菜单
D	弹出 Design 菜单

命令字符	命令含义及用途
E	弹出 Edit 菜单
F	弹出 File 菜单
H	弹出 Help 菜单
J	弹出 Edit/Jump 菜单
M	弹出 Edit/Move 子菜单
O	弹出 Options 菜单
P	弹出 Place 菜单
R	弹出 Reports 菜单
S	弹出 Edit/Select 子菜单
T	弹出 Tools 菜单
V	弹出 View 菜单
W	弹出 Window 菜单
X	弹出 Edit/Deselect 菜单
Z	弹出 Zoom 菜单
左箭头	光标左移 1 个捕捉栅格
Shift+左箭头	光标左移 10 个捕捉栅格
右箭头	光标右移 1 个捕捉栅格
Shift+右箭头	光标右移 10 个捕捉栅格
上箭头	光标上移 1 个捕捉栅格
Shift+上箭头	光标上移 10 个捕捉栅格
下箭头	光标下移 1 个捕捉栅格
Shift+下箭头	光标下移 10 个捕捉栅格

二、原理图编辑快捷键命令

表 D.2　原理图编辑快捷键命令

命令字符	命令含义及用途
A	弹出 Edit/Align 子菜单
L	弹出 Edit/Set Location Makers 子菜单
Ctrl+F	查找指定字符
Ctrl+G	查找替换字符

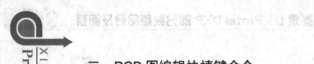

三、PCB 图编辑快捷键命令

表 D.3　PCB 图编辑快捷键命令

命令字符	命令含义及用途
A	弹出 Auto Route 子菜单
G	弹出 Snap Grid 子菜单
I	弹出 Tools/Interactive Placement 子菜单
K	弹出 View/ Workspace Panels 子菜单
Q	mm(毫米)与 mil(密尔)的单位切换
L	弹出 Board Layers and Colors 对话框
N	弹出 Show/Hide Connections 子菜单
U	弹出 Tools/Un-Route 子菜单
Ctrl+单击(左键)	高亮显示被单击的同一网络标号网络线
Shift+Ctrl+单击(左键)	隐藏单击的同一网络标号网络线

习题参考答案

第1章

填空题

(1) EDA

(2) 利用桌面上的快捷方法启动　利用开始菜单启动 利用打开已存在的文件启动

(3) 菜单栏　工具栏　状态栏　工作面板

(4) *.schdoc　*.PCBdoc

选择题

(1) ABCD　　　(2) ABD　　　(3) BCD　　　(4) ACD

判断题

(1) 错　　　(2) 对　　　(3) 错　　　(4) 错

简答题

(1) 答：原理图(Schematics)设计模块、原理图仿真(Simulate)模块、PCB(PCB)设计模块、自动布线器(AutoRouter)、可编程逻辑芯片(FPGA)设计模块。

(2) 答：Protel DXP 有 74 个板层设计可供设计使用，包含 32 层 Signal(信号走线层)；16 层 Mechanical(机构层)；16 层 Internal Plane(内层电源层)；2 层 Solder Mask(防焊层)；2 层 Paste Mask(锡膏层)；2 层 Silkscreen(丝印层)；2 层钻孔层(钻孔引导和钻孔冲压)；1 层 Keep Out(禁止层)；1 层 Multi-Layer(横跨所有的信号板层)。

(3) 答：不能，用这种方法不能汉化 Protel DXP 的内核。

(4) 答：在区域和语言选项中更改：标准和格式、位置、高级标签。

操作题

(略)

第2章

填空题

(1) 节点

(2) 仿真

(3) 向导　手工　半自动

(4) 通孔　盲孔　埋孔

选择题

(1) BD　　(2) C　　　(3) D　　　(4) C

判断题

(1) 对　　　(2) 对　　　(3) 错　　　(4) 错

简答题

(1) 答：线段(Line)是用来画边框图形的，是不能通电的；导线(Wire)是用来连接电路的，是可以通电的。

(2) 答：检验电路的正确性并验证电路的功能是否达到设计的预期目的。

(3) 答：画 PCB 边框、导入原理图信息、手动调整元件布局、布线。

(4) 答：有 5 个，分别是：

Simulation Math Function.IntLib　　数学函数模块符号

Simulation Sources. IntLib　　所有激励源符号

Simulation Special Function.IntLib　　特殊功能模块符号

Simulation Transmission Line.IntLib　　各种传输线符号

Simulation Voltage Sources. IntLib　　电压激励源符号

操作题

(略)

第 3 章

填空题

(1) 由 PCB 更新 SCH　　由 SCH 更新 PCB

(2) Fit Document On Page

(3) Mono 单色　　Color 彩色　　Gray 灰度

(4) Bottom Layer 和 Keep-Out Layer　　Bottom Paste

选择题

(1) AB　　　(2) C　　　(3) ABC　　　(4) AC

判断题

(1) 对　　　(2) 错　　　(3) 错　　　(4) 错

简答题

(1) 答：对同一网络中的所有元件，如果仅用导线将元件连接而没有定义网络，实质上此时电路并没有接通。只有对同属于一个网络的所有元件和导线进行了网络定义以后，它们在电气上才真正连在了一起。

(2) 答：在很多情况下，同一种元件有不同的封装，例如：同一个电阻因功率大小不同，因而封装尺寸也不一样。所以在 PCB 中修订了封装还要将新的封装信息返回到原理图，才能保证设计正确。

(3) 答：初学者由于布线操作的不熟练，容易在同一管脚(焊点和导线)中放置了多根导线。由于重叠的原因平时显示不出来，这时就要对管脚(焊点和导线)逐个检查，对显示出的多余导线要进行删除。

(4) 答：在 Protel DXP 软件中，PCB 的大小是固定的，调整显示比例使图形放大，在出图时还是按设计的尺寸大小。但在 Word 文档中可以对图形进行放大和缩小操作，经常会出现打印出来的图形尺寸与原设计大小不一致。因此，用 Protel DXP 打印效果更好。

操作题

(略)

第 4 章

填空题

(1) Edit | Align

(2) 电源地　信号地　接地(接大地)

(3) 工具栏　快捷键　菜单

(4) Paste Array

选择题

(1) ABD　　(2) BC　　(3) ABCD　　(4) ABCD

判断题

(1) 错　　(2) 错　　(3) 错　　(4) 对

简答题

(1) 答：选中、取消、移动，旋转、排列、对齐、剪切、删除、复制、粘贴。

(2) 答：剪切粘贴是把原来位置上的对象搬到新位置，可以多次粘贴。复制粘贴也可以多次粘贴，但原来位置的对象还在。

(3) 答：先用框选的方法选中局部电路，再将已选的任何一个元件进行拖动就可以实现局部电路的整体移动。

(4) 答：注释是用于补充说明元件有关信息。取消元件属性设置中 Comment 右边的 Visible 选项就可以隐藏注释。

操作题

(略)

第 5 章

填空题

(1) 左　TAB
(2) 项目　原理图
(3) 高度
(4) 水平

选择题

(1) D　　　　(2) C　　　　(3) AB　　　　(4) ABCD

判断题

(1) 对　　　　(2) 错　　　　(3) 错　　　　(4) 错

简答题

(1) 答：创建项目文件和原理图文件；设置图纸参数；调入元件库；放置各类元件；进行布局和布线；文件保存和打印输出。

(2) 答：自定义图纸的设置实际上包括三个区域：图纸模板文件套用 Template、标准图纸尺寸选择 Standard Style 和自定义图纸尺寸 Custom Style。

(3) 答：要查找当前库以外的元件，必须利用 Libraries 面板中的 Search 功能进行，在出现的对话框中输入要查找的元件名及相关的信息就能进行查找。输入的信息越多，指定范围越详细，查找速度越快。

(4) 答：通过工具栏放置；通过快捷键放置；通过菜单命令放置。

操作题

(略)

第 6 章

填空题

(1) 库
(2) 电气符号
(3) Sch Lib Drawing　Sch Lib IEEE
(4) 绘制元件体　放置引脚

选择题

(1) ABC　　　　(2) C　　　　(3) A　　　　(4) A

判断题

(1) 对　　　　(2) 对　　　　(3) 对　　　　(4)错

简答题

(1) 答：第一，电气符号可以描述关于该元件的所有外部引脚的主要信息，也可以根据需要仅描述该元件的某些部分信息，比如在绘图时，可以将与当前设计无关的一些引脚隐含(不画出来)，这样可以突出重点，增强图纸的可读性，但并不意味着实际元件不再有这些引脚。第二，同样是为了增强图纸的可读性，所绘制的电气符号的引脚分布及相对位置可以根据需要灵活调整，但并不意味着实际元件的引脚分布及相对位置也会因此而变。第三，所绘制的电气符号的尺寸大小并不需要和实际元件的对应尺寸成比例。

(2) 答：一种是直接新建库，另一种是从当前原理图文件生成对应的电气符号库。

(3) 答：在引脚欲放未放时，按 Tab 键，或用鼠标双击引脚。

(4) 答：第一，Protel DXP 元件库中的元件是对市场上现有元件的收录而新元件层出不穷。第二，为更贴切地表达设计，增强图纸的可读性。

操作题

(略)

第 7 章

填空题

(1) 元件列表　网络列表

(2) 电气规则

(3) Project　Project Options

(4) 电路的电气连接属性　比较器的相关属性

选择题

(1) ABD　　　(2) ABCD　　　(3) ABCD　　　(4) AC

判断题

(1) 对　　　　(2) 错　　　　(3) 对　　　　(4) 对

简答题

(1) 答：网络表文件可支持 PCB 软件的自动布线及电路模拟程序。

(2) 答：可以与最后从 PCB 图中得到的网络表文件比较，进行差错核对。

方法 1：选择 View|Workspace Panels|System|Message 命令；

方法 2：在工作窗口右击，在弹出的菜单中选择 Workspace Panels|System|Message 命令；

方法 3：单击工作窗口右下角的 System 标签栏，选择 Message 选项。

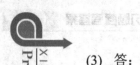

(3) 答：网络表、元件采购报表、元件引用参考报表、设计层次报表、自动编号报表。

(4) 答：Error 必须纠正，Waring 可以忽略。

操作题

(略)

第 8 章

填空题

(1) Simulation　Miscellaneous Devices.IntLib　Simulation

(2) 幅值　频率#1

(3) 幅频特性　相频特性

(4) 开始时间　结束时间　扫描步长　0.25mS(或 250μS)

选择题

(1) C　　　(2) A　　　(3) B　　　(4) D

判断题

(1) 对　　　(2) 错　　　(3) 对　　　(4) 错

简答题

(1) 答：电路仿真是以电路分析理论为基础，通过建立元件数学模型，借助数值计算方法在计算机上对电路性能指标进行分析运算，然后以文字、表格、图形等方式在屏幕上显示出来。

(2) 答：遵循以下步骤：建立原理图文件；装入元件库；放置元件并设置元件仿真参数；绘制原理图；添加激励源；设置仿真节点；启动仿真器；选择仿真方法并设置仿真参数；运行电路仿真；依据仿真结果进行电路改进。

(3) 答：通过在需要进行仿真分析的节点上放置易懂的网络标号来实现，其目的是能够方便地辨别需要观察的节点波形。

(4) 答：静态工作点分析、瞬态分析/傅里叶分析、直流扫描分析、交流小信号分析、噪声分析、传递函数分析、温度扫描分析、参数扫描分析和蒙特卡罗分析等。

操作题

(略)

第 9 章

填空题

(1) 单面板　双面板　多层板

(2) 模板法 非模板法

(3) Miscellaneous Devices . IntLib Miscellaneous Connectors . IntLib

(4) 信号层 顶层和底层 丝印层

选择题

(1) B   (2) C   (3) A   (4) D

判断题

(1) 错   (2) 对   (3) 对   (4) 对

简答题

(1) 答：PCB 编辑器的菜单栏和原理图编辑器的菜单栏基本相似，操作方法也类似。绘制原理图主要是对元件的操作和连线，而进行 PCB 设计主要是针对元件封装的操作和布线工作。

(2) 答：单击放置工具栏中相应的放置按钮；执行相应的放置菜单命令，利用快捷键放置。

(3) 答：元件封装是指实际的电子元件或集成电路的外形尺寸、管脚的直径及管脚的距离等，它是使元件引脚和 PCB 上焊盘一致的保证。元件封装只是元件的外观和焊盘的位置，纯粹的元件封装只是一个空间的概念，不同的元件有相同的封装，同一个元件也可以有不同的封装。所以在取用焊接元件时，不仅要知道元件的名称，还要知道元件的封装。

(4) 焊盘用于焊接元件实现电气连接并同时起到固定元件的作用；过孔用于实现不同工作层间的电气连接，与元件引脚的焊接及固定无关。过孔内壁同样作金属化处理。

操作题

(略)

第 10 章

填空题

(1) 元件布局

(2) 走线模式 方法

(3) 决定 顺序

(4) 重复引用的次数 子图入口

选择题

(1) BC   (2) CD   (3) BD   (4) BCD

判断题

(1) 错   (2) 对   (3) 对   (4) 错

简答题

(1) 答：在 PCB 设计中，如果增加或删除 SCH 中的元件，需要进行重新生成网络表，并通过网络表把 SCH 的信息传送到 PCB 中。

(2) 答：3 种。

(3) 答：用鼠标指向编辑区边缘的 Libraries 标签，弹出元件库面板，选择 Miscellaneous Devices.IntLib 元件库，选中封装 Footprints，浏览元件库中的元件封装形式，更改元件属性对话框，在封装 Footprint 栏目中用新封装取代原封装。

(4) 答：格式是：Repeat(子图符号名，第一次引用的通道号，最后一次引用的通道号)。例如 "Repeat(LED,1,8)" 表示引用子图 "LED"，从第一次开始一直引用 8 次。

操作题

(略)

第 11 章

填空题

(1) 双击

(2) 封装形式

(3) 尽量避免与库中元件同名 言简意赅

(4) PcbLib

选择题

(1) ABC (2) C (3) ABCD (4) C

判断题

(1) 对 (2) 对 (3) 错 (4) 对

简答题

(1) 答：焊盘用于焊接引脚

(2) 答：DIP——双列直插式封装；SIP——单列直插式封装

(3) 答：修订的内容一般包括焊盘数量的增减、焊盘外径及焊盘孔径(引脚孔)的修改、焊盘形状的修改、焊盘相对位置的修改、焊盘编号的修改、元件轮廓的形状及尺寸的修改等。

(4) 答：新的封装形式层出不穷，非标准元件的经常使用，标准元件的非标准化应用。

操作题

(1) 可参照以下步骤操作。

① 新建 PCB 元件库。假设以 UserPcbLib2.PcbLib 为库名，保存。

② 系统自动打开 PCB 元件编辑器。新建元件，系统自动启动 PCB 制作向导；单击 Next 按钮。选择 SOP 类封装，单位选择默认的"英制"。

③ 单击 Next 按钮，修改焊盘尺寸。参照数据表中的参数 b 及 L，分别将焊盘的长宽由默认值 100mil、50mil 修改为 80mil、25mil。相比 L 数据，焊盘长度设值相对较大，在一定程度上有助于焊接及固定，焊盘宽度则比较紧凑。在高密度布线情况下，这样的设置不会挤占焊盘间空间，可以满足焊盘间走线的需要。

④ 单击 Next 按钮。设置焊盘间距，参照数据表中参数 e 和 H，将系统默认值 100mil、600mil 分别修改为 50mil、240mil。同侧焊盘间距必须严格服从参数 e，而两排焊盘的间距设置略有自由度，由于 H 指的是两侧焊盘中心间距，而上一步将焊盘长度设置为 80mil，这样保证了该集成电路在装配时在宽度方向上即便略有游移仍不会导致引脚与焊盘脱离。

⑤ 单击 Next 按钮，设置轮廓线宽度，可以采用缺省值 10mil。也可以稍微减小，比如 8mil。

⑥ 单击 Next 按钮，修改引脚数为 16。

⑦ 为元件命名。输入 SOP16(240)，单击 Next 按钮完成元件制作。

⑧ 元件的参考点采用系统默认的第一脚，不做修改并保存。

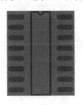

元件封装结果图

(2) (略)

(3) ① 在禁止布线层绘制直径为 400mil 的一个圆。

② 放置焊盘。焊盘外径设置为 68mil，孔径设置为 32mil。

第 12 章

填空题

(1) 文件归档　检查审阅　交付生产

(2) 禁止布线层

(3) 提示信息

(4) 打印稿　PCB 的电子文档

选择题

(1) B　　　(2) ABC　　　(3) A　　　(4) ABCD

判断题

(1) 对　　　(2) 对　　　(3) 对　　　(4) 错

简答题

(1) 答：通常打印三份图纸，一份是顶层的布线情况，一份是底层的布线情况，一份是顶层丝印层的元件布局情况。这里需要将它们分开打印，但是在每张图纸中应包含该PCB的轮廓线。

(2) 答：交付制作的打印样本在印制导线过细，导线间距很小的情况下需要放大处理。

(3) 答：允许任选一个层单独打印，也允许将多个层作为一组打印。

(4) 答：方便、快捷、低成本

操作题

(略)

第13章

填空题

(1) 完全相同

(2) 正确性

(3) 元件　导线

(4) 撤消键　关闭PCB文件

选择题

(1) B　　　(2) AB　　　(3) BD　　　(4) ABD

判断题

(1) 对　　　(2) 对　　　(3) 错　　　　(4) 错

简答题

(1) 答：绘制PCB外形，在PCB中放置元件，选定元件封装，手工布线和生成原理图。

(2) 答：判断实物的电路类型。

(3) 答：保证连线正确。

(4) 答：初学者第一次制作原理图时，主要的问题是对电路的布局心中没有一个整体的概念，这时，参照主要元件如集成电路的典型应用是个较好的选择。因此在网上找到一种其典型应用可以给予原理图的绘制提供极大的方便。

操作题

(1) （略）

(2) （略）

(3) 执行菜单命令 Project | New | Output Job Files 生成元件清单。

(4) 执行菜单命令 File | Fabrication Outputs | Gerber Files 生成底片文件。

(5) 执行菜单命令 File | Fabrication Outputs | NC Drill Files 生成数控钻文件。

(6) （略）

第 14 章

填空题

(1) 大小

(2) 合理化　优化

(3) 最短路径

(4) 批量修改

选择题

(1) D　　(2) A　　(3) B　　(4) C

判断题

(1) 错　　(2) 对　　(3) 对　　(4) 对

简答题

(1) 答：在电路连接关系较为复杂的情况下，可以有效地减少实际连线的数量，使图纸清晰，易于调整电路元件间的连接关系，对后来 PCB 设计时元件的合理布局和布线很有好处。

(2) 答：增加焊接面积，减小焊接电阻，也有利于增大焊盘与 PCB 基板的附着力。

(3) 答：由于 PCB 没有特殊的形状、尺寸及固定方式的要求，因此可以相对自由地自行规划。常用的做法是：将元件加载后，进行适当的布局并由此最终核定 PCB 的形状及尺寸。

(4) 答：同样接地的大电流导线和弱电流导线应考虑到"一点接地"，即强弱电流通过不同的路径在一点汇集，而不要在同一根印制导线中流通。因为印制导线不可能是理想导线，总会有一定的电阻存在，流过其中的电流越大，导线上电压就越大，对于共线的弱信号将造成不利影响。

操作题

（略）